내 _로 가는
미국·중남미 여행

내 차_로 가는
미국·중남미 여행

Prologue

　세계 자동차 여행, 누구는 대단하다고 말하고 어떤 사람은 왜 고생을 사서 하느냐 한다. 자신도 해보고 싶다 했고 무모한 짓은 않겠노라 하는 사람도 있었다. 역시 세상이란 것이 여러 사람들이 서로 다른 생각을 가지고 부대끼며 살아가는 것 아니겠는가? 자동차 여행을 떠나기까지 오래 준비하지 않았고 깊게 생각하지 않았다. 길을 나서는 것 자체가 여행이니 우리는 평생을 여행하며 살아온 것이다. 단지 일상을 외국에서 보내야 하고 그 기간이 다소 오래 걸리는 것일 뿐이라는 가벼운 마음으로 여정에 올랐다.

　여행을 통해 무엇을 채우고 돌아와야 하는가? 눈으로 보고 즐기는 것에 더해 무엇을 얻어야 할 것인가에 대해 고심했다. 진정한 여행이란 새로운 풍경을 보러 가는 것이 아니라 세상을 바라보는 또 하나의 눈을 얻어오는 것이다. 지구 저편에 사는 이웃들의 이야기를 듣고 싶었다. 우리는 실시간으로 제공되는 다양한 정보를 통해 국가와 국가, 사람과 사람 사이의 물리적 경계가 허물어지는 세상에 살아가고 있다. 달리 보면 인간의 한계를 지우고 영혼을 가두는 정보가 밀려드는 세상 속에 갇혀 있는 것이다. 남이 전달해 주는 지식과 정보의 노예가 아니라 스스로 선택하고 판단할 수 있는 주인의 위치를 찾고 싶었다. 역사라는 승자의 노트가 우월적인 힘의 논리에 점유되고, 불리한 역사를 조작한 사람들에 의해 이것이 사실로 굳어지는 어리석음을 세상의 여러 곳에서 보았다. 근현대사를 통해 승자와 강대국의 시각으로 평가된 왜곡된 역사관은 패자와 약소국에 대한 잘못된 정보를 양산했다. 강한 나라의 강요와 시각으로 역사를 재단함으로써 그들이 나쁘다고 하면 나쁜 것이 되었고 좋다고 하면 좋은 것이었던 시절이 있었다. 20세기 이후 미국을 비롯한 서유럽 블록과 소련 사이에 형성된 동서 냉전으로 인해 한국은 독립적으로는 어떤 일을 할 수 없는 고장난명(孤掌難鳴)의 시대를 관통해왔다.

현대인들은 자신이 유럽과 미국 중심의 이데올로기에 감염되어 있다는 사실을 의식하지 못한다. 자신의 믿음이 사회 보편적이지 않음에도 진실을 밝히지 않는 사이비 종교인과 같이, 멀쩡한 지식인들이 식민주의와 연결되는 유럽중심주의에 대해 아무런 의심조차 하지 않는다. 로버트 B. 마르크스는 《어떻게 세계는 서양이 주도하게 되었는가》를 집필했다. 세계 경제를 장악했던 동양이 불과 2백 년 사이에 어떻게 서양에 역전당했는지를 흥미롭고 도전적으로 써 내려간 책이다. 저자는 서양은 선진국이고 동양은 후진국이라는 도식을 보기 좋게 파기하고, 미국을 포함한 유럽중심주의를 정면으로 반박한다. 여행하며 돌아본 세계는 여섯 개의 대륙이 아니라 '백(白)'과 '비백(非白)'의 두 대륙으로 이루어져 있었다. 유럽 식민지를 거쳐 독립한 아프리카와 라틴아메리카, 유럽 이민자들이 이주하여 건국한 북아메리카와 오세아니아에 이르기까지 세상은 백인들에 의해 지배되고 있었다.

우리가 배운 세계사는 미국과 서양 백인에 의해 쓰인 역사다. 세상의 모든 역사는 길 위에서 이루어졌다. 그 길 위에는 천여 년을 지키며 살아온 사람들의 시간과 공간이 있었고, 그들의 발자국이 고스란히 묻어있었다. 길을 따라가다 보면 살아온 조상의 역사가 보이고, 살아가는 사람의 삶의 궤적이 보인다. 만남과 헤어짐이 일어나고 번영과 쇠퇴를 가져온 것도 모두 길 위에서 일어난 일이다. 낯선 땅이란 없는 법이다. 단지 우리가 낯설어하기 때문이다. 우리는 길 위에서 세계의 역사를 다시 써 보기로 했다.

Contents

prologue • 6

내 차로 가는
세계 일주
사전 준비

- 여행 기간은 길고 여유 있게 잡아라? _18
- 여행 국가와 루트는 대략적으로, 디테일은 여행 중에! _19
- 차량 선정 시 고려 사항 _19
- 여행 준비물은 무엇이 필요할까 _21
- 자동차 고장과 수리를 걱정하지 마라 _24
- 신용카드를 잘 준비해야 한다 _25
- 여행 비용은 얼마나 들까? _27

여행의 출발

- 일시 수출입하는 차량통관에 관한 고시 _32
- 자동차 해상 선적 _33
- 내비게이션은 어떤 것을 써야 하나? _34
- 황열병 예방접종을 하자 _35

남아메리카
종단

※ 남아메리카 여행정보
◆ 스페인 발렌시아에서 남미로 자동차 보내기 _40
◆ 남미에서는 까르네가 필요한가? 아닌가? _40

남아메리카 우루과이로 차를 보내고 도착한 나라 / 아르헨티나 _42
- Don't cry for me, Argentina, 에바페론, 에비타가 그토록 사랑한 아르헨티나 _43
- 유럽을 능가했던 선진 경제를 자랑했던 아르헨티나는 지금 어디로 가고 있을까? _44
- 아르헨티나의 낭만과 여유, 멈추지 않는 열정, 탱고 _47
- 지축을 진동하는 천둥소리가 이끄는 악마의 목구멍 _48

스페인 발렌시아에서 선적한 모하비가 몬테비데오 항으로 도착했다
/ 우루과이 _51
- 빠져들면 달리 보이는 남미의 삶과 열정 _52

- 대서양의 태양을 붉게 물들이는 환상적인 낙조를 넋 놓고 바라볼 수 있는 테라스 _54
- 아프리카 일주를 마치고 스페인에서 선적한 모하비가 우루과이 몬테비데오 항에 도착했다 _56

남아메리카 대륙의 남위 38도 아래를 파타고니아라고 한다
/ 아르헨티나, 칠레 _57
- 파타고니아는 남아메리카 대륙 남위 38도 이남 지역의 명칭 _59
- 보일 듯 말 듯 자태를 드러내는 토레스 삼봉 _62
- 흰색에 더해 푸른 빛을 품은 모레노 빙하의 신비와 환상 _64
- 하루에도 수십 번씩 구름 속을 드나드는 피츠로이의 매력 _65
- 파타고니아 최고의 드라이빙 레인지 카레테라 아우스트랄 _66
- 을씨년스럽고 어두워 보이며, 어딘지 10%쯤 부족해 보이는 도시 차이텐 _68
- 남미의 스위스, 바릴로체 _71
- 노동조합의 도움이 아니면 되는 게 없는 곳, 남미 _74

북으로 올라가며 점점 가빠지는 숨소리 / 아르헨티나, 칠레 _79
- 미지의 섬, 신비의 섬, 은둔의 섬 이스터로 간다 _80
- 고도를 올려 아타카마 사막으로! _83
- 지구 온난화에 따른 환경 재앙인가? _86

과라니족의 슬픈 역사가 '가브리엘의 오보에'의 선율로 전해지는 나라
/ 파라과이 _91
- 현지인들과 언어소통이 잘 되는 것이 반드시 좋은 일은 아니다 _92
- 이구아수 폭포를 아르헨티나와 브라질에 빼앗기고 땅을 치며 통곡했다 _93

아름다운 대자연과 다양한 볼거리, 삼바와 축구의 나라 / 브라질 _95
- 이타이푸 댐은 발전용량 세계 1위 자리를 중국 산샤 댐에 빼앗겼다 _96
- 서울특별시 버스 시스템의 롤모델, 쿠리치바 _97
- 바닷물 속으로 잠겨가는 역사지구를 거니는 소중한 경험 _101
- 세계 3대 미항은 시드니, 나폴리, 리우데자네이루 _103
- 에코 투어리즘을 지향하는 보니또 _106

독립운동의 영웅 '시몬 볼리바르'의 이름으로 국가명을 지은 / 볼리비아 _109
- 볼리비아는 차량의 등록국가에 따라 3중의 차등 가격을 적용 _111

• 해발 4,090m, 지구상에서 가장 높은 포토시 _112
• 세계에서 제일 높은 수도, 볼리비아의 라파즈 _116
• 죽음의 도로를 달려 아마존이 품고 있는 도시 루레나바케로 간다_119

고대 잉카문명의 태동, 숨 가쁘게 펼쳐지는 자연과 역사의 현장 / 페루_123
• 영원한 자유를 갈망하는 콘도르의 날갯짓 _124
• 안데스의 무지개 산, 비니쿤카 _125
• 남미 최대 잉카 제국의 수도, 쿠스코 _126
• 태양의 도시, 공중 도시, 잃어버렸던 도시, 잉카 제국 신비의 유적 마추픽추
  _128
• 사막에 그려놓은 인디오들의 그림 _131
• 해양 동물의 천국이자 낙원인 섬, 바예스타 _133
• 잉카인들이 없던 것, 정복자들이 가진 것. 총.균.쇠 _134
• 수도 리마가 꼭꼭 숨겨놓은 핫 플레이스 _135
• 69호수에서 삼육구 삼육구 게임을 하자 _137

지구의 허리, 적도가 지나는 / 에콰도르 _140
• 남미 여행자는 스페인어는 몰라도 바뇨스라는 말은 익숙하다 _143
• 키토를 위험한 도시라고 하는 이유가 있다. 활화산이 무려 4개다 _146
• 지구상에 몇 안 남은 자연 생태의 보물창고, 갈라파고스 _148

**남미의 북쪽 끝, 세계 마약의 70%를 공급했던 마약왕 파블로의 나라
/ 콜롬비아 _154**
• 엘도라도, 황금을 찾아 떠난 사람들 _159
• 너희는 세상의 소금이고 빛이라. 소금 광산에 성당을 만든 사람들 _160
• 세계를 뒤흔들었던 마약 전쟁이 일어난 도시 메데진 _162
• 카르타헤나에서 중점을 두어 처리할 일은 모하비를 배로 실어 파나마로 보
  내는 것이다 _165
• 콜롬비아만의 특별한 절차, 마약검사 Drug Inspection _168

※ 중앙아메리카 여행정보
◆ 해상운송 회사 in Columbia _170

중앙아메리카
종단

아름다운 카리브해를 건너 중미로 / 파나마 _174
• 미국의 은밀한 계획, 콜롬비아로부터 파나마 독립 _175
• 우리 편이면 해적도 좋아! 영국의 기사가 된 해적 헨리 모건 _177
• 전 세계의 바리스타와 커피 마니아가 최고로 꼽는 커피 산지 _179

녹색의 초원과 밀림, 화산, 커피, 에코 투어의 낙원 / 코스타리카 _180
- 세관원은 드물게도 짜증스럽고 신경질적으로 반응했다 _181
- 사소한 도움이 상대에게는 잊히지 않는 은혜가 되는 법이다 _183
- 한복을 곱게 차려입은 김대건 안드레아 신부님을 만났다 _186

저렴한 여행경비로 지갑 얇은 여행자를 만족시키는 / 니카라과 _189
- 정치 불안과 서방과의 관계 악화로 미국, 유럽 여행자들이 니카라과 여행을 기피한다 _191
- 고색창연한 중앙아메리카의 보석, 그라나다 _194
- 그 개새끼가 내 개새끼라고! 소모사 가문과 미국의 밀월 관계 _197

위험한 나라도, 안전한 나라도 없다 / 온두라스 _199

길거리 풍경이 제일 살벌한 나라 / 엘살바도르 _203
- 산살바도르 시민의 절반은 군경·사설경비원, 나머지 반은 일반인 _206

이집트에 피라미드가 있다면 우리에게는 티칼이 있다 / 과테말라 _209
- 마야문명의 자부심, 과테말라의 상징, 티칼 _212
- 세계 3대 호수는 바이칼, 티티카카, 아티틀란 호(湖) _215

※ 미국 여행정보
- ◆ 육로국경에서는 ESTA를 요구하지 않는다. _218
- ◆ 미국, 캐나다 자동차보험에 가입하기 _218
- ◆ 미국에서 캠핑카 구입하기 _219
- ◆ 자동차 캠핑장 이용하기 _221

북아메리카
종단

팬아메리칸 하이웨이를 따라 북으로 / 미국 서부 _226
- 보증금 400불에 눈이 어두워 미국과 멕시코 국경을 온종일 네 번이나 들락거렸다 _227
- 짙은 초록색의 융단을 펼쳐놓은 숲의 향연 요세미티 국립공원 _228
- 샌프란시스코에서는 잊지 말고 머리에 꽃을 꽂으세요 _230
- 바람에 날리듯, 구름에 흐르듯 가는 나그네 _231
- 시애틀의 잠 못 이루는 밤 _222

미국의 고립 영토 알래스카 / 미국 알래스카 _235
- 과연 어제 못 본 오로라를 오늘은 볼 수 있을까? _237

- 동절기에는 라디에이터가 동파되니 자동차 여행을 금지하세요 _239
- 스워드의 얼음 창고, 열어 보니 보물창고! _241
- 알래스카인을 위해 여행자가 할 수 있는 것은 바가지를 뒤집어쓰는 일이다 _243

알래스카 하이웨이를 따라 동부로 / 캐나다 _246
- 가다가 얼어 죽을 수도 있으니 주의하시오. 알래스카 하이웨이 _247
- 캐나다 로키산맥의 백미, 재스퍼 국립공원 _248
- 쌓였던 눈이 빠른 속도로 무너져 내리는 아발란체, 요호 공원 _252
- 한국인이 가장 많이 이주한 도시 밴쿠버에서 차량 정비를 하다 _253

다시 미국으로 들어와 동부로 / 미국 중북부 _257
- 옐로스톤 국립공원에 가려 억울한 티턴 국립공원 _260
- 건축가들에 의해 창조된 도시 시카고, 헤밍웨이와 알 카포네 _264
- 내 돈 안 처먹고 술 안 얻어 마신 놈 있으면 나와 봐… _266
- 흑인이 설립한 회사에서 흑인 주도의 음악으로 세계를 제패하다 _268

나이아가라 강에 놓인 레인보우 다리를 건너 국경을 넘는다 / 캐나다 _271
- 세계 3대 폭포 나이아가라는 미국과 캐나다의 국경을 가른다 _272
- 네 도시가 맞붙어 싸우는 바람에 어부지리로 수도가 된 오타와 _275
- 영국 연방 캐나다 안의 또 다른 작은 프랑스, 퀘벡 _278
- 소설 『빨강머리 앤』을 따라 추억 여행을 떠나보자… _282
- 타이타닉 호의 비극을 제일 가까이에서 지켜보았던 핼리팩스 _282
- 미국 시인 롱펠로가 옛 식민지 아카디아 이민자들의 슬픈 사랑을 노래한 장편 서사시 _283
- 세상에 영원한 것은 없다. 너의 고민과 고통은 영원한 것이 아니다 _285

미국의 동부를 북으로 남으로 / 미국 동부 _286
- 차가 담긴 궤짝을 바다에 던지며 시작된 미국 독립운동 _287
- 뉴욕 맨해튼을 자동차로 들어가는 것은 미친 짓이다 _289
- 무고한 살상 테러로 얻을 수 있는 것은 아무것도 없다 _291
- 미국 문학의 거장 마크 트웨인이 처가살이를 한 도시 _294
- 미국의 탄생을 세계에 알린 종소리, 미국 독립의 산실 필라델피아와 수도 워싱턴 _296
- Take Me Home, Country Road, 존 데버와 함께 떠난 웨스트 버지니아 _299

- 시몬, 너는 좋으냐? 낙엽 밟는 소리가. 발로 밟으면 낙엽은 영혼처럼 운다 _302
- 사회정의가 물과 같이 순리에 따라 흐를 때까지 우리 흑인들은 만족하지 않을 것이다 _303
- 미국 자본주의의 상징 코카콜라가 진출하지 못한 두 나라는 쿠바와 북한이다 _304
- 머나먼 그곳 스와니 강물 그리워라, 이 세상에 정처 없는 나그네의 길 _306
- 미국에서 손꼽히게 아름다운 해안도로 Overseas Highway _308
- 바다와 민물이 교차하는 미 최대의 습지 공원 _310

남부에서 중부로 / 미국 중부 _312
- 어둠이 깔리자 네온이 도심을 밝히고, 열린 창문을 통해 재즈 선율이 흐르기 시작했다 _314
- 사막의 땅 텍사스는 석유와 천연가스를 가득 저장하고 있는 미국의 생명줄이다 _316
- 보여 줄 것 없는 사막 끝에서 만난 보석 같은 석회암 동굴 _317
- 미국인지 멕시코인지 모를 곳, 미국 남부 _319
- Rocky Mountain High가 품은 콜로라도는 미국에서 가장 행복한 사람들이 사는 곳 _320

대망의 그랜드 써클 / 미국 중서부 _324
- 미국 여행의 경이로움은 스케일이 큰 대자연과의 만남이다 _325
- 오백 년 도읍지를 필마로 돌아드니 산천은 의구하되 인걸은 간데없다 _327
- 강이 산을 가르기까지 얼마나 오랜 세월이 걸렸을까? _329
- 캐니언을 꽉 채운 붉은빛의 후두, 반복되는 후두의 단순한 아름다움에 숨이 막힌다 _330
- 세상의 모든 아름다움을 다 가지고 있는 나라, 미국 _332
- 자연은 활용 가능한 자원이 아니라 개발 행위 없는 영구 보전 대상이다 _333
- 콜로라도 강 물결 위에 비친 처량한 달빛 따라 나그네 되어 홀로 걸어간다 _334
- 빼앗긴 들에도 봄은 오는가. 봄은 어김없이 찾아오지만 땅 되돌려 받기는 다 틀린 일이다 _336
- 인간 사고와 능력을 뛰어넘는 대자연의 놀라운 역사와 숭고 _337
- 까마득한 날에 하늘이 처음 열리고 어디 닭 우는소리 들렸으랴 _338
- 세상 어디에서도 이런 가족 공동체는 없었다 _339
- 화석이 된 나무여, 너는 수억 년 전 무엇을 보았느냐! _340

그랜드
써클 종주

- 세도나에서 열정적이고 자연스러운 감성의 붉은색과 마주하다 _341
- 모하비를 타고 모하비 카운티에 들어가 Route 66을 달린다 _342
- 냇 킹 콜이 1946년 발표한 팝송 〈Route 66〉을 들으며 라스베이거스로 간다 _344
- 데스밸리는 척박하고 거친 곳이지만 죽음만 있는 것은 아니다 _346

태평양 연안을 따라 남으로 / 미국 남부 _349
- 폐하, 이 땅은 에스파냐와 여왕님의 땅임을 선포합니다…, 헛다리 짚은 콜럼버스 _351
- 솔직히 말하면 나는 노벨 문학상을 수상할 자격이 없다 _352
- 영화의 메카, 할리우드를 보고 뛰는 심장 _354
- '바람 따라 제비 돌아오는 날에 당신의 사랑 품으련다.' 노래의 오리지널은 멕시코 민요 _357
- 아일랜드 출신 그룹 U2가 1987년에 발표한 앨범 〈The Joshua Tree〉 _358
- 미국인들이 은퇴 후에 가장 살고 싶어 하는 도시 1위? _359
- 길 걷던 생면부지의 여성에게 기습적으로 키스를 했으니 지금 같으면 감옥 갈 일 _360

※ 멕시코 여행 정보
◆ 멕시코 국경 정보 _362
◆ 차량 보증금을 떼이지 않으려면 _362
◆ 멕시코 카르텔 _362

중남미를 대표하는 국가, 마야문명과 아즈텍, 식민지 유적까지 / 멕시코 _368
- 마피아가 출몰하는 지역이니 다른 곳으로 우회하세요 _369
- 하이웨이를 달리자 멀리 톨게이트가 보이는데 분위기가 이상하다 _371
- 키스골목The Alley of The Kiss으로 불리는 재미있고 유쾌한 장소 _373
- 세상이 너희는 기억하지 못해도 나를 알게 될 것이다 _374
- 똘랑똥꼬Tolantongo로 가는 길은 어지럽게 돌아가는 구곡양장 _375
- 중부 아메리카의 최대 고대 유적, 테오티우아칸 피라미드 _376
- 라틴 아메리카에서 가장 성스러운 성지순례의 중심, 과달루페 _378
- 멕시코의 국민화가, 디에고 리베라, 그리고 Viva Mexico _379
- 인간의 심장과 피를 태양신에게 바칩니다 _381
- 세상에서 가장 아름답다고 해도 부족하지 않은 산토 도밍고 성당 _382
- 너희들 차를 왜 세우는 거냐? 말도 통하지 않으니 막무가내다 _384
- 찬란한 마야 문명을 이끌었던 그들은 지구상에서 사라지고 말았다 _384

멕시코

- 유럽이 가지고 있지 않은 것과 가진 것을 다 가진 나라 멕시코 _385
- 1905년, 멕시코로 이주한 한인이 최초 도착한 도시, 메리다 _386
- 이겨도 신의 제물, 져도 목 잘려 죽고… _387

카리브의 보석으로 불리는 아름다운 나라 / 벨리즈 _389
- 게으른 도마뱀. 세상은 빨리 돌더라도 이곳에서는 게으른 도마뱀이 되라고 한다 _392
- 세상에 이렇게 아름다운 바다는 없었다 _394

쿠바 &
일본

미국과 맞짱 뜬 카스트로와 체 게바라, 그 시절에 멈추어선 / 쿠바 _398
- 우리도 행복할 수 있을까? 거꾸로 가는 쿠바는 행복한 나라 _399
- 사회주의를 지향하는 쿠바는 종종 북한과 비교된다 _400
- 일부 여행자는 쿠바를 체 게바라의 테마파크라고 폄훼한다 _405
- 바다로 고기잡이 떠난 노인의 이야기, 헤밍웨이의 『노인과 바다』 _407

한국으로 돌아간다. 코로나바이러스가 세상을 지배하기 시작했다. / 일본 _410

내 차로 가는
세계 일주
사전 준비

| 내 차로 가는 미국 · 중남미 여행 |

🚗 여행 기간은 길고 여유 있게 잡아라?

세계 일주를 처음으로 한 사람은 누구일까? 1519년 9월 20일, 마젤란이 이끄는 5척의 선단은 에스파니아 산루카르항을 출항해 대서양을 횡단했다. 그리고 칠레령 케이프 혼을 돌아 태평양을 건너 필리핀 세부에 도착했다. 마젤란은 원주민과 싸우다 전사하고 그의 부하 엘카노는 남은 대원과 함께 1522년 9월 8일 에스파냐로 돌아왔다. 마젤란은 항해 도중에 죽었어도 세계를 일주한 최초의 지구인으로 공인되었다. 포르투갈 함대에 있을 당시 나머지 구간을 항해한 적이 있었던 이유로 마젤란에게 세계 최초라는 타이틀을 주어 그의 위대한 성과와 노고를 기린다.

세계 자동차 여행을 위한 기간으로 얼마가 적당한가에 대한 답변을 내리기는 어렵다. 전적으로 여행자의 스타일, 패턴, 루트에 의해 결정되는 여행이기에 그렇다. 1년이 조금 넘은 기간에 세계 여행을 마치거나, 아니면 그 이상의 기간이 걸릴 수도 있는 것이다.

유럽인에 의해 주도되는 자동차 여행은 충분한 시간과 여유로운 휴식을 두고 장기간에 걸쳐 이루어진다. 그러나 한국 여행자는 목표를 향해 오로지 달려가는 마라토너와 같이 빠르다. 자동차 여행이란 것이 두 번 세 번 떠날 수 없는 인생의 마지막 여행이 될 가능성이 크기에 충분한 기간을 할애해 여행을 떠나야 한다. 자기 주도적으로 세계를 둘러보기 위해 자동차를 가지고 떠나는 여행에서 제일 중요한 것은 충분한 여행 기간을 설정하는 것이다.

애초 우리는 1년 6개월의 기간과 누적 거리 10만㎞를 예상하고 한국을 떠났다. 북부 유럽을 돌아 영국을 거쳐 독일에 도착하니 차량 계기판의 주행거리는 55,000㎞에 도달했고 1년이란 기간이 훌쩍 넘었다. 여행 1주년을 유럽에서 맞이한 후에야 세계 자동차 여행을 1년 조금 넘어 끝낸다는 것은 오로지 신의 영역이라는 사실을 알게 되었다. 여행 일정의 대폭 수정이 필요했는데, 구체적으로 다시 세운 계획이 5년이었다. 러시아, 중앙아시아, 유럽, 중동, 아프리카, 아메리카 대륙의 여행을 4년에 걸쳐 마치고 일본 요코하마로 자동차를 탁송했다. 일본에서 코로나바이러스를 만나 나머지 일정을 취소하고 4년 만에 한국으로 돌아왔다.

여행 국가와 루트는 대략적으로, 디테일은 여행 중에!

세계 자동차 여행이란 수없이 많은 나라를 들러야 하는 방대한 여행이다. 수년에 걸쳐 이루어지는 여행으로 구체적으로 여행계획을 수립하는 것은 시간만 허비할 뿐이고 그다지 도움이 되지 않는다. '가급적 다시 올 마음이 들지 않을 정도로 보고 가자.'라는 나름의 풍성하고 포괄적인 계획을 세우는 것이면 족하다. 노트북에 유네스코 세계 문화유산, 베스트 드라이브 코스, 카페리와 숙박을 위한 웹사이트를 구축했다. 그리고 많은 일정이 소요되는 러시아, 유럽, 남·북미의 여행용 책자를 갖추는 것으로 여행 국가와 루트에 대한 구체적인 계획을 마쳤다.

모든 국가는 홈페이지를 통해 상세하고 방대한 여행 정보를 제공한다. 도시, 숙소, 길거리에는 여행 정보가 차고 넘쳐나 사전계획을 굳이 세우지 않아도 아무런 차질 없이 여행할 수 있다. 장기 여행은 차량 고장, 여행자의 건강문제, 경비조달의 차질, 개인적 사정으로 중도 귀국하거나 일정과 루트가 대폭 수정되는 등 변수가 많다. 세계 일주를 계획하고 떠난 사람이 유럽에서 돌아오기도 하고, 2년을 기약하고 떠난 사람이 1년 만에 돌아오는 일이 다반사다. 여행지의 계절과 날씨로 인해 일정이 틀어지는 등 여행계획을 가로막는 많은 난관이 여행자 앞에 놓여 있다.

 ## 차량 선정 시 고려 사항

차량을 선정하기 위해서는 인원, 루트, 숙박, 식사 등을 두루 고려해야 하며, 특히 다음 사항에 유의할 필요가 있다.

첫째 여행하고자 하는 대륙, 국가, 루트에 대한 사전계획을 세워보자. 아프리카를 종단한다면 동부로 할 것인지 서부로 할 것인지, 몽골의 고비Gobi사막이나 노던Northern루트, 중앙아시아를 들러 파미르 고원을 오를 것인지, 포장도로만 달릴 것인지 비포장도로도 불사할 것인지 등을 종합적으로 고려해야 한다. 자동차 여행에 최적화된 차량은 지구상에 존재하지 않는다. 번듯한 도시와 한적한 시골, 혹한의 북극과 극한의 열대, 아스팔트 포장과 험한 비포장, 푹푹 빠지는 모래와 수렁으로 변한 진흙, 깊은 하천과 험한 산악도로, 울창한 밀림과 척박한 사막을 달려야 하는 세계 자동차 여행에서 모든 환경, 지형, 도로 조건을 완벽하게 충족시켜 주는 차량은 없다. 도시 위주로 여행하며 비포장도로를 피한다면 승용차도 가능할 것이다.

둘째 자동차를 차박 용도로 사용할 것인지, 아니면 숙박업소를 혼용할 것인지를 고려해야 한다. 대부분의 숙박을 차에서 해결하고자 한다면 그만한 공간이 필요할 것이다.

셋째 평소 몰던 차량을 가지고 떠나는 경우와 새로운 차량을 마련하여 떠나는 경우로 구분할 수 있을 것이다. 차량을 새로 마련하여 여행을 출발한다면 휘발유 차량이 권장된다. 많은 저개발국가에서는 디젤유가 무연이 아니라 유연이라 차량에 무리가 크다.

세계 자동차 여행은 많은 주행거리를 이동해야 한다. 차량이 클수록 추가로 감당해야 하는 유류비용이 작지 않다. 그리고 전적으로 차박에 의존하고 싶어도 외부 숙소를 이용하는 경우가 많다는 것을 유념해야 한다.

자동차로 여행하며 내린 결론은 원하는 조건을 충족하는 전제하에서 차량은 작을수록 좋다는 점이다. 특히 다음 몇 가지 사항을 고려하자.

첫째 캠핑카는 기동성과 순발력이 취약하고 험로와 비포장에서 주행성이 떨어진다. 도심지에서는 차량 운행과 주차가 어려우며, 고가의 해상 운송비용을 감수해야 한다. 반면에 넓은 공간을 확보하여 다수의 동반자들이 함께 여행할 수 있으며, 숙박 비용을 절감시킬 수 있고, 취사가 용이한 장점이 있다.

둘째 스포츠 유틸리티 차량SUV은 온로드와 오프로드를 겸용할 수 있는 차량이다. 험로주행에 유리하여 중앙아시아와 아프리카, 남미의 산악 지형을 두루 섭렵하기에는 최적의 선택이다. 도심의 진입과 주차가 용이하고, 목적지까지의 접근성을 고려하면 이보다 좋은 차종은 없다. 그러나 다수가 이동하기에는 공간이 비좁아 취사가 불편하고, 차박에 제한이 있는 것이 단점이다.

셋째 세단형의 승용차다. 온로드를 지향하고, 유럽을 중심으로 도시 여행을 하며, 숙박과 식사를 자동차와 굳이 연계하지 않으면 2인의 여행자에게 적합하다. 차량 안전과 도난 방지에 유리하고, 도심 주행이나 주차, 편의시설의 이용에 있어 이보다 더 좋은 선택은 없다. 그러나 낮은 지상고로 인해 험한 도로를 달리기에 적합하지 않아 여행지가 제한되며, 짐을 많이 싣지 못하는 단점이 있다.

우리는 2인 여행이었고, 중앙아시아와 아프리카, 남미의 험지를 피하지 않아야 할 코스로 염두에 두고 있어 캠핑카는 고려 대상이 아니었고, 승용차도 생각할 여지가 없었다. 그렇게 결정된 차종이 스포츠 유틸리티 차량이다. 기아 모하비를 새로 산 것은 차량 수리와 고장을 줄이려면 아무래도 새 차가 유리하다고 판단했기 때문이다. 지인들이 한국산 SUV로 갈 수 있겠냐며 의문을 제기했다. 랜드로바로 가야 하느니 랜드크루저로 가야 하느니 설왕설래했지만, 국산 SUV로 한 번도 세계 자동차 여행을 시도하지 않은 것에 대한 우려일 뿐이었다.

모하비는 우려와 다르게 만족스럽게 잘 달렸고, 별다른 이상 없이 여행을 마쳤다. 해외에 나오면 애국자가 된다는 말이 있듯, 자동차 여행자들이 세계를 두루 돌아다니기에 '메이드 인코리아' 차량만큼 좋은 선택도 없다는 것을 알았으면 좋겠다.

여행 준비물은 무엇이 필요할까?

여행을 떠나기 전에 누구나 무엇을 준비해야 할지를 고심한다. 하지만 언제 쓸지도 모르는 물품을 싣고 다니며 연비를 저하시키거나, 상시 적재 하중으로 인해 차량에 무리를 주는 일은 금기이다. 가뜩이나 좁은 공간을 물품으로 가득 채우는 어리석음을 범해서는 안 된다는 것을 명심하자.

우리 역시 무엇을 준비해 가야 할지 고심했지만, 완벽한 출발 준비라는 것은 애당초 존재하지 않았다.
역시나 바다 건너 도착한 러시아 블라디보스토크의 시청사 근처에 있는 아웃도어용품점에는 많은 종류의 여행용품이 한국보다 더 저렴한 가격으로 진열되어 있었다.

준비물의 원칙은 얼마나 적게 준비해 나가느냐에 있다. 우리가 꼭 필요했다고 판단한 준비물은 아래와 같다.

침낭

자동차 여행자는 장기간에 걸쳐 기후와 환경 변화가 일어나는 상이한 위도를 따라 위와 아래를 오르내린다. 8월 1일에 찾은 유럽 최북단 노르카프는 칼바람과 내리는 눈으로 뼛속까지 으스스했다. 모로코의 6월 기온은 섭씨 35도로 무더웠지만, 밤에는 영하 5도까지 내려가는 등 일교차가 컸다. 기온의 변화에 능동적으로 대처하려면 침낭은 필수다. 또 침구의 세탁이나 소독상태가 불량한 나라는 선진국과 후진국의 구별이 없다. 여행에서 가장 신경 써야 하는 피부병은 선진국이라고 예외일 수 없다. 우리는 영국 홀리헤드에 있는 펜션과 가봉의 수도 리브르빌의 호텔에서 원인 미상의 피부병을 얻어 오래오래 고생했다. 습도가 높거나 침구의 청결 상태가 미심쩍다면 침낭을 펴야 한다는 것을 명심하자.

 텐트

캠핑장에서 숙박을 해결하거나 오지 여행 중 차량의 고장이나 숙소가 없는 경우를 대비해야 한다. 텐트는 가급적 소형으로 무게가 가볍고 설치가 간단해야 한다. 또 철수가 수월하고 습기나 우천에도 실내를 잘 보전하는 방수제품을 골라야 한다.

 모기장

모기는 말라리아, 상피병, 황열병, 뎅기열 등의 질병을 매개한다. 말라리아는 연 40만 명의 사망자를 내고 있어 인류의 공적 No.1의 전염병이다. 동남아시아, 중동, 아프리카, 남아메리카의 전 지역에서 발생한다. 황열병은 독성기로 접어든 환자의 절반이 사망에 이른다는 WHO의 보고가 있다. 뎅기열은 바이러스를 죽이거나 억제하는 특이한 치료법이 없는 것으로 알려져 있다. 아프리카와 남미 여행자는 모기에게 물리지 않도록 각별히 유의해야 한다. 모기 기피제를 바르거나 퇴치제를 설치하지만, 그 효과는 모기장을 따라갈 수 없다. 우리는 남대문 시장에서 원터치 모기장을 구입해 너덜너덜해질 때까지 요긴하게 사용했다.

 코펠 및 버너

숙박 형태를 고려한 조리 기구를 준비해야 한다. 만약 호스텔이나 게스트하우스를 중심으로 숙박을 할 경우라면 일반 가구용 조리 기구 중에서 작은 것을 고르면 된다. 1~2인용 전기밥솥이나 프라이팬, 냄비의 소지도 가능하다. 집에서 사용하던 것을 가지고 나가도 좋다. 야외 취사의 경우라면 전기 공급에 차질이 있을 수 있으므로 작은 석유 버너나 가스 버너를 준비해야 한다.

차량용 냉장고

식자재를 청결하고, 위생적이며, 장기보관하기 위해서는 차량용 냉장고가 요구된다. 가전제품은 온라인을 지양하고, 오프라인 매장에서 육안으로 확인하고 구매해야 한다. 가급적 큰 용량이 좋으며, 전원은 시거잭과 110/220V 겸용으로 하여 자동차와 숙소에서 사용해야 한다. 우리도 온라인으로 구매한 냉장고를 몽골에서 버리고 다른 제품을 구매하여 나머지 기간 내내 사용했다.

 ## 차량 숙박을 위한 준비사항

캠핑카로 떠난 여행자가 모든 숙박을 차 안에서 해결했다는 이야기는 들어보지 못했다. 캠핑장이 없는 나라와 지역이 많으며, 정박지의 안전, 우천, 강설 등의 지리·환경적 요인 등으로 차박을 할 수 없는 경우가 많다. 또 급수공급이 원활치 않아 세탁물 등의 처리가 곤란한 경우가 생기며, 도심으로 들어가야 하는 어쩔 수 없는 경우도 빈번하게 일어난다. 여행자들은 마치 모든 숙박이 자동차를 통해 이루어질 것으로 예상하고 여행을 떠난다. 차량 내부를 평탄화하고, 무시동 히터를 매립하며, 인산철 파워뱅크를 장착한다. 지구상에 한국과 같이 난방시설을 갖춘 나라는 그리 많지 않다. 특히 북위 35도 아래에 있는 국가에서 거주 시설에 난방설비를 갖추고 사는 나라는 보기 힘들다. 차박과 외박을 현지 지역별 상황에 맞춰 적절히 병행해야 한다는 것을 명심하자.

 ## 차량용품

펑크를 수리하기 위한 유압자키와 수리용 키트가 있어야 한다. 공기압 주입기Inflator는 다목적을 피하고 단일 기능의 제품을 구입하는 것이 좋다. 견인로프는 충분한 인장력을 가진 제품으로 선택해야 하며, 필히 오프라인 매장에서 육안으로 확인한 후 구입해야 한다. 아프리카 나미비아 사막에 빠져 현지 차량의 도움을 받았으나 온라인으로 구매한 견인로프의 버클이 빠져 개망신을 당했다. 예비 타이어는 가능하면 2착을 준비하는 것이 좋다. 실제 몽골에서 하루에 2번 펑크 난 경우가 있었다. 세계 오지의 어느 곳이든 펑크 수리점이 있기에 신속하게 예비 타이어로 교체하고 펑크 수리점에서 수리하는 것이 좋다. 오일필터, 에어필터, 에어컨필터, 브레이크패드는 점검, 교체 주기에 맞추어 준비하자. 디젤 차량은 경유 불량으로 인해 연료필터를 자주 교체해야 한다는 것을 명심하자. 다른 여행자가 준비해서 떠난 것을 참고할 수는 있지만, 반드시 따라서 갖춰야 하는 것은 아니다. 우리도 앞길을 달려간 여행자들의 블로그와 책자를 읽고 젤리캔 20리터 2개와 10리터 1개를 구입해 차량 루프에 장착했다. 그러나 러시아로부터 중앙아시아를 거쳐 유럽을 마칠 때까지 한 번도 사용하지 않았다. 몽골의 노던 루트, 타지키스탄의 파미르 고원, 카자흐스탄의 그 넓은 대평원에도 사람이 살고 있었고, 이들의 주된 교통수단이 자동차가 된 것은 우리와 크게 다르지 않았다. 열악한 조건을 가진 아프리카에도 차가 있으면 주유소가 있게 마련이다. 연비가 좋지 않아 리터당 5~6km를 달리거나 주유소를 지나치는 실수가 없다면 젤리캔은 필요한 물품이 아니었다. 한 번도 사용하지 않고 6만km를 싣고 다니다 핀란드와 스페인에서 각 1개씩을 버렸고, 나머지 한 개는 터키의 노상에서 잃어버렸다. 러시아와 유럽의 주유소, 마켓에서 쉽게 살 수 있는 젤리캔을 한국에서부터 준비하는 것은 불필요한 일이다.

자동차 고장과 수리를 걱정하지 마라

자동차 연식이 오래되고 주행거리가 늘수록 고장 날 가능성이 커진다. 자동차 제작사의 정기검사와 수시점검이 해외에서는 유효하지 않다. 외국의 정비업소에 들러 점검을 받거나 부품을 조달하여 수리하는 환경도 한국과 같이 기대할 수 없다. 러시아에서는 러시아산 차를 타고 독일에서는 독일산 차로 여행한다면 더할 나위 없이 좋겠지만, 현실은 그렇지 못하다. 세계 전역에서 생산된 수천 종류의 차들이 달리는 도로에서 차량고장으로 인해 운행 차질이 생기거나 안전에 문제가 발생하면 자동차 여행의 순조로운 진행은 치명적인 어려움에 봉착할 것이다.

러시아, 유럽, 아프리카, 아메리카 대륙의 어느 도시나 현대와 기아 매장이 있다. 이들 매장은 국내에서 판매되는 차종을 모두 취급하는 것이 아니라 현지인들이 선호하는 경쟁력 있는 차종을 선별하여 판매한다. 차량이 현지에서 판매되는 차종이라면 점검, 수리, 부품 조달이 수월할 것이다. 기아 모하비의 경우 러시아, 요르단, 아프리카 이집트, 수단, 세네갈에서 판매하지만, 유럽에서는 스포티지와 쏘렌토까지 취급했다. 맞은편 트럭에서 튄 돌에 맞아 깨진 앞 유리는 모스크바에 있는 기아 서비스에서 교체했다. 만약 유럽에서 깨졌다면 테이프를 붙이고 다니거나 심하면 한국에서 유리를 공수해 와야 했을 것이다.

자동차의 정상적인 작동과 운행이야말로 여행을 성공적으로 끝내기 위한 가장 중요한 요소다. 정기 및 수시점검을 통해 최적의 상태로 차량을 유지·관리해야 한다. 그리고 거친 환경에 노출된 채로 쉴 새 없이 달려야 하는 최악의 조건이므로 자주 정비센터에 들러 차량 상태를 점검해야 한다.

유럽, 북미, 러시아의 일부 정비센터는 철저하게 예약제로 운영된다. 국가와 도시를 쉼 없이 이동하는 여행자가 원하는 일자와 시간에 차량을 점검하거나 수리하는 것은 어려운 일이다. 대도시에 도착하면 정비업소를 찾아 예약하고, 여행과 휴식을 취하며 차량 점검과 수리를 받아야 한다. 만일 자동차 부품이 없다면 한국으로부터 조달해야 한다. 우리도 이집트에서 SGR Assembly 부품을 한국으로부터 DHL로 공수했다.

🚗 신용카드를 잘 준비해야 한다

많은 나라를 오랜 기간에 걸쳐 여행해야 하므로 방문 국가의 지불통화에 대한 정보를 알아야 한다. 유럽에서도 카드가 통용되지 않는 나라가 있다. 또 중앙아시아, 아프리카의 일부 국가는 현금으로 지불수단이 한정되어 있다. 여행을 출발하기 전에 신용카드를 준비해야 한다. 어떤 책자에서는 시티은행의 카드를 준비하라고 하는데 근거가 없는 말이다. 발행하는 카드사나 은행이 중요한 것이 아니라 서비스를 제공하는 브랜드가 필요한 것이다. 즉 마스터카드$^{Master\ Card}$, 비자카드$^{Visa\ Card}$와 제휴한 카드를 발급받아야 한다. 두 브랜드를 동시에 소지해야 하는 이유는 하나의 브랜드만 취급하는 제휴업체가 있기 때문이다.

카드를 발급받으면 IC칩 비밀번호Pin을 등록해야 한다. 일부 해외가맹점의 거래 시 Pin을 요구하는 경우가 있으므로 출국 전 반드시 IC칩 비밀번호의 등록 여부를 확인해야 한다. IC카드의 IC칩 비밀번호는 ARS나 인터넷 홈페이지를 통한 등록 및 변경이 불가하다. 또 해외가맹점에서 원화로 카드 결제하면 추가 수수료가 부과되므로 현지 통화로 결제해야 한다. 일부 가맹점에서는 수수료를 받기 위해 원화 결제를 요구한다. 원화로 결제하면 현지 통화가 원화로 전환되는 과정에서 수수료가 부과되고, 마스터나 비자 카드사를 통해 미화로 재차 결제되며 청구금액이 상승한다. 어떤 여행자는 어느 카드가 수수료가 작다고 하지만, 이 또한 근거가 약하다. 신용카드는 세계 어느 나라에서 사용하든 미 달러화로 환산되며, 청구금액에는 각 브랜드의 국제거래 처리 수수료 1%가 포함된다. 이는 전 세계 공통이다. 해외여행 중에 카드를 분실하거나 도난당했다면 즉시 카드사에 신고하고 교체카드를 받을 수 있도록 장소와 일정을 조율해야 한다. 장기 여행 중에 카드사용이 반복되면 신용정보가 노출된다. 우리도 여행 도중에 아프리카에서는 KB, 남미에서는 하나은행으로부터 카드의 해외사용을 일시 제한한다는 메시지를 수신했다. 국제전화로 확인해 보니 신원미상의 사람이 우리의 카드번호를 이용해 온라인으로 6회 이상 결제를 시도했다는 것이다. 사용된 카드번호를 입수하거나, 거래처에 대한 해킹 또는 의도적 노출 등을 통해 현금 인출을 시도한 것으로 보였다.

그럼 어떤 방법이 좋을까? 체크카드를 사용하는 것이다. 예금 잔액 안에서 인출이 가능하므로 카드 정보를 이용한 현금 인출과 물품구입 등의 범죄에도 손실을 최소화할 수 있다.

카드로 현금을 인출하려면 MasterCard는 MasterCard 또는 Cirrus 로고, VisaCard는 Visa 또는 Plus 로고가 부착된 전 세계 ATM에서 사용이 가능하다. 해외 ATM 예금인출이 등록된 카드는 예금인출이 가능하고 등록이 되지 않은 카드는 현금서비스만 가능하다는 것을 알아야 한다. 해외 ATM의 1회 인출 한도는 국가별, 은행별, ATM 단위로 다르다. 일부 지역의 비표준화된 ATM은 비밀번호가 6자리일 수 있으므로 카드 비밀번호의 뒷자리에 0을 두 개 포함해 6자리를 입력해야 한다. 그리고 여러 차례 비밀번호 입력 오류 시에는 카드사용에 제한이 있을 수 있다. 예금 잔액 조회 시에도 수수료가 부과되니 조심해야 한다. 또 ATM에서는 반드시 손으로 가려 신용카드의 불법 복제와 비밀번호 유출을 막아야 한다. 아울러 수시로 비밀번호를 예측 불가능한 숫자로 바꾸어 사용해야 한다.

카드는 남의 손에 들어가면 내 것이 아님을 반드시 명심하자. 한 번은 멕시코에서 주유 후 카드로 결제하고 한참을 달리니 휴대폰으로 결제내역이 떴다.

"이건 뭐야? 두 번 결제됐네."

괘씸해서 차를 되돌려 찾아가다 밤도 늦었고 오가며 쏟아야 할 연료비가 그 돈일 듯해서 포기했다. 카드를 남의 손에 넘겨줘 일어난 실수다. 누구는 카드 결제내역을 알려주는 SNS 서비스에 가입하라고 한다. 우리도 물론 가입했다. 그러나 결제와 동시에 거래내역을 바로 알려주는 국가는 그리 많지 않다.

자동차 여행이란 한두 달에 끝나는 여정이 아니다. 오랜 기간에 걸쳐 여러 국가에서 사용하는 카드 거래의 빈도와 사용금액은 일반인의 여행에 비교할 수 없다. 그러다 보니 우리에게도 듣도 보도 못한 많은 카드 문제가 발생했다. 낡은 ATM의 Slot에서 카드가 빠지지 않아 카드사에 분실 신고한 후 카드를 ATM에 두고 나오기도 했다. 또 카드의 마그네틱이 손상되어 대금지불과 현금 인출이 불가한 경우도 여러 차례 발생했다. 이런 경우의 수를 감안해 카드를 여유 있게 지참하여 여행 중의 카드 손상, 분실, 도난 등에 대비해야 한다.

서너 명의 외국인이 몰려들어 사진을 찍어 달라, 돈을 바꿔 달라는 등 시끌벅적하게 호들갑을 떨면 일단 경계하자. 신용카드나 돈이 사라질지 모른다. 또 상점이나 주유소에서 종업원이 결제를 위해 신용카드를 들고 보이지 않는 곳으로 가면 추가 결제나 복제를 시도할 가능성이 농후하기에 즉시 제지해야 한다.

🚗 여행 비용은 얼마나 들까?

여러 사람으로부터 받은 질문 중의 하나가 비용에 대한 문의다. 혹자는 저비용의 여행을 선호하고 어떤 사람은 안락한 여행을 추구한다. 차박을 하고 식사를 자급하여 해결하면 비용은 절감된다. 호스텔, 게스트하우스, 중저가의 호텔을 이용하고 매식과 직접 조리방식을 혼용하면 비용은 올라간다. 여행지를 그냥 지나치면 돈이 들지 않을 것이고 구석구석 들여다보면 입장료 등 지출하는 돈이 많아진다. 여행자는 서로 다른 조건을 가지고 여행을 한다. 앞서간 여행자의 경비를 참고할 수 있지만, 자신의 여행에는 전혀 맞지 않는 것이다.

유념할 것은 예상치 않았던 추가 비용의 지출이다. 타이어 교체, 관광지 입장료, 현지 로컬 여행비, 비자 수수료, 자동차보험, 통관 수수료, 차량 고장과 수리 등의 비용이 얼마가 들지 예측하기는 쉽지 않다. 주된 비용 항목을 좀 더 들여다보면 다음과 같다.

첫째 숙박 비용이다. 러시아와 중앙아시아는 숙박업소의 선택이 수월하지 않았다. 대도시의 경우는 대개 부킹닷컴이나 아고다의 숙박 정보를 이용해 숙소를 선택한다. 몽골의 수도인 울란바타르, 카자흐스탄 알마티, 타지키스탄의 두산베는 2인 더블룸 기준으로 대략 40불 내외로 숙박이 가능했다. 내륙으로 들어가면 인터넷 접속이 원활하지 않아 마을에 도착한 후에야 민박을 찾아야 했는데, 대략 30불 내외에서 해결되었다. 유럽에 가까워지면 숙박비가 가파르게 상승한다. 모스크바, 상트페테르부르크, 발트 3국에서부터 오르기 시작한 숙박비는 동부 유럽까지 완만한 상승세를 보이다가 북부 유럽에서 최고점을 찍고 중부와 동부 유럽에서 보합세를 보이며 영국과 아일랜드로 이어진다. 고려할 사항은 성수기다. 여행 루트와 체류 일자가 결정되면 부킹닷컴이나 호텔닷컴 등 인터넷 포털을 통해 숙박 비용을 직접 산출해 보는 것이 좋다. 관광객이 몰리는 도시는 금요일과 토요일에 숙박 비용이 폭등하기에 피하는 것이 좋다.

둘째 유류비다. 러시아와 중앙아시아는 저렴한 가격으로 주유할 수 있다. 국가별로 여행 구간에 대한 거리를 산정한 후 연비를 감안해 계산하면 대략적인 유류 금액이 숙박비보다 사실에 근접하게 산출된다. 러시아는 경유 리터당 650원, 카자흐스탄은 350원, 키르기스스탄과 타지키스탄은 800원, 서유럽은 1,200원, 나머지 유럽은 1,500원 내외로 보면 거의 근사치에 가깝다. 가장 비싼 곳은 노르웨이 노르카프로, 경유는 리터당 1,800원을 줘야 했다. 유류비 산정의 요소인 주행연비는 비포장을 제외하면 여타 국가의 일반도로는 한국에 비해 차량이 적고 교통체증이 심하지 않아 차량이 너무 노후되지 않았다면 공인연비를 확보하는 데 문제가 없다. 눈에 띄게 싼 금액으로 파는 주유소는 불량유라는 것을 명심해야 하며, 요소수 장착 차량은 특히 조심해야 한다.

셋째 식사에 대한 문제로, 여행 중에 식당을 찾아 식사하는 것은 쉬운 일이 아니다. 한국 음식으로 매끼를 해결하자면 식자재의 확보가 어렵고, 싣고 다녀야 할 부피와 내용 또한 만만치 않다. 중앙아시아를 지나 러시아 모스크바까지는 한국보다 저렴한 비용으로 식사할 수 있다. 유럽에 들어가면 식사와 식자재 구입 등으로 지출되는 금액이 급격히 상승한다. 매식의 경우 북유럽과 중서부 유럽은 최하 15유로는 주어야 하고, 음료수라도 곁들인다면 1인당 20유로까지 지출해야 한다. 유럽에서는 매식이 부담되므로 자급 식사의 방법을 찾아야 한다. 큰 도시에 가서 확인할 일은 차이나타운의 존재 여부다. 이곳에 가면 쌀, 두부, 라면, 고추장 등 한국산 식품을 구입할 수 있다.

넷째 자동차 수리와 점검에 드는 비용이다. 하루의 휴식도 없이 달리는 차량에 대한 정기점검과 예방정비는 빈번하게 시행되어야 한다.

다섯째 부대비용이다. 비자비, 대행 수수료, 통관수수료, 여행자보험, 그리고 여유자금이 여기에 해당한다. 개개 여행자의 주관적 판단이 많이 개입되는 부분으로, 여유자금을 얼마로 할지는 개인이 결정할 일이지만 많을수록 여행은 차질없이 진행된다.

자동차 여행에서 돈이란 무엇인가?

러시아 블라디보스토크로부터 몽골과 중앙아시아를 거쳐 러시아를 떠날 때에는 "이 정도였어?"라고 웃으며 유럽대륙으로 들어간다. 그리고 고물가와 경비의 급속한 증가에 직면한다. 어떤 경우는 여행을 포기하기에 이르고, 또 어떤 경우는 달리기라도 하듯 유럽대륙을 직선으로 그어 횡단한다. 그리고는 스페인에서 지척인 모로코를 스치듯 다녀오는 것으로 아프리카를 대신하고 아메리카 대륙으로 넘어간다. 경비를 줄일 수는 있어도 안 쓸 수는 없는 것이 여행이다. 세계 여행은 일 년 이상 심지어는 더 이상의 기간이 소요되는 여정이기에 많은 돈이 든다. 여행 경비의 부족을 이유로 여행 일정을 단축하고, 루트를 변경하며, 시작과 끝에만 방점을 찍는 것은 좋은 여행이 아니다. 결론적으로 여행 경비는 여유 있게 확보하여야 하고, 경비 절감에 대한 노력은 계속 고민해야 하는 게 세계 일주 여행자의 숙명이다.

요소수 차량

요소수, 대륙과 국가별로 부르는 이름이 다르다. Adblue, Urea, Flua, DPF 등, 우리는 어디서나 쉽게 요소수를 구할 수 있을 것으로 보고 10ℓ들이 캔 1개를 달랑 차에 싣고 여행을 떠났다. 그러나 요소수라는 말을 아는 사람도, 요소수를 넣는 차량도 찾을 수 없었다. "한국에 가서 사 가지고 와야 하나?"를 심각하게 고려할 즈음, 러시아 치타에서 요소수를 찾아냈다. 주유소가 아니라 누구도 찾기 힘든 자동차 용품점^{Car Parts & Accessary}에서 팔고 있었다.

모스크바와 상트페테르부르크는 하이웨이의 큰 주유소에서 요소수를 팔았고, 유럽은 요소수를 구하기가 한국보다 수월했다. 남미의 경우는 여러 주유소를 전전하면 요소수를 구할 수 있으며, 중미는 예상 주행거리에 따른 요소수를 남미에서 확보하고 들어가는 것이 좋다. 미국과 캐나다는 하이웨이의 휴게소나 대형 마켓에서 판매한다. 명심할 것은 시베리아, 중앙아시아, 중동과 아프리카, 남미 일부, 중미를 여행하려면 사전에 요소수 수급계획을 세워야 한다는 점이다. 우리는 요르단에서 5통을 사서 차에 싣고 이집트로 들어갔다. 그리고도 부족해 케냐에서 5통을 추가로 구입했다. 남아프리카 공화국에서는 10통을 차에 싣고 서부 아프리카로 출발했다. 흔히들 요소수의 연비가 10ℓ 기준 8,000㎞라고들 하는데, 우리의 경험으로는 모하비 기준으로 4,000㎞면 적당하다.

알아야 할 일은 요소수가 부족하면 과속은 금물이라는 점이다. 요소수를 판매하는 곳이 꼭 주유소가 아니라는 사실과, 요소수의 연비가 좋게 나오지 않는다는 것을 염두에 두면 우리와 같은 시행착오를 겪지 않아도 된다.

여행의 출발

| 내 차로 가는 미국 · 중남미 여행 |

한국에서 자동차를 반출하여 여러 국가를 여행하는 것은 어떤 법령과 절차에 의해 이루어지는지 궁금해하는 사람이 많다. 외국으로 자동차를 반출해 여행하고자 하는 사람들이 숙지할 관련 법령은 '일시 수출입하는 차량통관에 관한 고시'다.

1949년 9월 19일, 스위스 제네바에서 '도로교통에 관한 협약'이 체결되었다. 국가 간의 원활한 차량 이동과 사람과 차량 안전을 보장하기 위해 조인된 국제협약이다. 교통 시설물과 교통 규칙, 차량 장치와 성능 등에 대한 통일된 규칙과 국제 표준화를 제정하기 위해 조인되었으며, 한국은 1971년에 가입했다. '일시 수출입하는 차량통관에 관한 고시'는 '도로교통에 관한 협약'을 근거로 하여 여행자가 차량을 일시 외국으로 반출하고 여행의 종료와 더불어 반입하는 데에 따른 통관절차와 조치 등을 규정한 고시다.

일시 수출입하는 차량에 대한 적용 범위는 일시 수출입자가 본인이 사용하기 위한 목적으로 반출입하는 자가용 승용차, 소형 승합차(일시수출 차량에 한정), 캠핑용 자동차, 캠핑용 트레일러, 그리고 이륜차에 해당한다. 차량을 일시 수출입하는 절차는 의외로 간단하다. 자동차 등록을 관할하는 지자체 관련 부서에 자동차 일시반출신청서를 제출하고 영문으로 된 자동차등록증을 발급받는다.

신고인의 자격은 자동차를 다시 반입할 것을 조건으로 자신의 차량을 수출하는 사람을 말하며 가족 명의의 차량을 반출하고자 할 경우에는 등록명의인의 위임장을 제출해야 한다. 유의할 것은 법적으로 타인 명의의 차량에 대한 해외반출이 가능하다 해도 일부 국가에서는 차량의 소유자와 운전자가 다르다는 이유로 통관이 불허될 수 있다는 것을 염두에 두어야 한다.

그리고 자동차를 반출하는 공항이나 항만을 관할하는 세관으로 이동하여 일시 수출입신고서를 작성하고, 영문 자동차등록증과 국제 운전 면허증 사본을 첨부하여 제출하고 일시 수출입 신고필증을 교부받는다.

이후 보세구역으로 이동해 영문으로 자체 제작한 자동차 번호판과 국가식별기호를 부착하고 통관검사를 마침으로써 해외반출에 대한 통관절차가 완료된다.

여행을 마친 후 자동차가 한국으로 돌아오면 세관에 재수입신고를 해야 한다. 신고는 수출 통관지 세관을 원칙으로 하지만 어느 곳의 세관에서도 처리가 가능하다. 자동차 수출 시 수리된 '일시 수출입 신고필증'의 제출로 재수입 절차가 마무리된다. 재수입 기간은 수출신

고수리일로부터 2년 이내를 고려하여 정한다. 기간 연장도 가능하나 그 기간은 최초의 수출신고 수리일로부터 2년을 초과할 수 없도록 규정되어 있다. 2년을 초과하여 재수입 기간을 위반하게 될 경우는 무관세 적용이 아니라 정식적인 수입 통관절차를 받아야 한다는 것을 명심하자. 2년을 초과하여 자동차 여행을 한다면, 2년이 경과하기 전에 차량을 한국으로 반입한 후 일시 수출입에 따른 절차를 처음부터 다시 밟아야 한다. 또 자동차의 일시 수출입 기간 중에 자동차의 정기점검 및 검사 유효기간이 도래하면 자동차 시행규칙 제 78조 및 제 108조에 따른 정기검사 또는 검사 유효기간 연장신청을 해야 한다. 그리고 일시 수출입된 차량이 일시 반출된 지역에서 사고, 도난, 화재 등의 사유로 인해 한국으로의 반입이 불가능한 경우에는 여행자는 입국한 날로부터 15일 이내에 등록관청에 자동차 말소등록 신청을 해야 한다. 필요한 서류는 해당 지역의 재외공관장이 발급한 교통사고 등의 사실증명서와 세관장이 발급한 수입 미필 증명서류다.

 자동차 해상 선적

자동차를 화물선에 실어 보낼 때는 해상운송과 수출입통관에 따르는 복잡한 절차와 적지 않은 비용이 발생한다.

해상운송에는 차량 적재 방식에 따라 두 타입이 존재한다.

첫째, Ro-Ro방식으로 Roll-On Roll-Off의 약어다. 화물선의 Shore Ramp를 이용해 자동차를 자주식으로 싣고 내린다. 운송비용이 다소 저렴한 반면, 차량의 내부 도난에 취약하고 선편이 적은 것이 단점이다.

둘째, Lo-Lo방식으로 Lift-On Lift-Off의 약어다. 컨테이너 적재 방식으로 안전한 수송에는 적합하지만, RO-RO에 비해 비용이 다소 증가한다.

자동차는 FCL, 즉 Full Container Load 방식으로 통상 20피트 컨테이너에 단독 또는 40피트 컨테이너에 2대를 싣는다. 바이크는 LCL, 즉 Less than Container Load 방식으로 다른 화주의 화물과 함께 하나의 컨테이너를 구성한다.

해상운송의 비용은 어떻게 산정될까? 자동차를 운반하는 해상운송의 조건은 대부분 CFR이다. Cost and Freight의 약어로 쓰이며 한국말로는 운임포함 인도 조건을 말한다. CFR은

Vessel에 자동차를 선적하고 목적항까지의 해상 운임을 부담하는 것인데 여기에는 출발항에서의 수출 통관의 비용을 통상 포함한다. 즉, 목적항에서의 컨테이너 하역과 보관, 수입통관에 대한 비용은 포함되어 있지 않다.

Vessel이 목적지 항구에 도착하면 Ro-Ro로 운송된 자동차는 보세창고로 이동되어 차량 통관절차에 들어간다. 그리고 컨테이너는 갠트리 크레인에 의해 하역되어 컨테이너 운반 트럭으로 적치장으로 이동하게 된다. 적치장 이동 후에는 보세창고로 옮겨져 컨테이너를 개방하고 차를 꺼낸 후 통관절차에 들어간다. Ro-Ro와 Lo-Lo방식은 수출과 수입의 방법과 절차에 있어 대동소이하다.

어느 나라의 항구로 들어갈 것인가? 목적지의 항구를 선정하려면 상대국의 관세정책을 알아야 한다. 즉 일시 반입된 차량에 대한 무관세입국이 가능한지를 파악해야 한다. 육로로 국경을 통과하거나 카페리로 운전자와 함께 이동하는 자동차는 교통수단으로 간주된다. 반면에 화물선으로 운반된 자동차는 수출 수입품으로 간주되어 통관절차가 상이하게 진행된다는 것을 알아야 한다.

우선 목적지가 제네바 협약과 차량의 일시수입에 관한 관세 협약에 가입된 나라인지 여부를 확인하자. 일시 수출입을 허용하지 않는 국가에서는 입국을 거절당하거나, 중고차 관세를 부과받거나, 관세에 해당하는 금액을 세관에 납부하고 출국 시에 돌려받을 가능성이 있다.

그리고 목적항의 국가를 복수로 결정하고 어느 나라가 통관 비용이 적게 드는지를 살펴야 한다. 해당 국가에 소재하는 포워딩 회사^{Forwarding Company}에 이메일을 보내 비교 견적을 해보자. 통상 이메일에 대한 답변에 상당히 소극적이므로 충분한 시간을 가지고 다수의 업체와 접촉해야 한다. 아메리카 대륙으로 자동차를 해상운송하려면 브라질, 칠레, 우루과이, 아르헨티나로 보내는 경우가 일반적이다. 아르헨티나와 브라질은 고액의 통관 비용이 요구되는 나라다. 그럼 남은 두 국가는 우루과이와 칠레다.

내비게이션은 어떤 것을 써야 하나?

자동차 여행에서 내비게이션의 중요성은 아무리 강조해도 지나치지 않는다. 한국은 작고 인구 밀도가 높아 어디를 가나 사람이 있고 그물망 같은 길이 깔려있다. 반면 시베리아에서는 온종일 한 사람도 마주치지 않는 날도 있다. 또 몽골 초원에서는 종일토록 차량 한두 대만 마주치는 때도 있다. 값비싼 해외 로밍서비스를 가입하고 떠나는 여행자는 극히 드물다. 통상 와이파이를 이용하거나, 유심을 구입해 사용하는 것이 일반적이다. 좁은 땅을 가진 한국과 달리 데이터 로밍이 펑펑 터지는 나라는 세계 어디서도 찾기 힘들다.

비싼 돈을 들인 데이터 로밍으로 지원되는 내비게이션 사용에는 한계가 있기에 자동차 여행자는 인공위성에 의해 제공되는 내비게이션을 선호한다. 자동차 여행자가 범용하는 내비게이션은 GPS위성에 의해 무료로 위치서비스가 제공되는 맵스미$^{Maps.me}$다. 러시아를 거쳐 몽골, 카자흐스탄, 키르기스스탄, 타지키스탄을 지나 핀란드와 노르웨이, 스웨덴까지 Maps.me에 의존해 목적지를 찾아 달렸다.

유럽에서는 Maps. me로는 부족했다. 대도시의 복잡한 도로나 분기점에서 진행 차선에 대한 상세 안내가 부실해 엄청난 거리를 돌아다녀야 했다. 또 좋은 길을 두고 엉뚱한 길을 안내함으로써 많은 거리와 시간을 허비하는 등의 문제가 발생했다. 유럽에서부터는 유료서비스인 Sygic을 구입해 Maps.me와 혼용했다. Maps.me를 계속 사용한 것은 저장된 데이터의 양이 많아 숙소와 주유소를 찾는 등의 기능이 우수했기 때문이다. 내비게이션을 이용하는 자동차가 거의 없는 아프리카에서는 데이터 부족으로 인해 만족할 만한 지리정보를 얻기 힘들어 Maps.me와 Google.map을 사전에 다운로드 받아 오프라인에서 사용했다.

황열병 예방접종을 하자

황열병은 아프리카와 남아메리카 지역에서 유행하는 바이러스에 의한 출혈열이다. 모기의 침 속에 있는 아르보 바이러스$^{Arbo Virus}$가 인체 내 혈액으로 침투해 황열병을 일으킨다. 증상으로는 발열, 근육통, 오한, 두통, 식욕 상실, 구역, 구토 등을 유발하며 심하면 황달, 복통, 급성신부전을 일으키고 독성기로 접어든 환자의 절반은 14일 이내에 사망하는 무서운 풍토병이다. 미국 언론사에서 인류에게 가장 위협이 되는 무서운 생물이 무엇인지 순위를 매겨 발표했는데, 몸무게가 약 3㎎에 불과한 모기가 1위를 차지했다. 1880년대 파나마 운하 굴착권을 미국에 앞서 획득한 프랑스가 운하 건설을 포기한 배경에는 말라리아에 걸려 숨진 2만여 명의 인부들이 한 몫을 차지했다.

아프리카와 남미를 여행하려면 황열병 예방접종을 하고 그 증서를 소지해야 한다. 황열병 백신의 접종으로 인해 95% 정도는 1주일 이내에 예방효과가 나타나고, 한 번의 접종으로 그 효과가 지속된다. 질병관리청 홈페이지를 검색하면 국가별 감염병 예방정보와 예방접종 기관 등에 대한 자세한 안내를 받을 수 있다.

아메리카 여행 노선도

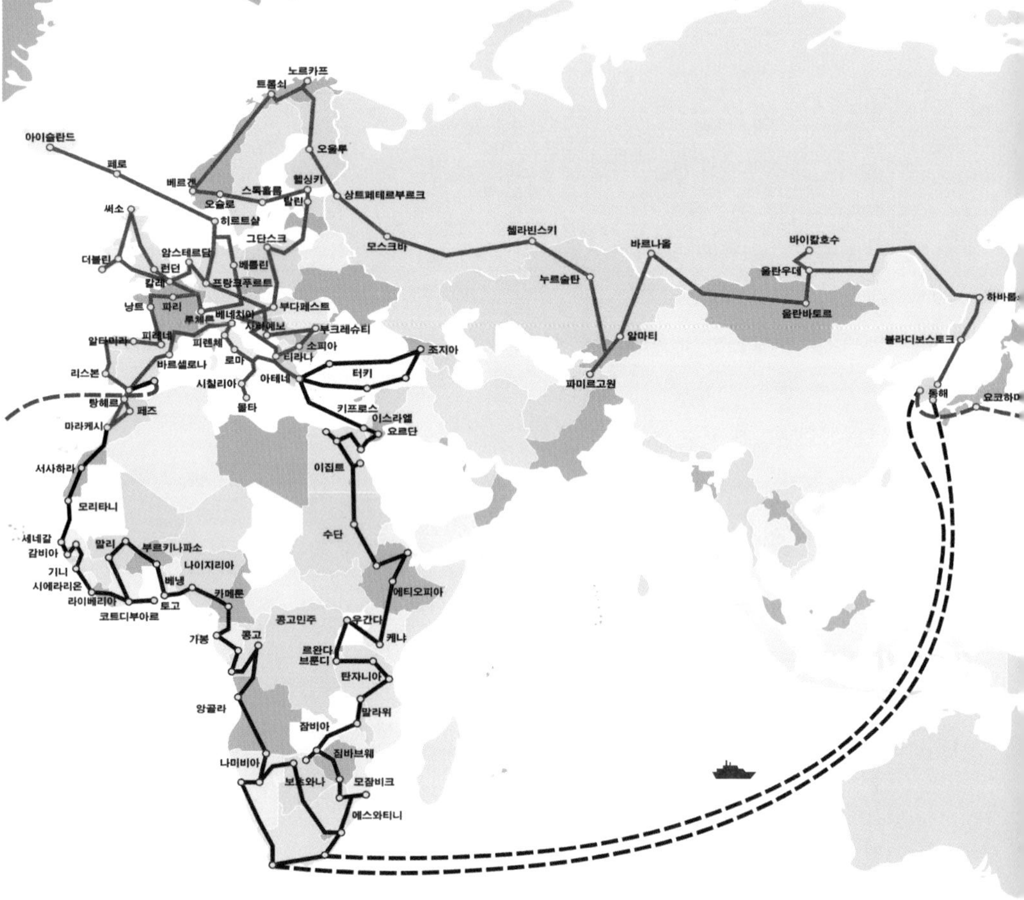

- 91 우루과이
- 92 아르헨티나
- 93 칠레-아르헨티나
- 94 파라과이
- 95 브라질
- 96 볼리비아
- 97 페루
- 98 에콰도르스
- 99 콜롬비아
- 100 파나마
- 101 코스타리카
- 102 니카라과
- 103 온두라스
- 104 엘살바도르
- 105 과테말라-멕시코

106 미국

107 캐나다-알래스카-캐나다-미국

108 멕시코

109 벨리즈-멕시코

110 쿠바-멕시코-미국

111 일본

남·아메리카 종단

| 내 차로 가는 미국 · 중남미 여행 |

• 스페인 발렌시아에서 남미로 자동차 보내기

발렌시아는 자동차 여행 중 두 번째 들르는 도시다. 조용하고, 안락한 교육과 휴양의 도시, 해상 물류의 중심지다. 노보카고^{Novocargo} 포워딩 업체를 찾으니 한국인 일가족이 스타렉스 차량을 수속하고 있다. www.novocargo.com, 오후에 찾아가니 한국에서 온 바이커 두 사람이 선적을 의뢰하고 있었다. 모하비를 보세창고에 입고시키고 며칠이 지난 후에 포워딩 업체로부터 이메일이 도착했다. 세관으로부터 수출통관이 거절됐다는 내용이다. 세관은 한국 차가 왜 우루과이로 가느냐며 유럽 입국 이후의 차량 주행의 근거로 그린카드를 요구했다. 모로코를 떠나 스페인 알헤시라스 항으로 입국할 때 그린카드를 요구하지 않았다. 포워딩에서도 이런 경우는 낯선 일이라고 한다. 문제는 그린카드를 소급해서 발급해 줄 보험사가 없는 것이다. 복불복의 심정, 영문으로 된 국내 여행자 보험을 제출했다. 세상은 진실이 이기는 법이다. 모하비는 배에 실려 우루과이 몬테비데오로 출발했다.

• 남미에서는 까르네가 필요한가? 아닌가?

해상 운송한 자동차를 통관하려면 까르네가 필요하고, 육로국경은 상관없다는 이야기가 있었다. 그러나 칠레와 우루과이 항구에서는 까르네를 요구하지 않았으며 육로국경 역시 필요가 없었다.

여행정보

남아메리카 우루과이로
차를 보내고 도착한 나라

• 아르헨티나 •

희미한 가로등에 기대어 허공으로 시가 연기를 내뿜는 중절모 쓴 신사가 잘 어울리는 매력적인 도시, 부에노스아이레스는 끈적이는 감성의 도시다. 미모와 확신에 찬 에바 페론의 권력과 사랑은 뮤지컬이 되었다. 그녀가 잊지 말아 달라고 노래했던 아르헨티나는 아직도 그녀를 그리워한다.

하늘에서 보이는 드넓은 평원은 한국 땅의 7.5배인 세계 3대 곡창지대 팜파스 Pampas다. 우리나라보다 28배나 넓은 세계 8위의 영토 대국, 끝도 없는 대평원의 초지 위에 인구보다 많은 5,200만 마리의 소가 사육된다. 아르헨티나의 무한한 스케일과 볼륨에 기가 질렸다. 1930년대쯤으로 시간여행을 떠난 것 같은 끈적이는 감성을 자극하는 묘한 매력의 도시 부에노스아이레스, 희미한 백열등 아래에서 프렌치 코트 깃을 세우고 허공으로 시가 연기를 내뿜는 중절모 쓴 신사가 딱 어울릴 것 같은 도시 부에노스아이레스의 중심으로 빨려 들어갔다. 누구나 이 도시에 들어오면 분위기 있는 남자와 여자가 된다.

🚗 Don't cry for me, Argentina, 에바페론, 에비타가 그토록 사랑한 아르헨티나

5월 광장은 독립을 선언한 1810년 5월을 기념하는 광장이다. 광장 우측으로 메트로폴리타나 대성당이 있다. 이탈리아 이민자 2세인 현 프란체스코 교황은 로마가톨릭 교황청의 제266대 교황이다.

▲ 메트로폴리타나 성당

광장의 중심, 대통령궁에는 집념의 여인 에바 페론의 발자취가 있다. 1946년 집권한 후안 도밍고 페론 대통령과 부인 에바 페론의 대국민 연설이 열릴 때면 10만 명의 인파가 5월 광장을 가득 메웠다. 아름다운 미모와 확신에 찬 에바 페론의 연설은 국민의 열렬한 성원을 받았다. 에비타라는 애칭의 에바 페론은 1919년 팜파스에서 정부의 딸로 태어났다. 가난하고 불행한 어린 시절을 지낸 그녀가 퍼스트레이디가 되고 죽기까지의 일생은 한 편의 논픽션 드라마다. 그녀는 남편과 함께 서민과 노동자를 위한 파격적인 복지정책을 시행함으로써 남미 전역으로 페론주의를 확산시켰다. 서민과 노동자의 열렬한 지지를 받은 그녀는 노동자의 어머니와 국민 성녀로 추앙받았다. 반면에 정권 연장을 위한 무분별한 포퓰리즘 복지정책으로 재정을 파탄 내고 경제를 피폐하게 만든 장본인이라는 부정적 평가도 동시에 존재한다.

"Don't cry for me, Argentina, The Truth I never left you."

에바 페론이 나를 잊지 말라고 그토록 애원했던 아르헨티나는 지금 어디로 가고 있을까?

🚗 유럽을 능가했던 선진 경제를 자랑했던 아르헨티나는 지금 어디로 가고 있을까?

경제가 잘 나가던 1845년부터 1930년에 이르기까지 아르헨티나 정부는 경제력 확대에 따른 고용 부족을 해결하고, 광활한 영토에 걸맞은 인구를 확보하기 위한 빠른 방법의 하나로 강력한 유럽 이민정책을 시행했다. 이탈리아, 스페인, 프랑스, 스위스, 독일인들이 살기 좋고 일자리 많은 기회의 땅 아르헨티나로 속속 이주했다. 〈엄마 찾아 삼만리〉라는 유명한 영화가 있었다. 이탈리아 소년 마르코가 아르헨티나로 식모살이 떠난 엄마를 찾아가는 12,000㎞의 여정을 그린 영화다.

하지만 현재 아르헨티나는 페소화의 가치가 사상 최저치로 추락하고 장기적인 경제침체에 빠져들었다. 그리고 외국자본이 이탈하고 IMF구제금융을 받는 등 최악의 경제 위기 상황에 직면했다.

세계에서 서점이 가장 많은 도시가 부에노스아이레스다. 다운타운에 있는 서점 엘 아테네오El Ateneo는 영국 BBC에 의해 세상에서 가장 아름다운 서점 2위에 선정됐다. 남미 최고의 교육제도와 수준을 가지고 있는 아르헨티나, 경쟁 없는 교육을 추구하며 성적표, 석차, 선행학습이 없다. 책을 많이 읽는 이유가 여기에 있지 않을까?

▲ 서점 엘 아테네오

'남미의 파리'라고 불리는 부에노스아이레스에서 가장 인상 깊은 건물은 국회의사당이다. 1906년에 건축한 건물은 우리에게 매우 익숙했다. 서울특별시 세종로에 있었던 중앙청의 건축양식, 외관 자재, 건축 시기가 너무나 흡사하다. 그냥 두었다면 유네스코 세계문화유산이 되었을 것이고, 후세를 위한 과거사 교육의 장으로 쓰였을 것이며, 관광 자원으로서의 활용 가치가 충분했을 중앙청을 우리는 폭파해 없앴다.

콜론Colon 극장은 110년 역사를 자랑하는 오페라극장으로 도시의 랜드마크이며 세계에서 가장 아름다운 극장의 하나다. 성악가 루치아노 파바로티는 이렇게 말했다.

▲ 콜론 극장

"이 극장은 커다란 결점을 가지고 있다. 너무 음향이 완벽해서 내 음악이 완벽하지 않으면 금방 관객에게 들통나고 만다."

레콜레타 공동묘지는 부, 권력, 명예를 가진 사람들이 죽어 묻히는 곳이다. 1882년, 공동묘지 레콜레타는 독립적인 가옥의 형태로 무덤이 조성되었다. 묘소 외관과 주위로는 예술 조각상과 조형물이 가득 들어찼다. 엄숙하거나 을씨년스럽지 않으며, 조각미술관에 들어와 예술작품을 감상하는 듯하다. 전직 대통령 13명

▲ 에바 페론 묘비

▲ 보카 주니어스 전용경기장 라 봄보네라

과 셀러브리티들이 잠들어 있는데, 대표적인 인물은 에바 페론으로 그녀 무덤에는 추모하는 사람들이 가져다 놓은 꽃이 끊이거나 시들지 않는다. 뛰어난 미모와 드라마틱한 인생 스토리, 권력에 대한 강한 집념의 여인 에바 페론, 33세 젊은 나이에 암으로 요절했지만, 그녀 인생은 죽어서도 드라마처럼 파란만장했다. 군부정권에 의해 시신은 이탈리아로 옮겨졌으며 24년이 지난 후에야 조국 아르헨티나로 돌아와 묻혔다.

우측 길로 가면 국립미술관이 나온다. 아르헨티나와 라틴 아메리카의 문화유산과 예술품을 전시하며, 모네, 고갱, 모딜리아니 등 유명 화가 작품이 소장되어 있다.

카미니토Caminito는 폐쇄된 철길을 따라 조성된 구도심이다. 화려한 원색 컬러로 치장해 어둡고 칙칙했던 슬럼가를 여행자의 거리로 새롭게 탄생시켰다.

라 봄보네라La Bombonera는 프로 축구팀 보카 주니어스의 전용경기장으로 노동자 계층의 열렬한 응원을 받는 명문구단이다. '축구의 신'이라 불린 디에고 마라도나가 잠시 뛰었던 팀이기도 하다.

🚗 아르헨티나의 낭만과 여유, 멈추지 않는 열정, 탱고

아르헨티나는 브라질의 삼바와 더불어 남미를 대표하는 대중댄스 탱고의 나라다. 탱고가 태동한 보카Boca 항구는 유럽 이민자들이 정착했던 어촌마을이다. 1880년 무렵 가난하고 고단한 뱃사람, 부두 노동자, 매춘부들이 어울려 추던 춤이 탱고의 원조다.

▲ 탱고 공연

산 마르틴San Martin 광장으로 간다. 따스한 햇살 아래 잔디밭에 누워 한낮 휴식을 취하는 시민들로 여유로움이 넘친다. 에스파냐 장교였던 산마르틴 장군은 1812년 독립혁명군을 지휘하여 아르헨티나, 칠레, 페루를 에스파냐로부터 해방시켰다. '국민의 아버지'로 추앙받는 산마르틴은 전쟁과 건국의 영웅으로, 그가 죽은 8월 17일은 국가 공휴일이며, 현지 화폐에도 그의 얼굴이 도안되었다.

아르헨티나의 대표 음식은 원주민 가우초가 먹던 음식에서 유래하는 아사도Asado다. 소고기에 소금과 후추를 뿌려 육즙이 빠져나오지 않게 숯불에 구워내는 것이 요리의 핵심이다. 아르헨티나에서 최고의 남자가 되려면 고기를 잘 구워야 한다. 넓은 초원에서 방목으로 키운 소의 부드러운 육질과 정성껏 구워내는 아사도의 맛은 세계적으로 정평이 있다. 거기에다

▲ 아르헨티나 대표음식 아사도

가격 역시 착하다.

한국인의 이주 역사가 있다. 1965년, 13가구 78명의 한국인 이주자를 태운 배가 부에노스아이레스 항구에 도착하며 한인 이민 역사가 시작됐다. 이들은 1,000㎞ 떨어진 라마르께로 이동하여, 주정부가 제공한 황무지를 개간하고, 이웃 농장으로 품팔이하러 다니며 가난하게 살았다. 이후 이들은 부에노스아이레스로 돌아와 한인촌을 이루었으며 섬유와 봉제업으로 점차 경제적 안정을 찾았다.

🚗 지축을 진동하는 천둥소리가 이끄는 악마의 목구멍

호르헤 뉴베리Jorge Newberry 공항으로 간다. 오전 11시 45분 출발하는 비행기는 연착에 지연을 더해 오후 4시 30분에 이륙했다. 비행편이 취소되지 않고 떠나주는 것만도 고마운 게 여행자의 넉넉한 마음이다. 이구아수 폭포의 배후도시 푸에르토 이구아수Puerto Iguazu로 간다.

이구아수 폭포, 아르헨티나

악마의 목구멍

이구아수에 있는 275개의 폭포 중에 백미로 꼽히는 곳은 단연 악마의 목구멍 Garganta del Diablo이다. '우르릉 쾅' 넓은 평원을 흐르던 이구아수 강이 한 곳으로 집중되어 80m 절벽으로 소용돌이치며 빨려든다. 세상의 모든 것을 흡입할 것 같은 게걸스러운 물살에 감동과 공포가 교차한다.

이번에는 스피드 보트를 타고 강을 거슬러 폭포로 접근했다. 울컥울컥 쏟는 물을 올려다보니 자연을 거스를 수 없는 인간의 한계가 이런 것이구나 싶다. 폭포의 유역면적은 여의도의 630배에 이른다. 그중 80%가 아르헨티나이고 나머지는 브라질이다.

다음날은 브라질에서 이구아수 폭포를 찾아보기로 했다. 터미널에서 1시간 간격으로 출발하는 버스를 타고 브라질로 향한다. 입국 수속을 마치고 포즈 두 이구아스Foz du Iguasu에 도착했다. 브라질은 한눈에 보이는 폭포의 파노라마 뷰가 일품이다. 브라질에서 발원한 이구아수 강은 하류에 이르러 브라질과 아르헨티나의 국경을 따라 흐른다. 영화 〈미션〉의 로케이션이 이구아수 폭포다. 산책로를 따라 폭포에 바짝 다가서 물에 흠뻑 젖어 보는 것도 인상적이다.

◀ 이구아수 폭포, 브라질

미국 루스벨트의 영부인이 이구아수 폭포를 보고 "Poor Niagara!"라고 탄식했다. 나이아가라는 명함도 못 내민다는 이야기다. 부에노스아이레스로 다시 돌아간다.

스페인 발렌시아에서 선적한
모하비가 몬테비데오 항으로 도착했다

· 우루과이 ·

플라야 해변에서 만난 우루과이, 제1회 월드컵의 나라, 핵 이빨 수아레즈의 고국, 밤이면 '라 쿰파르시타'에 맞추어 탱고를 추는 사람이 넘친다. 카사 푸에블로에는 현대판 아담과 이브를 위한 누드 비치가 있고, 푼타 델 에스테는 우루과이 라운드로 익숙하다.

🚗 빠져들면 달리 보이는 남미의 삶과 열정

카페리를 타고 우루과이로 간다. 한 달만 살면 온 국민을 다 만날 것 같은 인구 350만의 작은 나라 우루과이. 농업과 목축업, 수산업 등 1차 산업의 경제구조를 지닌 청정한 자연환경의 나라다. 인구의 40%가 수도 몬테비데오Montevideo에 살지만 다운타운은 소박하고, 아담하며, 작아서 걸어서 다니기에 무리가 없다. 도

▲ 건국의 아버지 아르티가스 동상

심 곳곳에서 만나는 동상의 주인공은 호세 헤르바시오 아르티가스Artigas다. 독립영웅으로 추앙받는 군인이자 혁명가로 '건국의 아버지'로 불린다.

몬테비데오는 볼 것이 없다고 여행자들은 말한다. 눈에 띄는 볼거리를 찾는 여행자는 만족시킬 수 없어도 그들의 삶 속으로 한 걸음 다가가면 우리가 못 본 우루과이의 다른 세상이 보인다. 낙천적이고 여유로운 국민성을 가진 우루과이는 문자 해독률이 100%에 가깝고, 대학진학률이 67%에 이를 만치 라틴 아메리카에서는 최고의 지성을 가진 나라다.

구도심과 신도심을 잇는 플라야Playa의 반짝이는 해변을 따라 럭셔리한 주거시설과 휴양시설이 있다. 한국의 전통적인 인사 습관을 사실적으로 표현한 'Greetingman' 조형물이 있는 한국공원도 해변 근처다. 푸른 하늘과 맑은 공기, 인구에 비해 주체할 수 없이 넓은 땅, 온화한 기온, 거기에 더해 쾌적한 주거환경을 가졌다.

▲ 몬테비데오 중심 광장　　　　　　　　　▲ 플라야 해변

　그리고 제1회 월드컵이 열린 나라, 두 번의 월드컵 우승, 핵 이빨을 가진 수아레즈의 모국, 우루과이가 축구 종가라는 이름으로 회자되는 만큼 국민들의 축구에 대한 애정과 열정은 우리의 상상 저 너머다.

　늦은 밤 몬테비데오 대성당 앞 광장에서 탱고 공연이 열렸다. 플라타Plata 강을 마주하는 아르헨티나와 우루과이는 탱고라는 댄스 문화를 공유한다. 우루과이는 탱고를 자신들의 음악과 춤이라고 말한다. 탱고를 대표하는 음악 라 쿰파르시타La Cumparsita를 작곡한 마토스 로드리게스Matos Rodríguez가 우루과이 사람이라는 이유에서다. 늦은 밤 다운타운 광장에는 누구랄 것도 없이 모여 탱고를 추며 세상을 돌아가고 있었다.

▲ 라쿰파르시타의 나라, 우루과이　　　　　▲ 탱고, 우루과이

🚗 대서양의 태양을 붉게 물들이는 환상적인 낙조를 넋 놓고 바라볼 수 있는 테라스

카사푸에블로Casapueblo는 예술가 카를로스 파에스 빌라로Carlos Páez Vilaró가 대서양이 보이는 바닷가 언덕에 지은 하얀 집이다. 2014년 타계한 카를로스는 화가, 도예가, 벽화가, 조각가, 소설가, 작곡가, 제작자 등 다재다능한 달란트를 가진 예술인이다. 여름 별장과 작업실로 지었으나, 지금은 박물관, 아트갤러리, 카페, 호텔로 이용된다. 새의 둥지를 모티브로 했으며, 지중해의 산토리니 해안주택과 가우디의 구엘 공원과 비교된다. 1958년부터 38년 동안 설계도 하지 않고 흙질Stucco과 백시멘트를 이용한 수작업으로 직접 지은 건물에는 카를로스의 정신과 혼이 흠뻑 배어 있다. 13층의 단차를 가진 테라스에서 바라보는 대서양을 붉게 물들이는 낙조가 환상적이다.

▲ 카사푸에블로, White House

▲ 누드 비치 너머로 푼타 델 에스테가 보인다.

이곳에서 멀리 보이는 도시는 푼타 델 에스테Punta del Este이고, 인근의 해변은 유명한 누드비치다.

푼타 델 에스테의 우뚝 솟은 건물은 모두 호텔과 리조트로 우루과이 최대의 휴양도시다. 사시사철 온화한 날씨와 서핑을 즐길 수 있는 양질의 파도를 자랑한다. 머지않아 아르헨티나, 브라질, 유럽과 미국에서 온 수많은 휴양객이 도시와 해변을 채울 것이다. 손가락 동상을 찾았다. 대서양을 등지고 모래에 묻혀 손끝만 겨우 내밀은 손가락 동상은 현대적 감성을 가진 휴양지의 단순하고 밋밋한 이미지에 생명의 불꽃을 불어넣었다.

▲ 손가락 조형물

1986년 9월, 다자간 무역 협상인 우루과이 라운드가 이곳에서 개최됐다. 당시 야권이 저지 투쟁에 돌입하고 대학은 휴업하는 등 심한 반대에 부딪혔지만 결국 비준됐다. 제조업이 주요 기반인 한국은 우루과이 라운드를 통해 경제성장을 가속할 수 있었다.

콜로니아Colonia로 간다. 부에노스아이레스와 플라타 강을 사이로 마주하는 도시다. 콜로니아에서 주목해야 할 것은 레스토랑이다. 우루과이 전통음식과 싱싱한 해산물 요리를 맛볼 수 있는 맛집이 많다. 식사 도중에 모하비가 몬테비데오 항에 도착했다는 연락을 받았다.

🚗 아프리카 일주를 마치고 스페인에서 선적한 모하비가 우루과이 몬테비데오 항에 도착했다

관세 브로커, 포워더와 함께 항구로 들어가 모하비를 인수하고 세관에 들러 일시 수입신고를 마침으로써 통관 절차가 마무리됐다. 사설 정비업소를 찾아 쇽업쇼바를 교체하고 언더커버를 부착했다. 몇 가지 더 수리할 것이 있었지만, 오후 5시가 되자 정비사들은 작업을 일제히 끝냈다. 우리나라보다 먼저 8시간 노동이 법제화된 나라다. 그리고 서부 아프리카 기니의 노상에서 떨어진 루프 캐리어 자

리에 거금을 들여 루프 박스를 구입해 장착했다. 여행 중에 이런 비용의 추가지출은 예상하지 못한 것이다.

▲ 몬테비데오 항에 도착한 모하비

남아메리카 대륙의 남위 38도
아래를 파타고니아라고 한다

· 아르헨티나, 칠레 ·

서부로는 안데스산맥, 수많은 빙하와 빙하호가 뛰어난 비경을 만들어냈다. 동부로는 너른 평야가 끝도 없이 펼쳐진다. 들에는 울긋불긋 야생화가 만발했고, 그 사이로는 과나코가 뛰논다. 지구상에 얼마 남지 않은 태초의 자연을 간직하고 있음에 감사하고 소중한 땅이다.

아르헨티나 국경으로부터 세상 끝 도시 우수아이아^{Ushuaia}는 3,400㎞의 거리다. 부에노스아이레스에서 일박하고 남으로 방향을 잡았다. 트렐류^{Trelew}에서 하루를 쉬며 연료필터를 교환하고 세차를 했다. 칼리타 올리비아^{Caleta Olivia}로 가는 길에 들른 푼타 톰보^{Punta Tombo}는 2억 년 전 쥐라기 시대에 화산대가 노출되어 생긴 반도다. 해안을 따라 3㎞, 내륙으로 600m 들어온 땅에 16,000마리의 마젤란 펭귄이 서식한다. 12월이면 겨울을 나기

위해 암컷은 새끼를 데리고 우루과이와 브라질로 올라갔다가 다음 해 4월이 되어서 돌아온다. 땅속 구덩이에는 빠짐없이 펭귄이 들어 있는데 두 개의 알을 암수가 교대로 품어 부화시킨다. 수컷의 가사분담률이 높아 남성 육아휴직의 원조라는 우스갯소리를 했다.

▲ 푼타 톰보

리오가예고스^{Rio Gallegos}는 우수아이아로 들어가기 전에 묵어가는 도시다. 모터사이클로 세계 일주를 하는 한국 청년을 만났다. 늦은 밤 근처 레스토랑에서 파릴야다^{Parillada}와 맥주를 곁들여 오랜만에 한국어로 얘기하며 즐거운 시간을 보냈다.

마젤란 해협을 건너기 위해 카페리를 기다린다.

칠레국경 ^{Integración Austral}을 통과한 후 마젤란 해협에 도착했다. 카페리를 타고 해협을 건너면 티에라 델 푸에고^{Tierra del Fuego}다. 섬은 아르헨티나와 칠레로 양분된다. 최남단 우수아이아로 가려면 칠레에서 아르헨티나로 다시 입국해야 한다.

▲ 칠레 아르헨티나 국경

섬의 소유가 두 나라가 된 것은 풍부한 지하광물, 남극해의 티롤 새우, 남대서양의 해양 주권을 탐낸 아르헨티나가 칠레 영토인 섬 일부를 자국 영토로 강제로 편입했기 때문이다.

🚗 파타고니아는 남아메리카 대륙 남위 38도 이남 지역의 명칭

먼발치로 우수아이아가 보인다. 아르헨티나 북부에서 최남단까지 오는데 일주일이 꼬박 걸렸다. 그리고 도착한 세상의 끝, 핀 델 문도^{Fin del Mundo}, 차를 가지고 갈 수 있는 아메리카 대륙의 최남단 도시 우수아이아에 발을 디뎠다.

▲ 지구의 끝, 아메리카 대륙 최남단 도시 우수아이아

우수아이아는 태평양과 대서양을 연결하는 비글해협을 앞에 둔 해상교통의 요지다. 비글Beagle이라는 이름은 진화론의 창시자 찰스 다윈이 탔던 배의 선명에서 유래한다. 항구에서 크루즈를 타고 해양 생태계가 잘 보존된 비글해협으로 갔다. 대서양과 태평양이 교차하는 해협의 풍부한 어족자원은 해양 동물과 조류에게 안전한 안식처와 풍부한 먹이를 제공한다.

▲ 가마우지, 바다사자, 펭귄, 대머리독수리, 수달

▲ 등대 바위를 덮은 가마우지떼

등대섬은 가마우지의 집단 서식지다. 바위섬에 있는 바다사자는 물속을 들락거리고, 펭귄 섬에는 자연 해변이 있어 가까운 곳에서 펭귄을 볼 수 있다. 멀리 칠레 최남단 나바리노Navarino 섬의 중심도시 푸에르토 윌리엄스Puerto Williams가 보인다.

▲ 비글해협, 크루즈 선상 유람

죄수 도시 우수아이아, 죄수 박물관Ushuaia Jail and Military Prison은 도시의 역사를 볼 수 있는 곳이다. 1896년 1월, 죄수 14명이 해군함 마요Mayo호를 타고 우수아이아에 도착했다. 뒤를 이어 군인 형무소가 이곳으로 이전하며 죄수 도시가 되었다. 1910년, 당시 자료에 따르면 민간인은 400명이고 죄수와 간수가 1,100명이었다.

▲ 죄수 박물관

▲ 값싸고, 맛있고, 싱싱한 킹크랩

도시가 자랑하는 대표 음식은 킹크랩이다. 레스토랑 'La Cantina Fueguina de Freddy'을 찾아 남극해에서 잡아 올린 튼실한 킹크랩을 레드와인에 곁들여 먹는 호사를 한국의 1/3 정도의 저렴한 가격으로 즐겼다. 그리고 해안도로에 있는 100년 역사의 올드카페 라모스 헤네랄레스Ramos Generales에 들러 진한 에스프레소의 향에 빠져 들었다.

시내 뒷산에는 마르띠알 빙하Martial Glaciar가 있다. 눈을 밟으며 산에 오르면 부채꼴 모습의 산 벼랑으로 세 곳의 빙하가 보인다.

우수아이아는 산을 뒤에 두고 바다를 앞에 둔 전형적인 배산임수의 도시다. 비글해협 건너로는 칠레 영토의 험준한 산이 병풍처럼 두르고 있어 바다가 아니라 깊은 호수로 들어온 듯하다.

▲ 값싸고, 맛있고, 싱싱한 킹크랩

그리고, 도시 외곽에 있는 티에라 델 푸에고 국립공원은 알래스카로부터 시작되는 팬아메리칸 하이웨이의 종점이다.

🚗 보일 듯 말 듯 자태를 드러내는 토레스 삼봉

육지로 연결되는 세계 최
남단의 도시 푼타 아레나
스Punta Arenas는 태평양과
대서양을 잇는 마젤란 해
협의 교역항구로 발전했다.
그러나 1914년, 파나마운하
의 개통으로 선박 물동량
이 급감하며 쇠퇴했고, 지
금은 남극의 전진기지로 이
용된다.

▲ 푼타 아레나스

토레스 델 파이네Torres del Paine 국립공원의 배후도시는 푸에르토 나탈레스Puerto Natales다. 여행자들은 이 도시로 들어와 산행 장비를 점검하고 이튿날의 여행을 준비한다. 산 정상은 만년설의 겨울이고 들판으로는 야생화가 만발했다. 파타고니아는 여름으로 접어들고 있었다. 사르미엔토 호수 입구^{Lago Sarmiento Entrance}를 통해 공원으로 들어간다.

▲ 실토 그란데

살토 그란데^{Salto Grande}는 산과 호수가 어우러지는 곳으로 거대한 산에 막혀 갈 곳을 잃은 바람이 계곡을 따라 내려온다. 다음날은 라구나 아마르가 입구^{Laguna Amarga Entrance}를 통과하여 삼봉으로 향했다. 칠레노 산장부터 산세가 점점 험해졌다. 삼봉은 그 모습을 보여주는 데 인색하여, 보이다가 사라져 버리기를 수도 없이 한 뒤에 드디어 숨 막힐 듯, 말을 잊게 하는 자태를 드러냈다. 어떻게 이런 바위산이 깊은 산 정상으로, 그것도 세 개씩이나 쭉 뻗은 모습으로 도도하게 서 있을까? 삼봉의 아래는 수심을 가늠하기 힘든 옥빛의 호수다.

토레스 삼봉

길쭉한 칠레의 국토는 남북 길이가 무려 4,300㎞로 사계절을 모두 지녔다. 파타
고니아의 칠레 지역은 설산, 빙하, 피오르, 툰드라로 이루어져 사람이 살지 않으
며, 육로 교통으로 연결되지 않는다.

🚗 흰색에 더해 푸른 빛을 품은 모레노 빙하의 신비와 환상

도르테아 국경Paso Dorotea을 통과해
아르헨티나 엘 칼라파테El Calafate로 간
다. 로스 글래시아레스 국립공원Los
Glaciares National Park에는 7개의 거대 빙
하와 350여 개의 작은 빙하가 있다.
이 중의 제일은 모레노Moreno 빙하다.
크루즈를 타고 강을 거슬러 올라 모레
노 빙하의 곧게 선 빙벽과 마주 섰다.

▲ 칠레 아르헨티나 국경, 도르테아

모레노 빙하

아이스 댐의 높이는 최대 70m로, 흰색에 더해 푸른빛을 띠는 빙하는 아름답고, 신비스러우며, 환상적이다. 하늘, 강, 태양의 조화로 빙하는 푸른 코발트의 아우라를 마구 뿜어댔다. 하지만 안타깝게도 지구 온난화로 빙하가 심각하게 감소하고 있다. 1986년 838㎢였던 모레노 빙하는 2011년에 750㎢로 줄었다. 금세기 말에는 빙하가 반으로 줄 것으로 예상된다.

🚗 하루에도 수십 번씩 구름 속을 드나드는 피츠로이의 매력

엘 찰텐El Chalten은 자그마한 마을이다. 마을을 30여㎞ 앞에 두고 구름에 덮인 피츠로이Fitz Roy의 늠름한 자태가 보이기 시작한다. 산을 오른 사람에게만 모습을 보이는 토레스 델 파이네가 신비와 은둔의 산이라면, 어디서나 자신을 드러내는 피츠로이는 포용과 관대함을 가진 너그럽고 당당한 산이다. 해발 3,405m 피츠로이는 파타고니아의 최고봉이다. 피츠로이로 오르려면 10㎞를 등산해야 하는데 마지막 2㎞는 최상의 난이도다.

정상을 오르자 몸을 주체하기 힘든 강풍이 불었다. 누구랄 것도 없이 바닥에 주저앉고 바위 뒤로 몸을 숨겼다. 하루에도 수십 번씩 구름에 덮이는 피츠로이의 변화무쌍함은 또 다른 매력이다. 빙하 녹은 물을 담는 트레스^{Tres} 호수는 눈으로 덮였고, 낮은 곳의 수시아^{Sucia} 호수는 진한 옥색 물빛이다. 수억 년에 걸친 융기와 침식, 치열하게 억겁의 세월을 살아온 피츠로이를 뒤돌아보고 또 돌아보며 엘찰텐을 떠났다.

엘 찰텐

🚗 파타고니아 최고의 드라이빙 레인지 카레테라 아우스트랄

피츠로이를 떠나 하루를 묵은 로스 안티고스^{Los Antigous}는 부에노스아이레스 호수를 옆에 둔 호반의 국경도시다. 파타고니아를 품에 안은 안데스산맥의 경치가 예사롭지 않다. 다섯 번째로 통과하는 칠레의 제이니메니^{Jeinimeni} 국경이 멀리 보인다.

국경사무소에서 차량에 있는 농산물이 문제가 되었다. 이곳 세관의 기준으로 보면 지금까지 지나친 칠레 세관은 제 할 일을 다 하지 않는 것이다. 세관 규정에 따르면 자진 신고한 농산물은 미화 70불, 그렇지 않으면 210불의 과태료를 내야 한다고 하니 우리는 당연히 210불이다. "벌금을 내느니 아르헨티나로 돌아가겠다."라고 하자 당황한 세관원은 캡틴에게 물어보겠

▲ 안데스산맥

다고 나갔다. 지금까지 4번의 칠레 입국에서 아무런 문제가 없었다. "벌금까지 내고 들어갈 수 없다."라고 버텼다. 기껏해야 한화 3만 원 내외의 농산물을 210달러의 벌금과 바꿀 수는 없었다. 2시간여의 실랑이와 지체 끝에 "농산물 반입금지를 위반했지만 각별한 주의를 주고 입국을 허가한다."는 경고장을 받고 칠레로 입국했다.

▲ 아르헨티나 칠레국경. 제이니메니

제이니메니 국경은 카레테라 아우스트랄Carretera Austral로 가는 관문이다. 호수의 끝에 마블 케이브Marble Caves가 있다. 모터보트를 타고 바람과 호수에 의해 풍화와 침식을 겪은 대리석 동굴을 찾았다. 호수의 파도에 깎이고 세월에 마모된 마블은 층층의 색상이 너무나 뚜렷해 나무 팽이의 색동컬러를 꼭

▲ 마블 케이브

닮았다. 내셔널 지오그래픽에서 주관한 2017년 여행 사진 공모전에서 수상한 작품이 이곳의 마블 사진이다.

돌아가는 길은 공포의 시간이었다. 어림잡아 2m가 족히 되는 파도가 배를 삼킬 듯이 달려들었다. 바다가 아닌 호수에서 이렇게 높은 파도가 치다니 놀랍다. 하기야 호수 면적이 서울시의 3배 이상이니, 내륙의 바다라고 해도 될 듯하다.

카레테라 아우스트랄은 Route 7번 하이웨이다. 푸에르토 몬트Puerto Montt로부터 마지막 남쪽 도시 빌라 오이긴스Villa O'higgins에 이르는 1,240㎞ 도로로, 말이 하이웨이지 실상은 시골길이다. 코야이께Coyhaique에서 하루를 묵었다. 사람 발길이 닿지 않은 태초의 땅을 지났다. 코발트 빛 호수와 만년 설산을 지나 푸른 초원을 달렸다.

🚙 을씨년스럽고 어두워 보이며, 어딘지 10%쯤 부족해 보이는 도시 차이텐

차이텐Chaiten은 비운의 도시다. 2008년 5월, 차이텐 화산에서 분출한 화산재와 용암이 도시를 덮쳤다. 지금의 차이텐은 10㎞ 떨어진 곳에 건설한 이주 도시다. 관광산업을 자랑했던 도시는 인구 3,000명의 조그만 도시로 전락했다. 북으로 올라가려면 카페리를 이용해야 한다. 가장 많이 이용하는 노선은 호르노피렌Hornopirén이다. 카페리 회사가 차이텐 시내에 있는 것을 몰라 편도 55㎞ 거리에 있는 선착장 칼레타 곤잘로Caleta Gonzalo까지 갔다가 다시 나왔다. 3일 동안 계속 비가 오고 있었다. 다음날 물 폭탄을 맞으며 호르노피렌행 카페리를 타기 위해 선착장으로 갔다. 이제나저제나 3시간을 기다렸는데, 배편이 취소됐다. 비가 오거나 바람이 심한 날에는 시내에 있는 페리 사무실에 들러 운항 여부를 꼭 확인해야 한다. 계속 지체할 수 없어 티켓을 환불받은 후 안데스 산맥에 있는 푸탈레우푸Futaleufú 국경을 넘어 아르헨티나로 가기로 했다.

남쪽으로 내려가니 곳곳에서 차량 통제가 이루어졌다. 산이 붕괴되고 하천이 범람해 길이 끊기니 진퇴양난의 상황이 되었다. 남미에서 가장 아름답다는 카레테라 아우스트랄의 위험한 민낯을 보았다.

▲ 카레테라 아우스트랄

▲ 게스트하우스 주인 할머니

아침에 작별 인사를 하고 떠난 게스트하우스를 다시 찾아가니 주인 할머니는 다시 만나 기뻐한다.

이튿날 아침 푸에르토 몬트로 직행하는 카페리에 승선했다. 일주일에 3일을 운행하는데, 마침 그날이었다.

푸에르토 몬트Puerto Montt는 카레테라 아우스트랄이 시작되는 파타고니아의 대표도시다. 푸에르토 바라스Puerto Varas를 경유해 해발 2,661m의 오소르노Osorno 화산으로 간다. 양키우에Llanquihue 호수 너머로 화산이 보인다. 산의 모습은 삼각자를 보듯 단순하고 명쾌하다. 정상 근처까지 차로 오를 수 있는데, 굽이굽이 숨차게 올라가야 한다. 드디어 산 정상 아래의 전망대에 도착했다.

▲ 오소르노 전망대, 호수 양키우에

칠레에서 두 번째로 큰 호수 양키우에Llanquihue의 면적은 860㎢다. 호수 건너 마주 보이는 칼부코Calbuco 산은 2015년에 폭발을 일으킨 활화산이다. 휴게소 우측으로 가벼운 옷차림으로 다녀올 수 있는 트레일이 나 있다. 정상을 등정하려면 동계 장비를

▲ 마블 케이브

지참하고, 등반자 2명당 한 명의 가이드를 반드시 동반해야 하는 만만치 않은 산이다.

긴 겨울을 보낸 파타고니아에 여름이 찾아왔다. 초원과 길가에 만개한 노란 꽃은 레타마Retama다. 칠레국경에 도착했다. 입국 시에는 농산물검사로 시간이 지체되지만, 출국할 때는 이런 절차가 생략된다.

🚗 남미의 스위스, 바릴로체

아르헨티나의 출입국사무소 카르데날 사모레Cardenal Samore 국경을 벗어나자 우리를 맞이한 것은 호수다. 좋은 산이란 호수를 앞에 두고 있어 가능한 것이고, 멋진 호수란 물 위로 그림자를 내린 산이 있기 때문이다. 바릴로체Bariloche로 간다. 줄곧 호수의 경관과 함께하는 호반 길을 달려 도시로 들어갔다. 제일 먼저 오토Otto산 정상에 오르니 나우엘 우아피Nahuel Huapi 호수를 품에 안은 도심이 한눈에 든다.

▲ 바릴로체

크루즈 투어

바릴로체 여행의 필수 아이템인 크루즈 투어는 파뉴엘로 항Pañuelo Port을 출발해 호수를 유람하며 빅토리아 섬과 아라야네스Arrayanes 숲을 들른다. 나우엘우아피는 설악산 국립공원의 20배가 넘는 큰 규모다. 빅토리아 섬에 하선하여 울창한 나무 숲길을 따라 자생하는 식물과 숲 해설을 들었다.

섬을 '칠레인의 선물'이라고 하는 것은 안데스 산맥의 화산재가 섬으로 날아와 울창한 산림을 만든 토양이 됐기 때문이다. 아라야네스 숲으로 이동했다. 제한된 숲길을 걸으며 사람을 허용하지 않은 아라야네스 숲의 건강한 모습을 보았다. 그리고 캄파나리오 Campanario 언덕 정상에 올라 나우엘우아피 호수를 배경으로 한 점

▲ 아라야네스 숲 길

도 막힘없는 전망을 보며 세계 최고의 풍수라 일컫는 바릴로체의 풍광에 넋을 잃었다. 바릴로체는 스위스 이민자가 정착한 휴양도시로 '남미의 스위스'라고 한다.

바릴로체에서 산 마르틴 데 로스 안데스San Martin de Los Andes로 가는 길은 베스트 드라이브 코스다. 180㎞ 산길을 따라 안데스 산맥의 설산과 빙하가 만들어낸 7개의 호수가 산과 산 사이로 숨 가쁘게 펼쳐진다.

길에서 만난 아르헨티나 청년은 자전거를 타고 8일 동안 바릴로체 일대를 순환 일주하고 있었다. 이탈리아에서 온 모터바이커는 여행을 하며 기아 원조기금을 모금하고 있었다. 가족과 함께 호수에서 카약을 타고, 고기를 구워 먹으며, 수영을 즐기는 일상은 유럽

▲ 호수 순환도로

인과 별반 다르지 않았다.

산 마르틴 데 로스 안데스에서는 조류를 탐사하고 카약, 산악자전거, 트래킹, 래프팅, 승마, 스키 등 어드벤처 스포츠를 즐긴다. 잭 니콜라우스와 그렉 노먼 등 프로골퍼들이 설계한 골프장이 있는 것은 이 지역의 자연이 그만큼 뛰어난 것이다.

칠레로 간다. 마무일 마랄Mamuil Malal 국경은 지금까지 통과한 국경 중에서 제일 작았다. 들에는 야생화가 만발했지만 산은 아직 떠나지 않은 겨울의 흔적이 선명했다. 아르헨티나 국경사무소에서 출국 수속을 마쳤다. 칠레 국경사무소는 작은 규모여도 검색대가 있어 짐을 모두 내리고 스크린을 통과해야 한다. 한 번은 빼앗길 수 있어도 두 번은 안 된다는 각오로 모든 농산물을 완벽하게 먹어 치우고 왔다. 검사하는 사람들의 수고를 생각하면 농산물 몇 개쯤은 적발되어야 하는데, 그런 것이 없어 미안하다. 이제 산 넘고 물 건너 북상하는 일만 남았다. 파타고니아도 이쯤에서 작별 인사를 해야 한다.

수도 산티아고로 올라가는 길은 팬아메리칸 하이웨이다. 땅이 길어 서울에서 부산을 5번쯤 왕복해야 칠레를 벗어난다. 북과 남의 위도 차이가 무려 38도라 두툼한 파카로 시작해 반소매 티셔츠까지 입어야 칠레를 떠날 수 있다.

▲ 산티아고

수도 산티아고Santiago는 1541년 에스파냐 장군 페드로 데 발디비아Valdivia가 건설했다. 우루과이, 아르헨티나 국민은 대다수가 순혈의 백인이지만, 칠레는 유럽과 원주민의 혼혈인 메스티소가 인구의 70%다.

노동조합의 도움이 아니면 되는 게 없는 곳, 남미

반독재, 반제국주의, 반미를 앞세운 라틴 아메리카의 혁명 세력은 서민, 대중, 노동자를 위한 정치로 대다수 국민의 절대적 지지를 받았다. 남미 국가의 교육, 주택, 주거, 의료보험, 사회 복지, 연금, 노동 정책은 유럽을 능가한다. 그러나 활황을 누렸던 남미 경제는 2000년대 들어 유가 하락, 인플레이션, 경제 성장동력의 결여로 발전이 둔화했으며, 장기독재로 인한 부정과 부패, 잦은 쿠데타, 노조의 정치세력화로 인해 많은 정치

▲ 멘도사 가는 길

사회적인 문제를 겪었다.

안데스산맥은 세계에서 가장 긴 대산맥으로 7,000㎞에 이른다. 태평양 연안의 남북을 따라 발달한 안데스는 베네수엘라, 콜롬비아, 에콰도르, 페루, 볼리비아, 칠레, 아르헨티나 등 7개 국가를 통과한다. 산티아고를 떠나 동쪽으로 향하던 국도가 안데스산맥을 만났다. 해발 570m에서 3,200m로 고도를 올려 아르헨티나 멘도사Mendosa로 간다.

아콩카과 전망대에 올랐다. 아무에게나 아무 때나 자신의 모습을 보여주지 않는다는 안데스의 자존심 아콩카과Aconcagua 산, 해발 6,957m로 안데스 산맥에서 제일 높다. 페루 쿠스코를 기반으로 한 잉카문명은 이곳까지 세력을 확장했으며 잉카의 다리로 불리는 작은 마을에는 아직도 잉카족의 후예들이 살고 있다.

▲ 아콩카과 산

▲ 멘도사 시내. 분수가 와인색이다.

멘도사에 도착했다. 1561년 건설된 멘도사는 지진으로 도시 전체가 파괴되어 에스파냐의 통치를 오래 받았어도 식민잔재가 보이지 않는다. 독립전쟁을 승리로 이끈 산 마르틴 장군의 작전본부가 있었던 도시가 멘도사다. 영광의 언덕에 올랐다. 정확하게 해발 1,000m에 세운 조형물은 안데스 군대의 승전을 기념하기 위해 1914년 2월 12일 제막했다.

아르헨티나는 세계 4대 와인 생산국이며, 멘도사는 3,300개의 와이너리를 통해 자국 와인의 70%를 공급한다. '흘러간 세월의 위대한 여행자'라는 수식어를 가진 말벡Malbec은 프랑스를 주산지로 하는 품종이었으나, 유럽에서 온 이민자에 의해 식재되어 아르헨티나와 칠레를 대표하는 와인이 되었다.

칠레로 되돌아가는 국도를 벗어나 비포장 산길로 들어섰다. 현기증 나고 오금저리는 벼랑길을 올라가면 해발 4,200m 능선에 평화의 안데스 그리스도상Christ Redeemer of The Andes이 나온다.

아르헨티나와 칠레는 안데스 산맥을 경계로 국경을 마주한다. 역사 이래로 이런 지리적 특징을 가진 나라들은 친하게 지내기보다 티격태격 싸우며 지낸 경우가 많았다. 두 나라가 영토로 인해 극심한 분쟁을 겪던 1900년, 아르헨티나 가톨릭 사제가 두 나라의 우정이 곧 예수님의 가르침이라는 강론으로 양국의 국민과 권력자의 심금을 울려 종전에 이르는 화해의 길을 찾았다. 그리고 종전을 기념하기 위해 양국 군의 대포를 녹여 만든 십자가와 예수상을 국경에 세웠다. 예수상의 동판에는 "예수의 발밑에서 끝까지 유지하기로 한 평화의 약속을 깬다면 예수상은 산산조각으로 깨어질 것이다."라는 글귀를 새겼다. 그러나 이후에도 두 나라는 지속적인 영토분쟁을 겪었다.

칠레 제2의 도시 발파라이소Valparaiso는 항구도시다. 분지가 발달하지 않아 관공서와 상업지구 이외는 산등성이로 올라섰다. 이 도시는 도심 재생의 성공사례다. 올드하고 퀴퀴하고 낡은 건물 위로 형형색색의 페인트가 칠해지고 벽화Graffitti가 더해져 화려하게 재탄생했다.

언덕길의 어디서나 차를 멈추면 남태평양을 품에 안은 항구와 시가지가 보인다. 발파라이소는 천국으로 올라가는 계단을 가진 도시다. 돌계단을 따라 오르면 파란 하늘이 가까워진다. 네루다 박물관Casa Museo La Sebastiana에 들렀다. 칠레 민

▲ 국경에 세운 평화의 안데스 그리스도 상

▲ 발파라이소 구도심의 길거리 벽화

주주의를 위해 파시즘에 저항한 시인이자 혁명가 파블로 네루다Pablo Neruda의 생가다. 시인으로서 사회주의 정치가의 길을 걸은 네루다는 철학보다 죽음에 더 가깝고, 지성보다 고통에 더 가까우며, 잉크보다 피에 더 가까운 현실의 삶을 고민하고 행동한 저항시인이었다. 1969년 당연

▲ 언덕에서 보이는 남태평양

한 대통령 후보로 지명되었으나, 살바도르 아옌데에게 양보하고 정계를 떠났다. 은퇴하고 복귀하는 것을 밥 먹듯 하는 한국의 정치풍토가 공정하지 못하고 극히 후진적인 행태를 보이는 것과 대조된다.

　발파라이소에는 또 한 명의 유명한 인물이 있다. 1970년 대통령에 당선된 아옌데는 남아메리카에서 최초로 합법적인 사회주의 정권을 창출했다. 그러나 1973년 9월 11일, 미국 CIA가 개입하고 지원한 군부 쿠데타에 의해 장렬한 최후를 맞았다. 다음 정권은 악명높기로 유명한 피노체트에게 넘어갔다. 영화 〈산티아고에 비는 내리고〉의 타이틀 롤은 피노체트가 이끈 쿠데타 군이 점령한 방송국에서 반복적으로 송출했던 멘트다. 창공박물관Museo a Cielo Abierto은 산토 아센소르 인근 동네에 있다. 다른 미술관과 다른 것은 실내가 아니라 하늘 아래 노천이라는 것이다. 발파라이소의 명물은 아센소르Ascensor다. 도심의 대부분이 경사진 산등성이에 있어 주요 교통수단이 되었고, 지금도 곳곳에서 운행된다. 가장 널리 알려진 콘셉시온 아센소르는 1883년 운행을 개시하여 100년을 훌쩍 넘긴 지금도 땅과 하늘로 사람을 싣고 분주히 오간다. 산 위에 있는 아센소르 정류장에는 시내와 바다가 보이는 전망을 가진 카페 투리Turri가 있다. 커피 한 잔을 앞에 두고 바다와 항구, 산에 들어찬 도시, 형색 색색의 주택을 전망하기에 좋다.

멀리 보이는 발파라이소와 맞닿은 제3의 도시 비냐델마르는 같아야 함에도 너무 다르다. 올드함을 가진 도시가 발파라이소라면, 비냐델마르는 현대풍의 신도시다. 발파라이소가 산으로 올라갔다면 비냐 델 마르는 바다로 내려갔다. 사시사철 푸른 하늘과 바다, 맑은 공기를 가진 최고의 휴양지로 각광 받는 비냐델마르의 초입에는 1962년에 만든 유명한 꽃시계가 여행자를 반긴다.

▲ 꽃시계

북으로 올라가며 점점 가빠지는 숨소리

• 아르헨티나, 칠레 •

남태평양의 고도 이스터섬, 라세르노의 안데스에서 별을 보고 아타카마에서 우주 행성을 만났다. 살토는 정겨운 중세 식민도시로, 우리에게 오래 머물라고 유혹한다. 카파야테 협곡과 푸르마마르카의 그러데이션, 살리나스의 소금사막에 태극기를 매달았다.

🚗 미지의 섬, 신비의 섬, 은둔의 섬 이스터로 간다

본토로부터 3,700㎞, 남태평양에 외로이 떠 있는 섬, 석상 모아이Moai 탄생의 비밀, 원주민 라파누이Rapa Nui족은 어디로 사라졌는지….

도통 풀리지 않는 미스터리를 가진 이스터 섬은 약 300만 년 전의 화산폭발로

▲ 마타베리 공항

해저산맥이 융기해 생긴 화산섬이다.

1722년 일요일의 부활절, 태평양을 항해하던 네덜란드 탐험가 야코프 로헤베인이 섬을 발견했다.

산티아고 국제공항을 출발해 4시간 30분의 비행 끝에 마타베리Mataveri 공항에 착륙했다. 터미널을 나서자 언제 도착한다는 메시지를 남기지 않았음에도 숙소의 호스티스가 마중 나와 있었다.

이스터의 유일한 마을 항가로아Hanga Roa에 있는 이스터 박물관의 이름은 라파누이족의 삶과 언어를 연구한 독일인 세바스찬의 이름으로 지어졌다. 가까운 곳에 아후 타하이Ahu Tahai가 있다. 5개의 모아이가 있는 이곳에는 눈이 있는 유일한 석상이 있으며, 석상을 배경으로 일몰의 석양을 보기 위해 관광객들이 많이 몰린다.

라파누이족이 섬에 정착한 시기는 대략 8세기에서 13세기경으로 추정된다. 아후통가리키Ahu Tongariki를 찾았다. 15기의 온전한 석상이 남태평양을 등지고 서 있

다. 너른 들판에 앉아 모아이 사이로 떠오르는 태양을 보는 것은 섬에서 꼭 경험해야 할 일이다.

▲ 아후 타하이

섬 안에는 모두 887기의 모아이가 있다. 아후Ahu라는 제단에 올려진 온전한 석상은 288개다. 라나라카쿠 채석장에 가장 많은 387기의 모아이가 있다. 이곳에 있는 제일 큰 21.6m 크기의 모아이는 작업중단으로 끝내 일어서지 못한 비운의 석상이다.

거대한 모아이를 어떻게 옮겨 세웠을까? 모아이를 나무에 올려 지렛대를 이용해 이동시킨 후 작은 돌을 배 아래에 채워 일으켜 세운 것으로 추정한다. 100톤이 넘는 석상을 만든 것은 그렇다 해도, 모아이의 이동과 거치가 순수한 노동력에 의해 이루어졌다는 것은 실로 경이롭다. 혹자는 석상들이 신성하고 영적인 존재라 알아서 성큼성큼 걸어 다녔다고 하니, 이나 저나 황당하긴 마찬가지다. 18세기 모아이 전쟁이 일어났다. 부족 간의 알력과

▲ 라나라카쿠 채석장

다툼으로 모아이 제작이 중단되고, 상대 부족의 모아이를 쓰러뜨려 눈을 빼는 등 전쟁으로 인해 온전하게 서 있던 모아이는 쓰러지고 부서졌다.

▲ 아우 통가리키

섬의 여행은 라파누이가 만든 모아이를 찾아가는 여정이지만, 사람은 사라지고 모아이만 남았다. 설명할 수 없는 신비스러움을 가진 이스터 섬의 과거 비밀은 영원히 풀리지 않을 것이다.

▲ 코킴보

이스터 섬을 떠나 산티아고로 간다. 팬아메리칸 하이웨이를 달려 라세레나La Serena로 간다. 하이웨이의 톨비가 비싸다는 소문은 익히 들었지만 달리 우회할 수 있는 국도가 없었다.

1544년 에스파냐가 건설한 라세레나는 칠레에서 두 번째로 역사가 깊은 도시다. 도시에서 멀지 않은 안데스 자락에 남미 최대의 마마유카Mamalluca 천문대가 있다. 별이 쏟아진다고 해야 할까? 오리온자리, 마차부자리…, 압권은 은하수Milky way로 작은 별이 깨알같이 촘촘히 모여 우윳빛 나는 구름을 만들었다. 천문대는 기회를 주고, 정의를 베풀며, 만인이 공평한 곳이다. 별 볼 일 없는 사람도 별 볼 일 있게 만들어 주기에 그렇다.

코킴보^{Coquimbo}로 간다. 밀레니엄 십자가^{Cruz del Tercer Milenio}는 산 위에 세운 십자가상이다. 이천 년을 기념하고 다가올 삼천 년을 기원하며 세운 조형물이다.

북상 길에 올랐다. 중간 도시 안토파가스타에서 일박하며 라포르타다^{La Portada}에 들렀다. 모래와 조개껍데기로 퇴적된 아치형의 게이트가 바다 가운데에 서 있다.

▲ 라 포르타다

🚗 고도를 올려 아타카마 사막으로!

지구에서 가장 건조하다는 아타카마는 남북으로 1,600㎞, 동서로는 평균 너비가 100㎞다. 국도변에 '달의 계곡'을 볼 수 있는 코요테 전망대가 있다. 멋진 일몰이 일품인 이곳의 침식지형은 지구상의 어디서도 보지 못한 것이다. 미 항공우주국은 이곳을 화성 탐험을 위한 시험 무대로 삼았고, 우주 행성 영화의 로케이션 장소로 사용되었다. 달의 계곡은 아타카마 사막이 침식과 풍화를 거쳐 만든 포메이션의 결정체다.

▲ 고도를 올려 북상하는 길

▲ 코요테 전망대, 달의 계곡

새벽 4시에 일어나 90㎞ 떨어진 타티오 간헐천^{Tatio Geysers}으로 향한다. 아직 어두웠지만 여행자를 실어 나르는 차량이 꼬리에 꼬리를 물었다. 해가 뜨며 도착한 간헐천의 해발고도는 4,321m다. 두터운 외투에 장갑, 털모자, 목도리를 두르고 추위와 바람에 맞섰다.

이곳저곳의 간헐천에서 나오는 수증기와 온천으로 시야가 뿌옇다. 간헐천의 규모를 하늘로 치솟는 물의 높이를 기준으로 한다면 아이슬란드의 게이시르에 턱없이 못 미친다.

▲ 타티오 간헐천

▲ 간헐천 온천욕장

해발 3,580m, 테르마스 퓨리타마Termas de Puritama를 찾았다. 온천수가 흘러내리는 계곡을 따라 군데군데 물을 가두고 온천욕장을 만들었다. 상시 25도에서 32도의 온천수가 흘러가는 계곡의 따뜻한 물에 몸을 담갔다. 뒤로는 산으로 막히고 온천수가 흐르는 계곡으로는 억새가 만발했다.

여행자가 아타카마 사막에 환호하는 이유는 무엇일까? 척박한 자연환경을 가진 사막이 보여주는 다양성과 독창성이다. 이곳에서도 식물이 자라고 동물이 살아갈 수 있을까? 있다. 태평양과 대서양에서 발생한 안개와 사막의 더운 공기가 만들어내는 카만차카Camanchaca라는 안개비가 있기에 가능한 일이다.

▲ 간헐천 온천욕장

해발 4300m, 미스칸티 호수는 해발 5,600m급의 미스칸티와 미니케 등 5개의 화산으로 둘러싸였다. 산이 그리 높아 보이지 않는 것은 그만큼 높이 올라온 것이다. 그리고 고산증세가 나타나지 않는 것은 습기를 품은 바람과 주변의 자생식물이 산소를 공급하기에 가능한 일이다. 마지막 여행은 달의 계곡이다. 사막에 있던 석회암과 사암 퇴적층은 조형물이 되고 조각품이 되었다. '마리아 세 자매' 상이 있었는데 지금은 두 자매밖에 없다. 하나는 여행자가 사진 찍다가 무너뜨렸다.

세상 어느 곳에서도 아타카마 사막 같은 정교한 침식과정을 거친 퇴적지층은 찾기 힘들다. 넓기도 하거니와 볼거리가 사방으로 퍼져 있어 150km 장거리 이동도 불사해야 한다. 로컬여행사의 상품에 참여하지 않으면 어떤 곳도 갈 수 없는 사막에서 모하비는 우리의 자유로운 영혼과 함께했다.

가장 건조하고 척박한 아타카마 사막은 평균 강수량이 연평균 15㎜에 불과하다. 중부지역은 4년 동안 비가 전혀 오지 않은 공식기록을 가지고 있다. 그러나 최근 예외가 생기기 시작했다.

🚗 지구 온난화에 따른 환경 재앙인가?

2011년 7월, 북부 아타카마에 80㎝의 눈이 내려 많은 자동차와 운전자가 고립됐다. 2012년에는 산페드로의 남부지역에 큰 홍수가 발생했다. 2015년 3월 25일에는 남부지역에 강한 비가 내려 여러 도시가 흘러든 진흙더미에 묻혀 100명 넘는 사망자가 발생했다. 우연히 발생한 일시적인 자연재해인가? 아니면 지구 온난화에 따른 환경 재앙인가?

아타카마에서는 볼리비아 국경 한 곳과 아르헨티나 국경 두 곳이 지척이다. 지척이라고 해서 10㎞ 정도쯤 될 것으로 생각한다면 지극히 한국적인 사고다. 시코 Paso Sico 국경을 선택하고 아르헨티나를 향해 출발했다.

▲ 아르헨티나 국경 가는 길

국경까지 200㎞를 달리는 동안 한 대의 차량도 보이지 않았다. 시코 국경은 칠레와 아르헨티나의 통합 국경으로 해발 4,200m 고지에 있다. "하루에 몇 대나 이 국경을 통과할까? 혹시 모하비 하나?"

충분히 있을 수 있는 이야기다.

아르헨티나로 들어서자 완벽한 비포장이 나타났다. 세차하고 떠난 모하비가 흙먼지를 뒤집어쓰고 황토색으로 변하기까지 1분이 채 걸리지 않았다. 다시 220㎞

의 긴 비포장을 달리며 메인 국경으로 가지 않은 것을 후회했지만, 부질없고 쓸데없는 일이다. 가는 길에 기차 10선의 하나인 구름 열차 운행구간이 있다. 구름 위를 달리는 기차로 불리는 것은 해발 4,220m에 있는 교량 아래로 구름이 걸치기에 그렇다.

그 길을 달려 살타에 도착했다. 안데스산맥의 동부 도시 살타는 에스파냐 식민시대의 건축물과 유적이 많은 역사 도시다. 고산 고고학 박물관Archaeological Museum of High Mountain에는 아침부터 줄 서서 기다리는 사람이 많았다. 500년 앞서 살았던 잉카인의 미라를 볼 수 있는 박물관이다. 살타는 15세기까지 잉카 제국의 일부였다. 산을 히스패닉 사회를 보호하는 신으로 섬긴 잉카족은 어린이를 제물로 바치며 신을 숭배했다. 잉카인들이 영적인 믿음으로 추앙한 산이 200개인데, 그중 50개가 살타에 있었다. 1999년, 해발 6,739m의 유야이야코Llulhilaco 산정상에서 고고인류학자 존 라인하트John Reinhard가 발견한 어린이 미라 3구는 신체 내부의 장기손상이 전혀 없었고, 심장과 폐에 고인 피도 온전했다. 피부와 얼굴 형상도 그대로인 어린이들이 500년 전의 모습 그대로 발견된 것이다. 박물관에는 당시 5살 남아, 7살 여아, 15살 소녀, 그중 15살 소녀의 온전한 미라가 마치

▲ 구름 열차가 지나는 철교

살아있는 사람처럼 전시되어 방문객을 맞는다.

살타 대성당Catedral Basilica de Salta은 7월 9일 광장에 있는 성당으로 하얀 고딕의 평범한 외관과 다르게 내부는 황금색으로 화려하게 치장했다. 에스파냐에서 가져온 기적의 그리스도상과 성모마리아상이 모셔져 있어 신자들의 발걸음이 끊이지 않는 성스러운 성당이다.

산 프란시스코 성당Iglesia de San Francisco은 1582년에 건축됐으며, 두 차례 화재로 소실되어 1882년 재건축했다. 가장 높은 54m 첨탑을 가지고 있어 살타 시내의 어디서나 잘 보인다.

▲ 산 프란시스코 성당

▲ 전망대 산 베르나르도 언덕

전망대 산 베르나르도 언덕Cerro San Bernardo을 올랐다. 중세 식민시대에 건설된 도시는 격자형의 반듯한 도로로 구획되어, 낮은 저층의 주택으로 꽉 들어찼다.

하룻밤에도 서너 번은 바뀌는 호텔의 데스크 직원들, 저녁이 되자마자 문을 닫아 버리는 상점, 잠시 잠깐 붐비는 러시아워…. 우리에게는 생소한 일상이지만 아르헨티나인이 소중하게 여기는 삶 또한 자신과 가정, 가족이 함께하는 것이다.

카파야테Cafayate로 간다. 조개 협곡이라고 불리는 카파야테는 '신이 빚어 만든 자연의 대서사시'라는 찬사를 받는다. 콘챠스 강을 따라 좌측으로는 붉은 협곡,

우측에는 다채로운 그러데이션을 가진 산이 있다. 수억 년에 걸쳐 건조한 바람에 시달리고 뜨거운 태양으로 붉게 타버린 지질과 지형이 만들어낸 아름다운 조화로움이 있는 곳이다. 협곡은 40㎞에 이른다. 나무 한 그루 없는 민둥산이 아름다운 것은 다양한 광물을 함유하고 있기에 가능한 것이다.

▲ 카파야테

▲ 잉카인의 팬플루트 연주

악마의 목구멍과 원형극장을 찾았다. 높은 바위가 압도하는 좁은 협곡을 지나자 커다란 광장이 나타났다. 한구석에 기타와 팬플루트를 연주하는 잉카인이 있었다. 팬플루트의 음색은 애끊는 간절함, 끊어질 듯 이어지는 공명이다. 잉카문명을 찬란하게 꽃피우다 쇠퇴한 이들의 삶이 팬플루트와 같지 않을까?

후후이Jujuy는 칠레와 볼리비아로 연결되는 작은 도시다. 무지개 언덕이 있는 푸르마마르카Purmamarca가 있으며 남미의 그랜드캐니언이라는 우마우아카Humahuaca 협곡, 아르헨티나의 우유니라고 불리는 살리나스 그란데Salinas Grandes가 있다.

▲ 거리 이정표에 태극기를 붙이다.

우마우아카 협곡은 아름다운 천혜의 자연을 자랑하며, 살리나스 그란데는 칠레국경 자마Paso Jama와 후후이를 잇는 국도가 관통하는 소금호수다. 해발 3,450m, 고산에 위치한 소금호수의 면적은 212㎢다. 입장료를 낸 후 자동차를 타고 호수 안으로 들어갈 수 있다. 반드시 가이드를 동반하고 지정된 길로 달려야 한다. 잘못 길을 들면 소금물 속으로 빠질 수 있다.

살리나스 그란데

다시 돌아온 살타의 밤이 깊어간다. 너무나 많은 것을 보여준 아르헨티나와 칠레, 헤어져야 한다는 것이 무척이나 아쉽고 서운하지만, 노마드는 길을 떠나야 한다. 살타를 떠나 파라과이로 간다.

과라니족의 슬픈 역사가 '가브리엘의 오보에'의 선율로 전해지는 나라

• 파라과이 •

수도 아순시온, 경찰관이 통행료를 주었다. 가장 가까이 다가갈 수 있는 먼데이 폭포, 자유무역지대 시우다 델 에스떼, 바다를 원했던 파라과이는 우루과이, 브라질, 아르헨티나 3국 동맹의 침략으로 이구아수 폭포를 빼앗기고, 인구 절반이 죽는 대참사를 겪었다.

🚗 현지인들과 언어소통이 잘 되는 것이 반드시 좋은 일은 아니다

살타를 떠나 레지스텐시아Resistencia에서 일박을 하고, 내처 달려 파라과이 Paraguay 국경으로 향했다. 가는 도중에 국도 여러 곳에서 경찰과 군인의 검문이 있었다. 전조등을 켰느니 마느니, 루프박스를 달고 공도를 운행하면 안 된다는 등 납득하기 어려운 이유로 과태료를 요구했지만, 말을 못 알아듣는 척하며 묵묵히 버텼다. 언어가 소통되는 것이 반드시 좋은 일만은 아니다.

국경 도착하기 9㎞ 전부터 자동차가 꼼짝하지 않았다. 수해를 입은 주민들이 정부의 보상을 요구하며 국도를 점거하고 차량 통행을 막았다.

파라과이 국경의 장점은 수도 아순시온Asunción이 인접한 것이다. 교량에 톨게이트가 있었다. '이를 어쩐다. 파라과이 돈이 없는데….' 검문소 경찰관에게 사정을 이야기하니 자신의 돈을 내준다.

▲ 대통령궁

1811년, 독립한 파라과이는 한때 제대로 잘 나갔다. 탄탄한 국가재정과 강한 군사력을 바탕으로 주변국과의 군사적 긴장과 마찰을 주도적으로 이끌었다. 당시 대통령 로페즈는 내륙국인 파라과이의 한계를 넘기 위해 바다로 향하는 영토를 확보하기 위한 야심찬 계획을 세웠다. 그리고 우루과이를 침략하기 위해 아르헨티나에게 길을 비켜 달라고 했으나 거절당했다. 이후 브라질, 아르헨티나, 우루과이의 삼국 동맹과 1864년부터 1870년까지 치열하게 전쟁을 치렀다. 삼국 동맹은 전투에서 지면 새로운 부대를 투입하는 로테이션 전술을 구사했다. 파라과이는 그들의 지치지 않는 물량 공세를 당해낼 재간이 없었다. 1870년 대통령 로페즈의 사망으로 삼국 동맹 전쟁이 끝났다. 패전국이 된 파라과이는 남성의 90% 이상이 사망하고 실종되었으며, 노동력을 상실하고 국토 40%를 잃었다.

🚗 이구아수 폭포를 아르헨티나와 브라질에 빼앗기고 땅을 치며 통곡했다

"조국과 같이 죽으리라"라는 구호를 걸고 벼랑끝 전술로 전쟁을 이끌었던 대통령 로페즈, 그는 오만과 독선에 찬 국가 지도자였나? 아니면 애국주의의 발로인가? 아이러니하게도 그에 대한 국민 평가는 후자에 더 가깝다.

▲ 남미 최초의 아순시온 기차역

공원 앞에 아순시온 기차역이 있다. 1857년, 남미에 생긴 첫 번째 기차역으로 당시의 기관차와 객차가 전시된다. 근처에 판테온 신전을 모방한 영웅 신전이 있다. 독립의 집은 하얀 단층 건물이다. 1811년 독립선언이 있었고, 로페즈 대통령의 관저로 사용됐다. 파리의 루브르 박물관을 모방하여 지었다는 대통령궁은 건물의 외부만 자유롭게 구경할 수 있다.

아순시온을 떠나 도착한 살토스 델 먼데이Saltos del Monday는 먼데이 강에 있는 폭포다. 폭포의 입술에서 잠시 주춤한 물이 100여m 아래로 혼신의 힘을 다해 떨어지는 모습이 장관이다. 옷이 물에 다 젖는 것만 감수한다면 1m까지 폭포에 다가설 수 있으니 접근성으로만 따지면 먼데이 폭포 만 한 곳이 없다.

▲ 먼데이 폭포

국경도시 시우다드 델 에스테 Ciudad del Este는 자유무역지대다. 동쪽에 있는 도시라는 뜻을 가지고 있으며, 파라과이, 브라질, 아르헨티나 접경지대의 상업도시로 급성장했다.

아름다운 대자연과 다양한 볼거리, 삼바와 축구의 나라

· 브라질 ·

역대급 야경을 지닌 세계 미항 리우데자네이루, 남미 최대도시 상파울루, 물속에 잠기는 중세도시 파라찌, 자연생태공원 보니또, 이구아수 폭포 등 볼거리가 풍성한 브라질의 매력은 끝도 없이 넓은 땅 위로 무궁무진하게 펼쳐진다.

파라나 강에 놓인 다리가 파라과이와 브라질 국경인 우정의 다리 Ponte da Amizade다. 남미 대부분의 국가에서 사용되는 스페인어가 포르투갈어로 바뀌었으나 못 알아듣기는 마찬가지다. 브라질은 포르투갈로부터 350년여 식민지배 후 1822년에 독립했다. 눈물을 머금고 속수무책으로 브라질의 독립을 지켜본 포르투갈은 포르투갈어를 국어로 남기고 떠났다. 국경무역과 관광의 도시 포즈 드 이구아수Poz Do Iguaçu에 도착했다.

🚗 이타이푸 댐은 발전용량 세계 1위 자리를 중국 산샤 댐에 빼앗겼다

이타이푸Itaipu 댐은 파라과이, 브라질의 국경을 흐르는 파라나 강에 건설된 수력발전용 댐이다. 가이드를 따라 2층 투어버스를 타고 댐을 돌아본다. 브라질, 파라과이의 공동 프로젝트에 의해 1982년 완공하고 1984년 전력생산을 시작한 댐으로 세계 7대 불

▲ 이타이푸 댐

가사의 건축물이다. 댐 높이 196m, 길이는 무려 7.37km다. 두 나라의 공동 소유이며 양국의 전력과 산업 발전 동력의 근간이 되는 중요한 국가 기간시설이다. 댐의 장관은 방수로 수문을 열어 물을 방류할 때인데, 1년에 고작 5회 정도이니 운이 엄청 따라야 볼 수 있다. 발전용량 면에서는 영광의 1위 자리를 2008년 완공된 중국 산샤 댐에게 내주었지만, 댐 길이는 2.3km의 산샤 댐을 완벽하게 압도한다.

삼국의 국경Marco das tres Fronteiras 경계, 브라질, 아르헨티나, 파라과이 국경이 한

곳에서 만난다. 1870년, 삼국동맹 전쟁에서 이긴 승전국은 파라과이 영토인 이 지역을 전리품으로 나눠 챙겼다. 파라과이가 억울한 것은 이구아수 폭포를 아르헨티나와 브라질에 뺏긴 것이다. '가브리엘의 오보에'로 유명한 영화 〈미션〉의 주 무대가 파라나 강과 이구아수 강 유역이다. 강은 아무 말도 없이 흐르지

▲ 삼국국경

만, 이곳에서 벌어진 과라니족의 수난사를 알고 있을 것이다.

🚗 서울특별시 버스 시스템의 롤모델, 쿠리치바

도시 쿠리치바Curitiba는 버스 통행을 일반차량과 분리함으로써 정시성과 수용량을 대폭 향상시킨 대중 교통시스템의 모범사례다. 버스전용차로에 3량의 굴절버스가 달린다. 큐브Cube형의 버스 승강장은 도심의 인테리어까지 감안한 시설물이다. 큐브를 통한 승하차로 승객 안전과 편의, 승강장 주변의 혼잡을 일시에 해결했다. 우리나라의 어수선한 정류장에 익숙한 여행자에게는 신선한 충격으로 다가온다. 벤치마킹의 장점은 남의 것을 모방해 더 좋고 나은 것을 만드는 것이다. 하지만 쿠리치바의 사례를 보면 한국의 버스 전용차선이 얼마나 미흡하고 허접한 수준인지 알게 된다.

오스카 니마이어 박물관은 2012년 건축가 니마이어Oscar Niemeyer의 작품이다. 그는 수도 브라질리아의 건축 총감독을 맡아 주요 건물의 설계를 주도했다. 대통

령 관저, 의사당, 헌법재판소, 주요 성당과 호텔 등 다수가 그에 의해 설계되어 도시 현대화에 커다란 기여와 공헌을 했다. 100세가 넘도록 왕성한 활동을 한 그는 브라질의 건축 역사에 한 획을 그은 위대한 건축가다. 그의 이름으로 개관한 미술관은 브라질 국민이 그에게 보내는 존경과 찬사다.

버스전용차선과 승강장 Cube

와이어 오페라 하우스

와이어 오페라 하우스The Wire Opera House로 간다. 버려진 폐광을 자연 상태로 복원하고 인공 호수를 만들었다. 오페라 하우스는 구하기 쉬운 소재인 철사, 와이어, 유리를 이용하여 75일 만에 완공한 2,400석 규모의 공연장으로 친환경 생태도시 쿠리치바의 이미지 구현에 크게 이바지한다.

상파울루는 남미 최대도시로 메트로폴리탄이다. 넘치는 인파, 고층 빌딩, 도심을 실핏줄같이 연결하는 도로망, 광역권을 포함한 인구는 2,100만 명이다.

▲ 상파울루

헤푸블리카República 광장을 지나 시립극장으로 간다. 1911년에 완공한 극장은 오페라, 뮤지컬, 음악회가 상설 열리는 상파울루 문화예술의 본산이다. 1,523개의 좌석을 가진 극장의 내 외부는 중세 유럽풍의 바로크 양식이다. 고전양식으로 치장한 대리석, 스

▲ 과거와 현재의 공존. 11월 15일의 길

테인드글라스, 브라질의 커피를 형상화한 이미지와 조각상이 인상적이다.

상파울루를 조망하기 위해 알치노 아란치스 빌딩 26층 전망대를 올랐다. 고층 빌딩으로 숲을 이룬 상파울루의 면적은 서울시의 2배가 넘는다. 전망대 아래는 미술품, 의상, 설치미술, 미디어아트를 주제로 하는 5개 층의 전시관이 있어 각 층을 들러 감상할 수 있다.

'11월 15일의 길Rua 15 de Novembro'은 보행자의 거리다. 100년이 넘은 오래된 건물과 현대식 건물이 조화를 이룬 거리는 과거와 현재가 공존하는 곳이며, 상시 인파로 북적인다.

메트로폴리타나 대성당은 정면에서는 뾰족한 두 개의 첨탑이 압도적이지만, 옆에서 보면 둥근 돔이 두드러진다.

▲ 불사조의 날개

우버를 타고 배트맨Batman's Alley 골목으로 이동했다. 모던한 설치 미술가들의 그라피티가 그려진 골목이다. 낡은 가옥들이 들어찬 동네 골목을 따라 예술가들의 벽화 페스티벌이 펼쳐진다. 가장 인기 있는 작품은 골목 초입에서 볼 수 있는 '불사조의

▲ 상파울루 미술관

날개'다. 이제 그라피티는 전 세계적으로 시간, 장소, 형식에 구애받지 않고 쉽게 접할 수 있는 예술의 한 장르로 정착했다.

상파울루 미술관은 1947년에 개관한 남미 최대의 미술관이다. 고갱, 르누아르, 고흐, 세잔, 마네, 모네, 루벤스, 라파엘, 피카소, 모딜리아니 등 1,000여 점이 전시되어 있다. 인상적인 것은 전시공간의 활용이 독창적이고 창의적이라는 점이다. 아티스트의 작품을 널찍한 하나의 공간에 열과 오를 지어 전시하는데, 이런 디스플레이는 세상에서 처음 보는 것이다.

▲ 부탄탄 연구소의 독사

다소 색다른 볼거리로 간다. 부탄탄Butantan 연구소는 독사, 전갈, 거미 등의 독으로 항체와 백신을 개발해 인류건강과 보건 향상에 이바지할 목적으로 설립한 기초 의학연구소다. 여러 종류의 독사와 거미가 산 채로 전시되어 있다. 원더링 스파이더는 맹독을 가진 공격적인 독거미다. 15㎝까지 성장하니 참게로 알고 덥석 집었다가는 큰 낭패를 볼 수 있다.

🚗 바닷물 속으로 잠겨가는 역사지구를 거니는 소중한 경험

파라찌Paraty는 열대우림으로 둘러싸인 조용하고 아름다운 해변 도시다. 밀물이 들면 바닷물에 잠기는 중세도시 파라찌는 1677년에 건설됐다. 잘 보존된 중세도시를 돌아보니 350년이란 세월도 그리 오래지 않아 보인다. 말과 마차가 다녔던 굵은 자갈이 박힌 보차도는 아직도 건재하다. 관광객의 편의와 불편 해소를 위해 역사지구 내의 일부 건물이 상업행위를 하고 있어도 원형의 손실이나 훼손은 전혀 없다. 도시는 해수면과 비슷한 높이의 저지대다.

▲ 파라찌 도심

▲ 파라찌

산타리타Santa Rita 성당 앞 제방에는 바닷물이 들고 나가기 쉽게 두 개의 수문을 만들었다. 바닷물이 역사지구 내로 들어오기 시작했다. 밀물이 가장 높은 사리에는 바닷물에 잠겨가는 역사지구를 저벅저벅 걷는 소중한 추억을 얻을 수 있다.

범죄도시, 적색경보 발령 도시, 무서워서 못 간다는 도시, 그러나 어떤 이유로
도 빼놓을 수 없는 도시가 리우데자네이루이다. 1502년 1월 1일, 포르투갈 항해
자는 과나바라 만을 강으로 착각하고 도시 이름을 1월의 강이라고 지명했다. 지
각 융기로 돌출된 바위산, 도시를 병풍처럼 두른 산, 리아스식의 아름다운 해안
은 세상에서 가장 아름다운 항구라는 타이틀을 리우데자네이루에 안겼다.

코르코바도^{Morro do Corcovado}로 간다.
해발 704m, 정상에 있는 예수그리스도
의 상^{Christo Redentor}은 도시의 중심이고
브라질리언의 정서적 고향이다. 리우데
자네이루를 감싸 안듯 두 팔을 활짝 펼
친 예수 십자가상은 독립 100주년을 기
념해 1931년에 건립한 동상으로 높이
30m, 폭 28m, 무게 635톤에 이른다. 세

▲ 예수그리스도의 상

계 7대 자연경관의 하나인 예수 그리스도상은 브라질과 리우데자네이루를 대표하는 상징물이다.

대서양에 면한 이파네마 해변은 코파카바나로 이어진다. 코파카바나는 활처럼 굽은 약 5㎞의 백사장을 가진 해수욕장으로, 1년 내내 세계 각지에서 온 관광객들로 북적거리는 세계적인 관광 휴양지다. 해안을 따라 고급아파트와 호텔, 레스토랑, 클럽, 쇼핑센터가 가득 들어서 있다. 멀리 보이는 봉우리는 해발 396m 팡데아수카르^{Pão de Acucar}로, 한국인은 빵산이라고 부른다.

🚗 세계 3대 미항은 시드니, 나폴리, 리우데자네이루

팡데아수카르를 올랐다. 정상에서는 리우데자네이루와 과나바라 만 전체가 조망된다. 왜 리우데자네이루가 세계 3대 미항인가? 저녁 즈음에 이곳을 오르면 그 답이 보인다. 맞은편 산의 예수 십자가상 너머로 지는 일몰과 리우의 야경을 보고 하산했다.

리우데자네이루 야경

대성당 메트로폴리타나는 1976년에 축성한 성당으로, 수호성인은 성 세바스찬이다. 지름 104m, 높이 68m의 원뿔형 성당은 8단의 수평 스트립이 지붕까지 연결되는 독특한 형태다.

1894년, 오픈한 콜롬보는 100년이 넘는 역사를 자랑하는 커피와 디저트 전문점으로, 중세 상류층이 사교 모임을 가졌던 유서 깊은 카페다.

셀라론Selarón 계단은 칠레 예술가 셀라론이 그의 피난처가 되어 준 브라질에 고마움을 표하기 위해 만든 계단이다. 1990년부터 그가 살던 빈민가의 허물어진 계단에 세라믹 타일을 붙이기 시작해 2013년 사망할 때까지 작업을 했다. 계단은 총 215개로 60개국에서 수집하고, 기부받은 2,000개가 넘는 타일이 소요됐다.

▲ 셀라론

마라카낭 축구경기장은 브라질 축구의 성지로 1950년 월드컵 개최를 위해 건설했다. 7만 8천 명을 수용하는 세계 최대의 축구경기장이다. 자동차 여행 중 방문했던 독일의 바이에른 뮌헨구장, 영국의 맨체스터 유나이티드 전용구장, 아르헨티나의 주니 보커스 전용구장은 과장된 표현을 빌리면 마라카낭 축구경기장의 보조경기장 정도다. 프레스센터에 들러 브라질 축구의 전설 마리우 자갈로Zagallo 감독이 앉았던 자리에 앉아본다. 월드컵 5회

▲ 마라카낭 축구경기장

우승국, 펠레, 지코, 호나우두, 호나우지뉴, 네이마르 등 세계를 들었다 놓았던
축구 스타들이 거쳐 간 구장이다.

누구나 여행 중 잊을 수 없는 추억을 사진으로 남긴다. 인생샷의 명소로 알려진 'Telégrafo Stone'으로 간다. 도시 빠라 데 과라티바Barra de Guaratiba에 있는 산 중턱에 차를 세우고 40분여 산행을 해야 한다. 산에서 강도를 당한 사례가 있으니 차는 반드시 유료주차

▲ 인생샷의 명소, 텔레그라포

장에 세우고 핸드폰과 귀중품은 보이지 않는 곳에 넣어야 함을 명심하자. 남대서양이 훤히 보이는 'Telégrafo Stone'에 도착했다. 푸른 바다, 넘실대는 파도, 점점이 떠 있는 섬, 태초의 원시림이 주위를 빙 둘러 채웠다. 이십여 명의 사람이 햇볕을 피해 나무 그늘에 줄을 섰다. 돌출된 바위에 매달려 바다를 배경으로 인생샷을 찍기 위해 기다리는 사람들이다.

폴란드에서 온 커플은 빨간 비키니 상의, 빨간 안경테, 빨간 손목밴드, 빨간 매니큐어, 빨간색 운동화, 빨간색 일색의 의상과 액세서리를 갖추고 이곳을 올랐다. 그리고 기다리는 사람들로부터 너무 오래 사진 찍는다고 엄청 욕을 먹었다.

하이웨이를 따라 서쪽으로 향한다. 중간 도시 캄피나스와 아라사투바에서 각 일박을 했다. 그리고 262번 하이웨이를 달려 캄포 그란데Campo Grande에 도착했다. 하이웨이에는 차는 별로 없지만 톨게이트는 무척 많다. 캄포 그란데에서 갈 수 있는 여행지는 보니또Bonito와 판타날Pantanal이다.

🚗 에코 투어리즘을 지향하는 보니또

에코 투어리즘을 지향하는 보니또에는 강, 호수, 정글, 숲에서 즐기는 많은 친환경 프로그램이 있다.

시내에서 가까운 그루타스 데 상미겔Grutas de Saó Miguel은 활동이 중지된 건식 용암동굴이다. 그리고 아라라Arara라고 하는 빨강과 파랑의 원색을 가진 앵무새의 집단 서식지로 유명하다.

▲ 푸른 호수 동굴

이어 들른 푸른 호수 동굴Gruta do Lago Azul은 보니또를 소개하는 브로슈어의 표지모델로 자주 등장한다. 석회암이 녹아 고인 호수는 아름다운 진한 코발트 빛이다. 200만 년 동안 자연이 빚어낸 석회암질의 종유석, 석주, 석화가 천장과 벽으로 가득 피었다.

▲ 천연 아쿠아리움

천연 아쿠아리움Baia Bonita Aquário Natural에서는 스노클링을 해야 한다. 물속은 사람 키만 한 수초가 숲을 이뤘고, 어른 팔뚝만 한 고기가 손에 잡히고 몸에 부딪힐 정도로 많았다.

액티비티의 최고정점은 아뉴마스 어비스Anhumas Abyss다. 가격도 비싸고 어디서도 경험하지 못한 희소성이 있다. 또 하루 전에 트레이닝 센터에서 레펠 훈련을 받아야 한다. 1970년에 농장주가 아뉴마스 어비스를 우연히 발견했다. 대대손손 돈 걱정하지 않아도 되는 노다지를 캔 것이다. 특별한 여행은 레펠을 이용해 72m의 수직 동굴을 허공으로 하

▲ Anhumas Abyss

강해 동굴호수의 데크 플랫폼에 안착하며 시작된다.

200만 년 전에서 400만 년 전 사이에 석회암의 침식 활동과 지진으로 생긴 동굴 안에는 넓고 깊은 호수가 있다. 수위는 강우에 따라 수시로 변하는데, 평상시 깊이는 80m다. 고무보트를 타고 캄캄한 호수를 랜턴에 의지해 둘러보면 벽과 천장으로 종유석, 석순, 석주, 석화가 가득이다. 또 스노클링으로 물속을 들여다보니 어마어마한 수중도시가 있었다. 물속에 잠긴 콘Cone이라 불리는 석주는 큰 것이 높이 19.5m, 둘레가 5m다. 석주가 성인 크기가 되려면 36만 년의 세월이 걸린다고 하니 무려 400만 년에 걸쳐 물속에서 자란 것이다. 세월의 무게가 너무 무거워 순간 두려움과 공포가 엄습했다. 이 프로그램은 동굴지형과 생태환경을 보존하기 위해 소수 인원으로 출입을 제한하고 있어 고액의 입장료를 감당해야 한다.

마지막으로 들른 곳은 발네아리오 무니시팔 데 보니또Balneário Municipal de Bonito로 포르모소 Formoso 강에 있는 야외 수영장이다. 여행자의 백 프로가 이곳을 방문하여 팔뚝만 한 고기 삐라뿌땅가Piraputanga와 함께 수영하며 한나절을 보낸다.

▲ 판타날 보존지구

길을 떠나 들른 판타날 보존지구의 면적은 자그마치 238만 2,800㎢로 브라질, 파라과이, 볼리비아에 걸쳐있다. 판타날은 생물 종의 가장 큰 다양성을 보이는 생태계를 가진 습지다. 1,000만 마리의 카이만 악어는 세계적으로 밀집도가 가장 높으며, 파충류로는 초록색 아나콘다가 많이 관찰된다. 포유류 최상위의 포식자 재규어는 65㎢당 1마리가 서식해 일반인이 보기 힘들다.

▲ 파라과이 강

한때 판타날 보존지구는 악어나 아나콘다의 껍질을 가죽 시장에 내다 팔고, 앵무새를 불법 동물시장에 팔아 돈을 챙기는 밀렵 행위가 성행하여 '자연 슈퍼마켓'이란 별명을 얻었다. 판타날 보존지구는 쿠이아바 Cuiabá 강과 파라과이Paraguay 강을 수원으로 하며, 풍부하고 다양한 식생과 동물을 볼 수 있는 자연 생태습지다.

독립운동의 영웅 '시몬 볼리바르' 의
이름으로 국가명을 지은

• 볼리비아 •

안데스 지역 최고의 문명 볼리비아. 굵직굵직한 볼거리가 많은 나라, 티티카카 호수와 태양의 섬, 남미 여행의 대표주자 우유니 사막, '죽음의 도로' 끝에 있는 루레나바케에서 아마존의 깊은 속내를 들여다본다. 볼리비아 여행의 대가는 고산증이니 단단히 마음의 각오를 다지자.

코쿰보는 국경도시다. 코쿰보 국경사무소Cocumbo Border, 브라질의 이미그레이션에서 출국 스탬프를 받고 세관으로 갔다. 점심시간이라 1시간을 지체하고 출국 확인을 받았다. 볼리비아는 자동차 여행 중에 들르는 95번째 국가다. 자동차 통관은 다른 국가와 달리 인터넷으로 사전 신청을 해야 한다. 길

▲ 산타크루즈

건너편 복삿집으로 가면 아주머니가 친절하게 알아서 등록해준다. 세관에 신청 접수 확인증을 제출하고 통관 승인을 받았다. 그리고 11㎞ 떨어진 경찰서로 이동해 차량 통행허가증을 받았다. 왕복 2차선의 깔끔한 국도에는 중간중간에 요금소가 있어 구간별 요금을 납부해야 한다. 아무리 달려도 도시는 나타나지 않았고, 쉴만한 휴게소도 없었고, 주유소 또한 보이지 않았다. 산 호세 데 치키토San Jose de Chiquitos에 도착해 하루를 묵었다. 그리고 이틀을 꼬박 달려 대도시 산타크루즈에 도착했다.

볼리비아는 화물차와 버스를 제외한 모든 차량이 휘발유를 연료로 사용한다. 4,000cc 이하의 디젤 차량은 신차와 중고차를 불문하고 국가에서 수입을 불허한다. 몇 군데 주유소를 들렀지만, 디젤유를 팔지 않았다. 마침내 찾은 주유소에서는 주유원이 주유를 거부해 한바탕 소란이 일었다. 주유원이 외국차 등록을 해보지 않아 일어난 해프닝이다.

볼리비아 정부는 차량 연료의 불법유통과 사재기를 막기 위해 차적, 차대번호, 차주 등의 기록을 컴퓨터에 입력한 후 주유를 할 수 있게 했다.

🚗 볼리비아는 차량의 등록국가에 따라 3중의 차등 가격을 적용

볼리비아의 유가는 자국민은 저렴하게, 인접 국가는 조금 비싸게, 멀리서 온 손님 차는 덤터기 씌우기 요금제다. 자국 차량은 디젤을 기준으로 3.72볼리비아노, 아르헨티나, 브라질, 칠레, 페루, 파라과이 등 인접 국가의 차량은 5.16볼리비아노, 먼 곳에서 온 나머지 차량은 8.88볼리비아노를 내야 한다.

이제 고산과 싸워야 하는 내륙으로 깊숙이 들어간다. 해발 4,000m가 넘는 고원에서 얼마나 잘 버티며 여행할 수 있을까?

사마이파타Samaipata에 있는 엘 푸에르테El Puerte 고대유적지를 들렀다. AD 800년경, 군사시설, 종교의식, 주거 용도로 쓰인 도시다. 언덕에 있는 'Carved Rock'은 14세기와 16세기 종교의식의 중심지이었고, 편평한 구릉은 주민이 거주했던 공간이다.

▲ 엘 푸에르테 고대유적지

수크레Sucre는 1538년 에스파냐가 식민통치를 하기 위한 핵심 도시로 건설했으며, 1825년, 초대 대통령이자 국민 영웅인 수크레의 이름으로 수도가 되었다. 1898년에 라파즈로 수도를 옮겼으나 대법원이 남아 사법 수도가 되었다. 메인 광장Plaza 25 de Mayo에 있는 자유의 집은 1825년 독립을 선언한 역사적인 장소다.

레골레타Recoleta 수도원과 박물관이 있는 높은 언덕으로 올라가면 아름다운 시내 전경이 훤하다. 붉은 자색의 지붕으로 덮인 일사불란한 경치가 수크레의 자랑이다. 또 하얀 교회가 도처에 있어 수크레를 교회의 도시라고도 부른다. 은광으로 유명한 포토시가 옆에 있어 교회 내부는 은과 금으로 화려하게 장식했다.

▲ 레골레타 수도원

🚗 해발 4,090m, 지구상에서 가장 높은 포토시

1545년, 포토시Potosi에서 거대한 은광이 발견됐다. 에스파냐는 은광을 채굴하고 관리하기 위한 배후도시로 포토시를 건설했다. 당시 세계 은 생산량의 절반을 채굴했으니, 당연지사 포토시는 부유하고 풍요로웠다.

▲ 세계 은 생산량의 절반을 채굴했다

도시에 대한 정의를 사회, 경제, 정치 활동이 이루어지고, 교통로가 조성되어 촌락이 존재하며, 도심의 인프라가 구축된 장소의 개념으로 본다면, 포토시는 지구상에서 가장 높은 도시다.

▲ 세계에서 가장 높은 도시, 포토시

해발 4,090m. 조금만 움직여도 숨이 찼다. 말할 때는 조곤조곤, 발걸음은 아장아장, 물은 하루 3ℓ, 호흡은 입으로 들이켜야 한다. 화가 나도 참아야 하고, 서두르지 않아야 하며, 말하고 싶어도 참아야 한다. 고산증세를 이겨내려면 해야 할 일이 이렇게도 많다.

우유니Uyuni로 간다. 세계 최대의 소금사막 우유니는 안데스 산맥의 해발 3,600m 고원에 있다. 2만 년 전의 지각변동에 의해 솟은 바다는 소금호수가 됐다. 건조한 기후는 바닷물을 증발시키고 두꺼운 소금 결정체를 남겼다. 우유니 마을 인근에 있는 기차 무덤에 들르니 한국 여행자들이 많다. 서울시 면적의 16배가 넘으니 오는 사람 마다하지 않고 품에 안는 넉넉한 자리가 우유니 사막이다.

▲ 우유니 사막

모하비를 끌고 우유니로 들어갔다. 우리는 어디쯤 달리고 있을까? 보이는 것이라곤 하늘과 맞닿은 지평선까지 들어찬 순백의 소금이다.

▲ 기차 무덤

잉카와시

우유니 사막

조물주는 밋밋한 우유니 사막의 가운데에 잉카와시^{Incahuasi} 섬을 만들었다. 선인장으로 덮인 정상에 오르면 사방이 트인 언덕 아래로 끝도 없는 소금사막이 보인다.

사막의 일몰

우유니를 떠나 코차밤바^{Cochabamba}로 가는 길은 어지럽게 산을 오르고 또 그만큼을 내려가는 왕복 2차선 산악도로다. 해발 4,700m, 도로에서 지독한 교통체증을 만났다. 가다 서기를 반복하니 고산증세를 피할 수가 없었다. 도착한 제3의 도시 코차밤바는 인근 생활권을 포함하면 인구 100만이 넘는 대도시다. 한국에서 야 이 정도 인구야 그저 그런 도시지만, 남미에서는 30만 이상이면 대도시로 보 아도 무방하다.

시내에 있는 중세유적 산타 테레사^{Santa Teresa} 수도원은 시에스타로 세 시간 가 까이 문을 닫고, 오후 2시 30분에 문을 열었다. 수도자들이 하루 24시간 기거하 며 수행하는 수도원에서 가장 주목받는 것은 500년 동안 묵묵히 지붕에 얹혀있 는 기와다.

▲ 500년 된 기와

▲ 코차밤바 도심

잉카 제국을 멸망시킨 에스파냐는 항구적이고 영원한 지배를 위해 성당과 교 회를 축조하고 원주민의 언어와 문화를 말살했다. 300년에 가까운 유럽의 지배는 끝났지만, 식민잔재는 고착되어 남미인 삶의 일부가 되었다.

이 지역 출신인 전 대통령 에보 모랄레스는 1980년대 코차밤바의 코카 재배농 장에서 노동자로 일하며 노동운동을 통해 정계에 입문했다. '볼리비아의 체 게바 라'라는 별칭으로 승승장구하던 그는 경제 실정, 부정부패, 장기집권으로 국민에 의해 퇴출당했다. 이후 멕시코로 망명했으며 최근에야 귀국했다. 그를 통해 혁신에 둔감하고, 개혁은 실종되며, 부패에는 관대한 후진국 정치의 전형을 본다.

"위험하지 않나요?"

많은 여행자가 우리에게 물었다. 우리는 아무렇지 않은데, 남들은 문제가 많다고 하는 나라가 볼리비아다.

🚗 세계에서 제일 높은 수도, 볼리비아의 라파즈

세계에는 몇 개의 국가가 있을까? 조사기관마다 전 세계 국가를 적게는 195개국에서 많게는 242개국으로 산정한다. 어떤 경우에도 가장 높은 곳에 있는 수도는 해발 3,640m에 있는 볼리비아의 라파즈다. 라파즈는 V자형의 급한 지형적 특성과 농촌 인구의 유입으로 심각한 주택·교통 문제에 직면했다. 도심을 늘릴 수도, 인구를 줄일 수도 없는 진퇴양난에 처한 정부는 신선하고 놀라운 발상을 했다.

"도로가 꼭 땅에만 있으란 법이 있나?"

도시교통과 주택문제를 해결하기 위해 세계 최초로 케이블카를 대중 교통수단으로 도입했다. 결과는 성공적이었다. 위성도시 엘 알토El Alto와 라파즈 도심을 연결하는 케이블카는 1시간 걸리던 이동거리를 10분으로 단축했다. 2014년 5월, 레드라인 개통을 시작으로 현재까지 9개 라인이 라파즈와 엘 알토의 도심 곳곳을 운행하며, 추후 2개 라인이 추가될 예정이다.

▲ 라파즈 전경

▲ 실핏줄같이 도심을 연결하는 텔레페리코

라파즈 여행은 텔레페리코 Teleférico라 불리는 케이블카를 타고 해발 3,640m의 도심에서 해발 4,500m에 있는 엘 알토로 올라가며 시작됐다. 교통수단의 고정적 관념을 획기적으로 바꾼 발상은 교통 문제를 해결하고, 주택과 생활 환경을 크게 개선했다. 옐로우 라인의 종점 터미널은 라파즈 야경을 볼 수 있는 최고의 전망대다.

한인 식당의 사장에게 물었다.
"라파즈의 치안과 안전은 어떻습니까?"
"이곳만큼 안전한 데가 남미에서 있을까요?"
어느 나라나 안전하지 않은 나라는 없다는 것이고, 어디나 범죄는 있지 않냐는 이야기다. 모든 상권과 관공서, 업무시설, 교육시설은 낮은 지대의 골짜기에 집중되어 도심은 밤늦도록 인파로 북적였다.

▲ 라파즈 시내

1549년, 바로크 양식으로 건축한 산 프란시스코 성당 뒤에 마녀 시장이 있다. 한때 주술을 외우는 사람들이 있었던 이곳은 지역 특산물과 액세서리, 전통 민속공예품을 파는 여행자 거리로 변모했다. 사람 없는 한적한 골목에서 마치 강도를 당한 사례가 있으니 이 또한 조심해야 한다. 산 프란시스코 광장의 주변에는 여행사, 호스텔, 레스토랑, 카페, 환전소, 여행자의 편의와 관련된 근린 상업시설이 있다. 미화 인출이 가능한 ATM이 있는 메르칸틸 산타 크루즈^{Mercantil Santa Cruz} 은행도 이곳에 있다.

라파즈는 박물관의 도시다. 전시하는 품목에 따라 개개인의 호불호가 갈리니 내용을 알아보고 선택해야 한다. 국립예술박물관^{National Art Museum}은 현지 화가들의 회화작품을 전시했는데, 수준이 많이 떨어져 시간과 비용이 아까웠다. 민속박물관에서는 전통 공예품을 섬유, 세라믹, 메탈, 마스크, 모자 등 분야별로 전시한다. 작품들은 전통을 기반으로 모더니즘을 더해 세련되고 화려함을 강조했다. 전시공간의 활용이나 디스플레이, 품질, 조명 등 어느 것 하나 나무랄 데 없다.

하엔 거리^{Calle Jaen}는 에스파냐 식민시대 건축물을 고스란히 간직한 역사 골목이다. 볼리비아 연안 박물관^{Musio del Litobal Boliviano}은 볼리비아 근세 혁명의 역사를 전시한다. 관심 있게 본 것은 볼리비아가 칠레에 뺏긴 바다와 영토를 회복해야 하는 당위성에 대한 설명이다. 2014년 4월 볼리비아는 칠레를 상대로 자국의 영토를 돌려달라고 국제사법재판소에 제소했다. 볼리비아는 바다가 없는 내륙국가다. 1825년 독립 당시 볼리비아는 태평양의 해안 400㎞를 접하는 영토를 가지고 있었다. 이 중 아타카마 지역은 구아노, 초석, 은, 리튬, 구리 등 광물자원이 대량 매장된 지역이다. 1879년 칠레는 안토파가스타^{Antofagasta}를 침략하고 한국 땅보다 넓은 12만㎢의 땅을 볼리비아로부터 빼앗아 자국의 영토로 편입했다.

칠레의 전 대통령 아옌데는 이렇게 말했다. "아타카마의 구리는 칠레의 월급이다." 볼리비아의 월급이 칠레로 둔갑한 것이다. "볼리비아에 바다를 돌려주자" 칠레의 많은 지식인과 시민단체는 볼리비아가 태평양으로 접근할 수 있는 영토를 가져야 한다는 견해에 공감하지만, 아직도 반환되지 않고 있다.

🚗 죽음의 도로를 달려 아마존이 품고 있는 도시 루레나바케로 간다

시내를 벗어나기 전에 몇 군데의 주유소를 들렀지만, 디젤유를 파는 곳이 없었다. 트럭과 대형버스가 다니는 시내 외곽의 주유소에서는 디젤유를 팔지만, 돈 낸다고 주유해 주는 것이 아니다. 주유소 컴퓨터에 모하비를 등록해야 하는데, 국적코드에 한국이 없어 결국 주유하지 못했다. 다른 주유소에서 똑똑한 주유원을 만났다. 그가 말하기를, 한국 차량은 국가코드가 없어 정상적인 방법으로 주유할 수 없다고 한다. 다른 차량번호를 입력하고 주유했는데, 친절하게도 리터당 8.8볼을 7볼로 깎아줬다.

▲ 캐나다에서 온 자전거 여행자

▲ 안개 자욱한 죽음의 도로

'죽음의 도로'라고 불리는 융가스 도로Yungas Road는 10여 년 전까지 수도 라파즈와 루레나바케Rurrenabaque를 연결하던 국도의 일부로, 대략 63㎞의 연장이다. 죽음의 도로를 통과하던 많은 차량이 700m 아래의 계곡으로 추락해 매년 200명에서 300명의 아까운 생명이 목숨을 잃었다. 도로 중간에 희생자 위령비가 있다. 지금은 맞은편 산으로 국도가 신설됐고 죽음의 도로는 MTB 코스로 바뀌어 세계 여행자들이 즐기는 익스트림 스포츠의 메카로 변신했다.

죽음의 도로를 빠져나와 루레나바케로 가는 길도 만만치 않게 위험하다. 최근 버스가 유조차와 충돌한 후 300m 계곡 아래로 추락해 25명의 사망자가 발생했다. 미리 알았다면 오지 않을 길을 달려 아마존이 품은 도시 루레나바케에 도착했다.

아마존 투어는 수도 라파즈에 있는 여행사를 통해 왕복 항공과 투어를 포함한 2박 3일의 패키지여행으로 진행되는 것이 일반적이다.

지구의 허파로 불리는 아마존, 세계 3대 강의 하나로 브라질, 볼리비아. 페루, 에콰도르, 베네수엘라, 콜롬비아 등 6개국에 걸쳐 흐르는 길고 큰 강이다.

▲ 아마존 투어가 시작되는 곳, 산타로사 선착장

아마존 지류Yakuma River에 있는 산타로사 선착장에 도착했다. 아마존 투어는 열대우림을 보트로 돌아보며 조류, 수중 동물, 원숭이, 악어, 아나콘다를 찾아가는 2박 3일의 여행이다. 옐로 몽키는 정글의 숲 곳곳에서 집단으로 서식하는데 여행자가 던져주는 바나나를 먹기 위해 목이 빠지도록 보트를 기다린다. 강 속으로 들어가 레드 돌핀과 함께 수영하는 시간을 가졌다. 살인 물고기 피라냐를 잡기 위한 낚시도 투어의 일부다. 날카로운 이빨을 가지고 있어 손이 절단될 수 있기에 조심히 다뤄야 한다. 아나콘다를 찾기 위해 한 시간여 동안 습지를 뒤졌지만, 허물 벗은 껍질만 보았다. 제일 많이 보이는 동물은 카이만 악어다. 이틀간 숙박한 롯지는 아마존의 수위 변동에 대비해 공중으로 높여 만든 원두막이다. 숙소 밑에는 악어가 득실거린다. 악어 위에서 잠자고 밥 먹는 셈이다.

▲ 숙소 밑에 서식하는 악어

다시 라파즈로 돌아간다. 일전에 도움을 받았던 주유소를 다시 찾아 마지막 주유를 마쳤다. 그는 6볼로 더 깎아주며 번역기를 돌려 우리에게 메시지를 전했다. '여행의 앞날을 축복하고 기도하겠다.'

라파즈의 위성도시 엘알토는 인구 기준으로 산타크루즈에 이은 두 번째 도시다. 라파즈 인근의 고원지대에 인구와 산업이 집중되며 성장한 신생 도시다. 서민층이 주로 살고 있어 주거와 생활환경이 라파즈보다 떨어지며, 진보적이고 노동운동이 활발하다. 라파즈로 들어가는 국제공항이 있으며, 텔레페리코로 연결되는 라파즈와 동일한 도시생활권이다.

▲ 티티카카 호수를 도강하는 버스

북으로 올라가니 험하고 거칠던 산세가 부드러워졌다. 해발 3,810m, 안데스 고원의 티티카카 Titicaca 호수는 면적 8,300㎢, 최대 수심 281m의 거대한 담수호다. 많은 바지선이 호숫가에서 차량과 사람의 도강을 위해 대기한다.

호수를 건너 산을 넘으면 티티카카 호수를 품은 도시 코파카바나가 나온다. 선착장에서 배를 타고 들어간 태양의 섬은 북섬과 남섬으로 구분된다. 루레나바케와 마찬가지로 볼리비아의 공권력이 미치지 않는 지역이니 각자의 안전에 특히 유의해야 한다.

2018년 1월 11일, 태양의 섬에서 한국인 40대 여성이 날카로운 흉기에 찔려 사망하는 사건이 발생했다. 경찰은 범인을 특정하고 구속영장을 청구했지만, 그는 법원 출석을 거부했다. 결국 볼리비아 특수범죄국은 해군과 경찰의 합동작전을 통해 범인을 잡아 구속했다. 용의자는 원주민 부족장으로 최근 15년 형을 선고받았다.

▲ 태양의 섬

고대 잉카문명의 태동, 숨 가쁘게 펼쳐지는 자연과 역사의 현장

· 페루 ·

고대 문명과 중세 식민지문화, 티티카카 호수의 우로스 섬, 콜카 협곡의 콘도르, 무지개 산 비니쿤카, 잉카유적 쿠스코와 마추픽추, 사막유적 나스카, 모래사막 와카치나, 남태평양 바예스타, 산정의 69호수, 볼거리가 도시와 사막, 협곡, 평야, 호수, 정글, 바다에서 숨 가쁘게 펼쳐진다.

페루 ^{Kasani}국경을 넘었다. 푸노
^{Puno}는 해발 3,800m에 있는 호반
도시다. 티티카카 호수의 60%는
페루 영토이고 40%는 볼리비아다.
호수 안에는 우리에게 잘 알려진
우로스^{Uros} 섬이 있다. 갈대를 엮
어 섬을 만들고 그 위에 갈대로 집

▲ 갈대로 만든 인공 섬, 우로스

을 짓고 사는 잉카족이 있다. 90개의 섬에서 어업으로 근근이 살던 원주민들은
거주지를 관광객에게 개방하고 수입을 올린다.

🚗 영원한 자유를 갈망하는 콘도르의 날갯짓

콜카^{Colca} 캐니언으로 가는 길에 안데스 전망대가 있다. 차에서 내리니 몸이 휘
청거린다. 고도계를 보니 해발 4,910m다. 산과 계곡을 셀 수 없이 오르내리다 도
착한 마을은 치베이^{Chivay}로 콘도르의 마을이라고 불린다. 하늘로 높이 올라간 콘
도르가 날개를 활짝 펼치면 산봉우리가 그림자로 덮인다. 콘도르는 위대한 영웅
이 환생한 것이라 믿는 잉카인들이 신성시하는 맹금류다.

콜카 협곡으로 나 있는 1차선의 좁은 도로를 따라 콘도르 크루즈^{Cruz del Condore}
에 도착했다. 둥근 원을 그리며 선회하는 두 마리의 콘도르가 보인다. 내려오라고
목이 터져라 소리쳤지만, 더 높이 올라 협곡 너머로 사라졌다.

"콘도르 본 거 맞아?"

본 것 같기도 하고 안 본 것 같기도 하고, 죽도 아니고 밥도 아니라는 이야기에
다름아니다. 우리에게는 남들이 가지고 있지 않은 히든카드가 있었다. 다음날 다
시 협곡으로 들어갔다. 두 번씩이나 찾을 수 있는 것은 자동차가 있기에 가능한
일이다. 그러나 참새 한 마리도 보이지 않았다.

'허탕이다.'

30분만 더 있다가 못 보더라도 미련을 버리자. 바로 그때, 마음을 비우니 얻어지는 것이 있었다. 두 마리의 콘도르가 협곡의 아래에서 비상해 우리가 서 있는 5m 앞에서 솟구쳤다. 바람을 타며 퍼덕이던 날개, 세상의 티끌도 찾을 듯한 눈매, 원하는 것은 다 가질 듯한 부리, 상상 속의 콘도르가 가진 모든 것을 눈으로 똑똑히 보았다.

▲ 땅을 박차고 오르는 콘도르

'아! 콘도르를 만난 감동을 어찌 잊을 수 있을까?' 덮칠 듯한 기세로 나타난 콘도르는 하늘로 올라 저편의 산 너머로 홀연히 사라졌다.

🚗 안데스의 무지개 산, 비니쿤카

늦은 밤에 도착한 피투마르카Pitumarca, 평소에는 손님이 없어 영업하지 않는 듯 부리나케 열쇠를 가지고 온 주인 따라 들어간 게스트하우스는 도저히 돈을 지불하고 잘만한 곳이 아니었다. 'Booking.com'을 검색한 후, 25㎞ 떨어진 도시 산 페드로에 있는 호스탈 잉카Hostal Inca에 도착해서야 누워 잘만한 자리를 찾았다. 시설도 훌륭하고, 가격도 저렴하고, 인터넷도 잘 터지고, 호스트 역시 친절하여 숙소 후기에 주저 없이 10점 만점을 줬다.

이른 아침에 서둘러 비니쿤카Vinicunca로 출발한다. 누군가 물레방아처럼 돌고 도는 것이 인생이라고 노래했다. 안데스산맥에서는 어디를 가든 어지러울 정도로 돌아야 하니 이곳 또한 인생길 아니겠는가? 주차장에 차를 세운 후 말을 타고 산에 올랐다. 21살이라는 여자 마부 로사리의 등짐이 꿈틀거려 놀랐는데, 그 안에

비니쿤카

아기가 있었다. 남편과 맞벌이를 하느라 아이를 들쳐업고 일하러 나온 것이다. 그녀의 남편은 24살이라고 하는데, 우리 눈으로 보면 적어도 50살은 넘어 보인다.

해발 5,200m 비니쿤카는 마추픽추로 대표되는 페루 여행에서 새로운 페이지를 추가한 뉴노멀한 여행지다. 지구 온난화로 빙하가 녹아 수억 년을 고이 숨겨온 산의 민낯이 드러났다. 안데스 산맥의 한 줄기인 비니쿤카는 다채로운 색들이 질서 있게 켜켜이 쌓여 무지개 산이라고 불린다. 뒤로는 페루 최고봉인 해발 6,384m, 아우상가테 산Nevado Auzangate이 버틴다.

🚗 남미 최대 잉카 제국의 수도, 쿠스코

다음 목적지는 고대 역사 도시 쿠스코Cusco다. 15세기부터 16세기 초 중앙 안데스를 지배한 잉카 제국의 수도가 쿠스코다. 8세기경부터 사람이 거주했으나, 1438년 잉카 제국의 수도가 되며 성장하여 인구가 100만 명에 달했다. 1532년, 페루에 진출한 에스파냐 정복자는 쿠스코를 보고 깜짝 놀랐다. 금박을 입힌 사원,

보석을 두른 조각상, 정교한 건축양식, 부유층과 귀족의 호화로운 생활을 보고 눈이 휘둥그레졌다.

정복자는 에스파냐 황제에게 전문을 보냈다.

"폐하, 대박입니다."

황제가 답신을 보냈다.

"싹 다 가지고 와라."

정복자는 금, 은, 보석을 약탈해 본국으로 보냈다. 그리고 잉카문명의 궁전과 신전, 광장을 부수고 교회, 수도원, 대성당과 대학교를 지었다.

페루는 잉카문명의 중세유적과 유럽의 식민지유적을 모두 가지고 있는 나라다. 다양한 문화유산은 페루 여행을 더욱 풍성하고 알차게 하는 원천이다. 아르마스 광장에서 "와"하며 절로 탄성이 터졌다. 이렇게 여행자가 많은 광장은 남미에서 처음이었다. 제일 먼저 눈에 든 건물은 라 콤파니아 데 헤수스 교회Templo de La Compania de Jesus로 식민시대에 건축한 성당이다.

잉카 제국은 안데스산맥을 중심으로 찬란한 문화를 피우며 한 시대를 풍미했다. 관개수로를 통해 상수원과 농업용수를 확보

▲ 라 콤파니아 데 헤수스 교회

▲ 쿠스코 대성당

했다. 그리고 험준한 골짜기에 계단식 밭을 만들어 농사를 지으며 풍요롭게 생활했다. 놀라운 건축술로 한 치 오차도 없는 건축물을 지었다. 나아가 정복 전쟁을 통해 볼리비아, 칠

레, 아르헨티나까지 그 영토를 넓히고 수만㎞ 도로를 건설했다.

그러나 딱 거기까지였다. 잉카 제국은 말과 총을 앞세운 에스파냐 침략자에 의
해 허무하게 멸망했다. 페루는 잉카족 후예인 인디오들이 인구의 반에 육박할 정
도로 많지만, 다민족과 다문화에 관대하고 포용적이다.

🚗 태양의 도시, 공중 도시, 잃어버렸던 도시, 잉카 제국 신비의 유적 마추픽추

'성스러운 계곡'으로 불리는 잉카유적을 둘러보고 오얀따이 땀보에서 마추픽추
로 들어간다. 쿠스코를 떠나 처음 들른 마을은 친체로^{Chinchero}다. 안데네스^{Andenes}
라고 불리는 계단식 경작지는 평야나 고원이 부족한 안데스 산맥의 전형적인 농
업방식이다.

▲ 친체로에 있는 계단식 경작지, 안데네스   ▲ 치밀한 석축 이음새

잉카인이 쌓은 석축의 경사도는 수직에 가까운데 건축기술이 발달했기에 가능
한 일이다. 서로 다른 규격의 돌을 채집하여 쌓은 석축 이음새는 신용카드도 들
어갈 틈이 없을 정도로 치밀하고 정교하다.

먹고 사는 문제가 해결되지 않으면 국가 통치가 어려운 시절이었다. 잉카는 완
벽한 자급자족 체계를 갖추고 정복전쟁을 통해 영토와 세력을 넓혔다.

모라이Moray는 계단식의 밭이 원형의 형태를 갖췄다. 시대적으로 한국의 조선 시대와 중복되는 잉카문명은 천수답에 의존하던 우리 조상들과 달라도 한참 달랐다. 잉카인들은 관개수로를 통해 멀리 떨어진 곳에서 물을 끌어와 농사를 지었다.

▲ 모라이

▲ 살리네라스, 계단식 염전

해발 3,000m에 있는 살리네라스Salineras는 소금을 채취하는 염전이다. 수억 년 전 바다가 융기해 산이 됐다. 지금도 산에서 흘러나오는 물을 다랭이 염전으로 끌어들이고 증발시켜 소금을 채취한다.

오얀따이 땀보Ollantaytambo는 에스파냐 침략자들이 잉카 군사들의 결사적인 항전으로 고전했던 산악지역이다. 잉카 제국은 이곳의 패배를 끝으로 역사 속으로 사라졌다. 거대한 산으로 둘러싸인 이곳은 망토라고 불린 잉카족의 정치와 행정 중심이었다.

오얀따이 땀보 역을 출발하는 열차에 올라 차창으로 스치는 안데스의 풍경을 보며 1시간 30분 걸려 아구아스 깔리엔테스Aguas Calientes에 있는 마추픽추 역에 도착했다.

마추픽추, 태양신을 숭배한 잉카
인은 하늘로 다가가기 위해 해발
2,400m에 도시를 건설했을까? 태양
의 도시, 공중 도시, 잃어버렸던 도
시로 불리는 마추픽추는 1911년 미
국인 하이럼 빙엄에 의해 발견될 당
시 풀에 덮인 폐허 도시였다. 망지기
의 집에서는 마추픽추와 와이나픽추

▲ 아구아스 깔리엔테스

Waynapicchu가 한눈에 든다. 1450년에

세운 것으로 추정되는 마추픽추는 온통 미스터리다. 학교다, 종교시설이다, 아니
다, 잉카인의 여름 휴양지다, 왕의 은신처다, 또는 농경을 연구하기 위한 도시라
는 등 의견이 분분하나, 어느 것 하나 규명되지 않았다. 잉카인은 도시를 버리고
어디로 사라졌을까? 에스파냐 식민시대 300년 동안에 마추픽추의 존재는 세상에
알려지지 않았다. 제2의 잉카 제국을 건설하기 위해 떠났다는 설이 있지만, 아직
까지 소식이 없는 것을 보면 이 또한 사실이 아니다.

마추픽추

잉카인은 안데스의 만년설이 연중 녹아내리는 높은 고원과 산비탈에 감자, 옥수수, 코카를 재배하며 살았다. 지형의 불리함을 계단식 농경지로 극복한 이들의 지혜와 기술은 놀랍다. 탐험가와 고고학자가 제일 감탄한 것은 생활용수와 농업용수를 끌어오기 위해 돌을 깎아 만든 관개수로다. '시간을 잃어버린 공중 도시', 마추픽추는 잉카인이 건설했다는 사실을 제외하면 아무것도 밝혀지지 않은 신비로운 도시다. 많은 의문을 가진 마추픽추는 영원히 베일에 싸인 역사 유적으로 남을 것이다.

역사학자 아놀드 토인비는 역사에 등장했던 26개의 문명이 규칙적인 주기를 가지고 발생과 성장, 몰락과 해체의 사이클을 가지고 있으며, 종국에는 대부분의 문명이 멸망했다고 그의 저서 『역사의 연구』를 통해 이야기한다.

마추픽추 역사보호구 여행을 마치고 아구아스 깔리엔테스로 내려왔다. 잉카트레인을 타고 오얀따이 땀보에 내려 호텔주차장에 세워둔 모하비를 타고 쿠스코로 돌아간다.

🚗 사막에 그려놓은 인디오들의 그림

해발 4,000m에서 4,700m에 이르는 15개의 산 정상을 넘는 산악도로를 달렸다. 산을 오르고 내리고, 또 돌고 돌며 아름다운 안데스의 풍경을 보는 것도 어느 정도라는 말이 맞았다. 수십의 산을 넘으려면 수백의 산허리를 돌아야 하니 갈 길이 더디다. 꼬박 1박 2일에 걸쳐 660㎞를 달리는 멀고, 험하고, 지루한 길이다.

중간 도시 푸키오Puquio에서 하루를 쉬고 도착한 곳은 나스카 라인Nasca Line으로 선사시대 유적이 있는 사막이다. 나스카 라인은 잉카문명이 태동하기 훨씬 전인 기원전 300년경, 원주민 인디오가 사막에 그려놓은 그림으로, 1939년 사막을 비행하는 조종사에 의해 최초로 발견됐다.

▲ 나스카 사막

왜 나스카 사막에 거대한 그림을 그렸을까? 넓은 사막의 곳곳에 선명히 남아있는 나스카 라인은 거미, 고래, 원숭이, 벌새, 소용돌이, 직선, 삼각형 등 동물과 기하학적 도형의 이미지로, 최대 300m 크기로 그려져 있다. 사막의 모래와 자갈을 들어내고 흙이 드러나게 솔질해 그린 그림은 비가 거의 내리지 않고 바람 약한 기후와 지질 특성으로 지금까지 건재한다. 국도변에 설치된 전망대에 오르면 나스카 라인의 선명한 모습을 가장 가까이서 볼 수 있다.

▲ 나스카 라인

팬아메리칸 하이웨이를 따라 이카Ica에 도착했다. 도시가 인상적인 것은 한국산 경차인 노란색 티코가 도로를 가득 채운 모습이다. 호텔에 짐을 내려놓은 후 시내로 가기 위해 노란색 티코 택시를 불러 달라고 데스크에 요청했다. 티코 내부는 오랜 세월 탓으로 낡았고 창문은 열리지 않았다. 몇 년 전만 해도 수도 리마에서도 보였지만, 연식이 오래되어 지금은 리마와 쿠스코를 제외한 남부 도시에서 많이 보인다.

멀지 않은 곳에 있는 와카치나Huacachina 마을의 중앙은 야자수로 둘러싸인 오아시스이고, 마을 뒤로 빙 둘러싼 높은 둔덕이 모래사막이다. 40㎝ 특수 타이어를 장착한 샌드버기Sand Buggy를 타고 모래사막을 질주하며, 하늘로 치솟고, 땅으로 꺼지는 짜릿한 공포와 환희의 엑스터시를 만끽했다.

▲ 길을 가득 채운 노란색 티코 택시

🚗 해양 동물의 천국이자 낙원인 섬, 바예스타

파라카스Paracas에서 바예스타 섬Ballestas Islands으로 간다. 사람들은 이 섬을 작은 갈라파고스라고 부른다. 서글픈 이야기로는 가난한 사람의 갈라파고스The Poor Man's Galapagos로 불린다. 돈이 없어 갈라파고스 섬 대신에 찾는다는 의미다.

▲ 바예스타 섬

▲ 해양 동물의 천국

80명이 탑승하는 스피드 보트는 빈자리 없이 꽉 찼다. 섬과 주변 해역은 바다사자, 물개, 괭이갈매기, 푸른 발의 부비 새, 펠리컨, 훔볼트 펭귄, 고래가 서식하는 해양 동물의 천국이다. 팔월에서 시월에는 따뜻한 수온의 바다를 찾아 북으로 이동하는 혹등고래Humpback Whale 무리가 근처 수역에서 관찰된다.

파라카스 국립공원은 붉고 노란 사막과 파도에 깎인 절벽이 아름답다. 백사장 Playa Roja의 모래는 보기 드문 붉은 색이다.

매일매일 새로운 세상을 보여주는 페루의 매력에 빠졌다. 칠레로부터 시작된 안데스 산맥의 인연은 에콰도르로 이어진다.

🚗 잉카인들이 없던 것, 정복자들이 가진 것, 총.균.쇠

1532년, 에스파냐 정복자 피사로는 고작 말 30마리와 병사 180명으로 페루의 잉카제국과 남미를 정복했다. 그들이 가진 것은 잉카인들이 들도 보도 못한 대포와 총, 더욱 강력한 무기는 균이었다. 총.균.쇠, 홍역과 천연두 등 바이러스에 대한 면역성이 없었던 원주민들은 전염병 유행으로 몰살했다. 피사로는 1535년 리마를 건설하고 수도를 쿠스코에서 리마로 옮겼다. 수도 리마는 이후 300년 동안 남아메리카 식민지 전체의 Main Capital이 되었다. 정복자들은 힘과 권위를 과시하기 위해 잉카문명 위에 유럽 스타일의 식민지 건축물을 세웠다. 리마에서 잉카유적을 전혀 볼 수 없는 이유다.

산 프란시스코 수도원Museo y Catacumbas Saint Francisco의 지하에는 Catacomb이

▲ 수도원 지하에 안치된 7만 명의 유골

있다. 미로같은 통로를 따라 19세기까지 7만 명의 유골이 안치되었다.

옆에 있는 리마 대성당La Catedral de Lima은 남미에서 가장 오래된 성당으로, 정복자 피사로가 1555년에 건설했다.

🚗 수도 리마가 꼭꼭 숨겨놓은 핫 플레이스

리마의 핫플레이스는 어디일까? 페루 관광청은 리마의 숨은 명소 3곳을 발표했다.

첫째가 바랑코Barranco다. 예술가들의 요람, 미술가, 사진가, 문인들이 모여 사는 예술가 마을이다.

▲ 바랑코

거리와 골목의 곳곳으로 자유롭고 분방한 예술인의 삶과 작품이 있다. '창문에 날갯짓을 걸어놓은 집주인은 누구실까?'

둘째 명소는 미라플로레스Miraflores 로 해안가를 끼고 발달한 리마의 신시가지다, 쇼핑몰, 맛집, 각종 편의시설, 상점이 밀집한 리마의 청담동이라고나 할까?

더하여 미라플로레스 절벽에서 뛰어내리는 패러 글라이딩, 태평양의 서늘한 바람과 파도를 가르는 서핑 천국이 기다린다.

▲ 미라플로레스

▲ 매직 분수쇼

셋째 명소는 세계에서 가장 유명한 매직 분수쇼Circuito Magico del Agua다. 화려하고 다채로운 색상과 탄탄하고 버라이어티한 구성의 분수 쇼는 표현의 한계라는 것이 애초 존재하지 않았다.

▲ 쿠스코에 있는 기아 서비스

이제 떠날 시간, 자동차를 점검하는 것은 필수다. 엔진오일을 교체하기 위해 기아 서비스를 찾았다.

세상에 이런 일이? 리프트로 차체를 올리니 기름이 샌다. 그나저나 연료통이 왜 찢어졌지? 페루는 모하비를 수입하지만 연료 탱크Fuel Tank 부품이 없었다. 이빨이 아니면 잇

▲ 찢어진 연료통

몸, 정비 팀장은 용접으로 수리하겠다고 한다. 오늘이 목요일, 토요일까지 마치는 것으로 했다.

🚗 69호수에서 삼육구 삼육구 게임을 하자

69호수는 만년설의 고봉, 빙하, 에머럴드 빛 호수, 그리고 초원의 푸름과 파란 하늘이 어울리는 탁월한 아름다운 풍경을 가지고 있어, 페루 관광청에서 적극적으로 추천하는 관광지다.

▲ 69호수 가는 길

자동차 여행자들의 69호수 베이스캠프는 융가이Yungay다. 인디오 마을이 산재한 25㎞ 산길을 오르자, 높다란 수직의 암벽 틈새로 커다란 호수Laguna Chinancocha & Orconcocha가 연이어 나타났다. "나에게 고산은 없다? …그럴까? 만년설로 덮인 Nevado Chacraraju의 물을 담는 69호수는 해발 4,604m다.

▲ 69호수

왜 이런 멋진 호수에 69라는 숫자 이름을? 후아스카란 국립공원 Parque Nacional Huascarán에는 400개의 호수가 있다. 국립공원은 이름 없는 호수를 관리하기 위해 번호를 매겼다. 이때 얻은 관리번호 69가 호수 이름이다.

▲ 제2의 죽음의 도로

▲ 차량 루프에 설치한 낙석 방지 철망

▲ 치무 왕국의 수도 찬찬

융가이를 떠나 트루히요^{Trujillo} 가는 길은 페루에서 제일 험한 국도다. 안데스산맥의 협곡을 빠져나가는 1차선의 좁은 도로, 급한 커브, 낮은 터널, 천 길 낭떠러지 아래로는 산타^{Rio Santa}강이 흘러간다.

절벽 사면의 옆구리를 간신히 절개해 위험천만한 도로를 건설했다. '돌이 떨어지지 않을까? 도로가 붕괴되지 않을까?' 노심초사하며 달렸다.
현지인 차량들은 루프에 철망을 얹었다. 낙석으로 차가 파손되는 것을 막으려는 것이다. 더 많은 돌이 쏟아지면 계곡으로 추락해야 한다.

트루히요^{Trujillo}에 도착했다. 치무^{Chimú}왕국의 수도 찬찬^{Chan Chan}으로 간다. 치무^{Chimú}는 900년경부터 15세기까지 페루 북서쪽 태평양을 따라 전성기를 구가한 왕국이다. 약 10만 명의 사람이 살았던 것으로 추정하며, 철저한 계급사회였다.

그리고 태양을 섬겼던 잉카 제국과 달리 달을 신성시했다. 어업에 능했고, 식량을 자급했으며, 도자기나 금속가공이 발달한 문화를 누렸다. 약육강식, 1470년, 치무왕이 잉카 군대에 체포되어 처형됨으로써, 치무 왕국은 허망하게 멸망했다.

지구의 허리, 적도가 지나는

에콰도르

자연 생태의 보고 갈라파고스를 들르고, 적도를 찾아 지구의 허리를 질끈 밟았다. 바뇨스에서는 그네를 타고 하늘과 대면했다. '악마의 코' 열차를 타고 안데스산맥 깊은 곳으로 들어갔다. 코토팍시를 올라 적도의 빙하를 본다. 수도 키토에서는 급작스러운 고산증세로 병원에 입원했다에콰도르 엘 알라모El Alamor 국경은 사람과 차가 없어 한산했다. 국도는 보기 힘든 콘크리트 포장이고 이따금 만나는 경찰 검문은 호의적이다. 팬아메리칸 하이웨이와 만나는 아레니야스Arenillas에서부터 차량이 많아졌다. 산길에서는 화물차와 노후 차량이 많아 수 없이 추월해야 했다.

밤늦게 도착한 과야킬Guayaquil은 에콰도르에도 이런 도시가 있나 싶을 정도의 메트로폴리탄이다. 에콰도르의 내륙을 관통해 흘러든 과야스Guayes 강 하류에 건설된 항구도시다. 경제가 가장 발달한 산업도시로, 해상을 통한 모든 수출입은 과야킬을 통해 이뤄진다. 푸에르토 산타 아나Puerto Santa Ana는 강 연안의 언덕으로 16세기 에스파냐는 이곳에 과야킬을 건설했다. 1822년 남아메리카 독립운동의 두 중심축이었던 시몬 볼리바르와 산 마르틴 장군이 남미통합을 위해 담판을 벌인 과야킬 회담이 열린 도시다.

▲ 과야킬 구도심

리오밤바Riobamba로 간다. 침보라소Chimborazo 산이 보이는 전망대에 오르니 기다렸다는 듯이 산 정상을 가렸던 구름이 서서히 걷혔다. 에콰도르 사람들은 침보라소가 세상에서 가장 높은 산이라고 한다. 해발 8,848m의 에베레스트를 두고 웬 엉뚱한 소리를 하는지 알아보니, 전혀 틀린 말이 아니다. 지구과학이 숨어있었다.

지구는 적도반경이 극반경보다 큰 회전 타원체이기에 지구 핵으로 부터 높이를 재면 침보라소가 더 높다는 것이다. 누가 틀렸다고 말할 수 있을까?

▲ 침보라소 산

▲ 악마의 코 열차

공원에는 침보라소를 바라보는 시몬 볼리바르Simon Bolivar의 흉상이 있다. 에콰도르, 볼리비아, 페루, 베네수엘라, 콜롬비아를 에스파냐 식민지배에서 독립시킨 해방가다. 볼리바르는 남미대륙을 하나의 연방으로 묶어 통일된 국가를 탄생시키고자 했다. 그러나 지역과 민족, 정파의 이해관계가 상이했고 거대한 국가탄생에 부정적인 미국과 유럽으로 인해 야심차게 꿈꾸었던 남미 통합국가의 큰 뜻을 이루지 못했다.

세계에서 가장 위험한 기차 10선의 하나가 에콰도르에 있다. '악마의 코'라는 험상궂은 이름으로 불리는 기차다. 거점도시 알라우시Alausi에서 일박하고 오전 8시에 출발하는 기차에 올랐다. 채굴한 에메랄드와 구리 등의 광물을 실어 내기 위해 1830년대 에스파냐가 건설한 철도다. 세계에서 유일하게 지붕에 올라탈 수 있는 기차였다. 지금은 안전을 이유로 지붕 탑승이 금지되며, 운행구간 역시 대폭 축소됐다.

🚗 남미 여행자는 스페인어는 몰라도 바뇨스라는 말은 익숙하다

바뇨스Baños, 화장실을 뜻하는 단어를 모르면 여행 중에 배설 차질의 낭패를 당한다. 동음이의어, 발음은 같지만, 온천이라는 뜻으로도 쓰인다. 화장실과 온천, 물 말고는 공통점이 없는 바뇨스는 작고 알차다.

도시와 주변으로는 아름다운 경치와 함께 액티비티를 즐길 수 있는 매력적인 장소가 널렸다. 캐뇨닝Canyoning, 래프팅, 번지점프, 짚라인, 패러글라이딩, 승마, 그네, MTB 등 사람이 즐기는 익스트림 스포츠를 모두 체험할 수 있다. 대표적인 액티비티는 그네La Casa del Arbol다.

나이 지긋한 한국 분들은 오로지 그네를 타기 위해 수도 키토에서 이곳까지 내려왔다. 모두들 길게 줄 서서 기다리며 곧 자신에게 닥칠 공포와 환희를 저울질하기 바쁘다. 하늘로 내가 올라가는가? 아니면 하늘이 다가오는가? 창공에 던져진 몸과 가슴으로 온 세상에 맞서볼 수 있는 것이 그네의 매력이다.

▲ 그네 La Casa del Arbol

디아블로 폭포Pailón Diablo는 그저 바라만 보는 평범한 폭포가 되는 것을 거부했다. 인근 지형이 가파르고 험해 폭포로 가는 접근로를 내기 위한 많은 희생과 투자가 이뤄졌다. 순수하게 인력으로 건설했으며, 2008년 12월에 공개하기까지 무려 14년이 걸렸다. 폭포 벽면에 뚫어 놓은 스카이 동굴을 따라 상류로 갈 수 있으며 중간마다 개구부를 내놓아 뒤에서 폭포수를 바라볼 수 있게 한 것은 새롭고 독창적인 시도다.

시내에 있는 성모온천^{Cascada de La} Virgen을 찾았다. 1773년 화산폭발로 수맥이 변동해 온천폭포가 메말랐으나, 주민들의 정성스러운 기도로 다시 물이 찾아들어 따뜻한 온천수가 쏟아진다.

▲ 성모온천

에콰도르에는 기니피그^{Guinea Pig}라는 특이한 음식문화가 있었다. 기니피그는 길이 40㎝, 몸무게 1.5㎏의 초식성 동물이다. 통째로 바비큐를 하는데, 전용음식점은 앉을 자리가 없이 성업이다.

북으로 간다. 코토팍시^{Cotopaxi}는 해발 5,897m의 활화산이다. 정상은 사계절 내내 만년설과 빙하를 두르고 있으며, 여행자는 해발 4,864m 대피소와 해발 5,100m 그라시아에 오른다. 국립공원 리셉션에서 입산 등록을 하고 20㎞ 비포장을 달려 주차장에 도착했다. 해발 4,500m, 세차게 바람이 불어도 구름은 걷히지 않았다.

산이 날 에워싸고
그믐달처럼 사위어지는 목숨,
구름처럼 살아라 한다.
바람처럼 살아라 한다.

박목월 시인의 「산이 날 에워싸고」의 한 구절이 떠오른다. 청바지의 젊은이, 꼬마를 들쳐업은 부모, 손을 맞잡은 커플, 부모님을 모시고 온 자식, 애완견 코카스파니엘이 주인을 따라 산에 올랐다. "어, 또 저분은 뭐야?" 마치 동네 슈퍼마켓에 가듯 치마 입고 올라온 사람도 있다. 우리에게는 고산이지만 현지인에게는 그저 그런 산이다.

대부분의 산행은 대피소까지다. 이곳에서 일하는 청년은 맑은 고딕체로 '프랑클린'이라고 한글 문신을 팔뚝에 새겼다. 한류를 좋아해서라고 하는데, 중국어 문신은 간혹 보았어도 한국어는 처음이라 반갑다.

▲ 한국어 문신

마지막 목적지를 그라시아 뷰 포인트로 정하고 다시 산을 올랐다. 해발 5,100m, 빙하 위로 하얀 눈이 펑펑 내린다. 코토팍시는 1783년 이후 50차례에 걸쳐 폭발이 일어난 활화산이다.

▲ 코토팍시 정상

▲ 투우 축제

시골 마을에서 투우 경기가 열리고 있었다. 에스파냐의 정복자들에게 고국의 향수를 달래주던 투우는 식민지에 뿌리 내려 마을 축제가 됐다.

🚗 키토를 위험한 도시라고 하는 이유가 있다. 활화산이 무려 4개다

▲ 십자가 언덕 전망대

수도 키토는 해발 2,850m의 고산도시다. 케이블카를 타고 해발 3,940m에 있는 십자가 언덕Cruzloma 전망대를 올랐다. 키토를 병풍처럼 둘러싼 해발 5,000m가 넘는 열 개의 산 중에 활화산이 무려 네 개다. 구름으로 가렸어도 고산의 위용과 자태는 뚜렷하다.

▲ 금으로 치장한 이글레시아 꼼파니아 데 헤수스 교회 내부

에콰도르인이 가장 좋아하는 교회는 이글레시아 꼼파니아 데 헤수스iglesia de la Compañia de Jesus다. 내부를 장식한 금이 무려 7톤으로, 한화로 대략 3,000억 원이 넘는다. 인테리어, 장식, 성상을 모두 금으로 치장한 교회의 부와 화려함은 세계 최고다. 교회에서는 절대 금을 만지면 안 된다. 금을 손으로 비비거나, 손톱이나 도구로 파내는 것을 감시하기 위해 경비원이 눈을 부릅뜨고 돌아다닌다.

산 프란시스꼬 교회Iglesia de San Francisco는 수도원을 겸한 최초의 교회로, 에스파냐인의 종교 생활과 종교를 통한 식민 지배를 위해 건립했다. 교회에서 놓치지 말아야 할 것은 제단에 있는 날개 달린 성모마리아상이다. 그리고 바실리카 Basilica 성당의 천장에 놓인 통로를 지나 첨탑으로 가면 두 개의 종탑 사이로 맞은편 산의 천사상이 보인다.

적도라는 말에서 유래하는 에콰도르에는 두 곳의 적도기념관이 있다. 처음 들른 적도선은 프랑스를 주축으로 한 다국적 팀 1736탐험대가 찾아냈다. 적도박물관에서 200m 떨어진 곳에 또 다른 적도박물관Museo Intinan이 있다. "어디가 진짜야?" 가이드를 따라 적도에서 발생하는 중력실험, 물의 와류현상과 회전

▲ 적도에서는 못 위에 달걀을 세울 수 있다.

방향, 발생하는 자기력 등에 대한 설명을 듣고 실험에 참여했다. 가이드는 이곳이 '리얼 적도'라고 말한다.

에콰도르는 왜 두 곳의 적도선을 가지고 있나? 천문학이 발달했던 잉카인은 해와 달의 움직임과 천체 운행을 통해 지구의 남북을 가르는 적도선을 찾아냈다. 현재에 이르러 인공위성과 GPS로 정밀 측정한 결과 놀라운 사실이 발견됐다. 잉카인들이 프랑스 탐험대보다 더 정확한 적도선의 위치를 찾아낸 것이다.

수도 키토는 부식 조달을 할 수 있는 중요한 도시다. 덥수룩하게 자란 머리를 깎는 것도 해야 할 일이다. 한인 민박에서 편히 쉬고, 머리 깎고, 부식도 충전했으니 다음 순서는 떠나기만 하면 된다.

🚗 지구상에 몇 안 남은 자연 생태의 보물창고, 갈라파고스

갈라파고스^{Galapagos}는 본토에서 1,000㎞ 떨어진 태평양상의 제도로, 19개의 섬으로 이루어져 있다. 자연사 박물관이라는 별칭의 갈라파고스는 태고 이래의 자연환경이 온전히 보존된, 지구상에 몇 안 남은 자연 생태의 보물창고다. 모하비를 아띠 한인 민박에 주차시키고, 키토 공항으로 출발했다. 갈라파고스 여행은 산타크루즈, 이사벨라, 산크리스토발 등 3개 섬을 중심으로 이루어진다.

▲ 산타크루즈 공항

산타크루즈 공항에 도착한 후 국립공원 입도비로 100불을 납부했다. 발트라^{Baltra} 선착장으로 이동해 보트를 타고 산타크루즈 섬으로 건너가, 버스를 타고 다운타운으로 갔다. 교통수단이 바뀔 때마다 돈을 내야 하니, 움직이면 돈이라는 말이 실감 난다.

짐을 숙소에 두고 부둣가로 나가니 갈라파고스는 뭐가 달라도 달랐다. 물개와 이구아나가 발에 치일 듯이 많아 사람이 물개인지 물개가 사람인지, 시커먼 게 돌인지 이구아나인지 모를 지경이다. 도처에서 끄억끄억 울어대는 바다사자는 골목길에서 마주치는 반가운 이웃과 같은 존재다.

▲ 갈라파고스 거북

1831년 찰스 다윈Charles Darwin은 약관 22세 나이로 영국을 출항한 해군 측량선 비글호에 자연학자로 승선해 탐사 여행을 떠났다. 그는 1835년 9월 15일, 갈라파고스 제도에 도착해 동년 12월 20일까지 머물며, 갈라파고스 거북과 핀치새의 생태자료를 가지고 영국으로 돌아가 진화론의 이론적 뼈대를 완성했다. 당시 다윈이 만났던 선원은 이렇게 말했다. "거북이를 보면 어느 섬에서 살고 있는지 알 수 있다." 찰스 다윈은 이 말을 허투루 흘리지 않았다.

1859년 찰스 다윈이 발표한『종의 기원』으로 세계는 발칵 뒤집혔다. 모든 생물은 신에 의해 탄생했다는 당시까지의 신념을 부정하는 진화론의 탄생이었다. 모든 동식물의 종이 몇 개의 공통된 조상에서 갈라져 나왔으며, 오랜 시간에 걸쳐 주변 환경에 맞춰 서서히 변화되어왔다는 것이 진화론의 핵심이다. 섬에 있는 다윈 연구소는 동물의 생태환경을 연구·보존하기 위해 설립된 연구기관이다. 다윈의 업적과 명성을 기려 연구소의 이름으로 명명했으나, 다윈과는 무관하다.

어쨌든 갈라파고스 거북의 살코기는 항해 중인 선원에게는 일용할 양식이 되었고, 지방은 밤을 밝히는 등불이 됐다. 마지막 남은 등껍질은 그릇으로 쓰였다.

▲ 이사벨라 섬

이사벨라Isabela는 조그만 모터보트를 타고 2시간을 가야 한다. 이사벨라는 제도에서 가장 큰 섬이다. 홍학 서식지를 찾으니 어디로 갔는지 다섯 마리밖에 없다. 홍학에 대해 새롭게 안 것은 성인이 되어야 분홍색이 된다는 것이다.

숙소에 짐을 풀고 먼저 한 일은 여행사를 찾아 현지 여행 프로그램에 참여한 것이다. 대표적인 투어상품은 '투넬레스Tuneles'와 '틴토레라스Tintoreras'다. 스피드 보트를 타고 바다로 나가자 삼각의 등지느러미를 물 위로 내민 백상어떼가 보인다. 바위에는 펭귄 한 마리가 한 곳을 응시한 채 한참을 부동자세로 서 있다. 앙증맞고 바지런하다고 생각한 펭귄이 저렇게 멍청한 동물인지 처음 알았다.

▲ 스노클링, 바다 거북

바다에서는 누구도 스노클링을 할 줄 아느냐고 물어보지 않았다. 그러니 묻지도 따지지도 말고 스노클링을 해야 한다. 문어가 손 위로 올라오고, 거북이는 가까이 가도 피하지 않는다. 오징어가 먹물을 뿜으며 달아나고, 어린 상어가 득실거린다. 그리고 보기 힘든 해마가 조류에 흔들리며 너풀댄다. 일생을 일부일처로 살며, 수컷이 새끼를 낳는 희한하고 독특한 동물인 해마는 한 번에 백 마리

해마

의 새끼를 낳고, 출산 이후에도 바로 짝짓기를 한다. 놀라운 정력으로 다산의 황제로 불리며 한의학에서는 임신을 위한 특효약으로 꼽는다.

다시 이동한 곳은 투넬레스Tuneles로 여러 개의 터널이라는 뜻이다. 수만 년 전화산폭발로 흘러내린 마그마가 바다에 이르러 용암지대를 만들었다. 그리고 바닷물에 의한 침식으로 구멍이 뚫리며 서로 연결돼 터널 지대가 되었다. 이곳에서 파란 발을 가진 부비 새Blue Booted Boobies를 만났다. 천치라는 뜻을 가진 얼가니새로 어리어리하고 멍청해 보이나, 금실 좋고 가족 중심적이라 암수가 늘 같이 움직인다.

자전거를 타고 눈물의 벽Wall of Tears으로 간다. 바닷가를 달리던 길은 이내 열대 수림으로 이어졌다. 작은 샛길로 들어가면 이구아나, 호수, 맹그로브 습지를 볼 수 있는 여러 곳의 뷰 포인트가 있다. 햇볕으로 달궈진 바위는 이구아나로 덮였다. 갈라파고스 거북의 집단서식지 안내표지가 보인다. 아니나 다를까, 커다란 거북 두 마리가 도로를 횡단한다.

▲ 파란 발을 가진 부비 새

▲ 도로를 횡단하는 갈라파고스 거북

갈라파고스도 불행했던 과거 역사가 있었다. 1946년, 300명의 죄수와 30명의 간수가 이사벨라 섬으로 들어왔다. 죄수들은 채석장에서 무거운 돌을 날라 수형소를 짓기 시작했다. 그리고 1959년 감옥을 폐쇄하라는 정부 명령에 따라 이곳을 떠났다. 현재 남은 것은 길이 300m, 높이 8m의 장벽으로, '눈물의 벽'이라고 불린다.

콘차 데 페를라Concha de Perla는 이사벨라를 찾은 모든 여행자가 들르는 스노클링 포인트다. 맹그로브 숲길을 따라 바다로 나가는 데크는 바다사자와 이구아나가 점령하고 있어 비켜달라고 사정해야 한다. 몸만 움직이면 돈을 내야 하는 갈라파고스에서 공짜로 스노클을 할 수 있는 곳으로, 여행자에게 인기 만점이다.

▲ 바다사자와 이구아나

▲ 물 속에서 만난 바다사자

갈라파고스 제도의 주도는 산 크리스토발San Cristobal이다. 가장 먼저 사람이 정착했으며, 찰스 다윈이 처음 들렀던 섬이다. 이곳에 있는 티헤레타스 만Bahia Tijeretas은 걸어서 갈 수 있는 유명한 스노클 포인트다. 바다사자, 펭귄, 갈라파고스 거북과 수영할 수 있는 확률 100%다.

인간, 동물, 자연이 공존하는 자연환경이 다음 세대로 계속 이어지길 바라며 갈라파고스를 떠난다. 물 한 잔도 주지 않는 매너 꽝, 서비스 꽝인 타메^{Tame} 항공을 타고 키토로 돌아왔다.

남미의 북쪽 끝, 세계 마약의 70%를 공급했던 마약왕 파블로의 나라

• 콜롬비아 •

안데스 끝자락에 있는 나라, 고산과 평지가 숨 가쁘게 펼쳐진다. 반군과 마약으로 바닥에 떨어진 국가 이미지는 지나간 역사다. 과거를 묻지 마세요. 지금 남미에서 나름 경제적 안정을 이룬다. 마약왕 파블로의 근거지 메데진에 들르고, 카르타헤나에서 자동차를 배에 실어 중미로 간다.

에콰도르 툴칸^{Tulcán} 국경을 통과해 콜롬비아 이피알레스^{Ipiales} 국경으로 들어왔다. 자동차보험을 들라고 하는데, 강제 사항은 아닌 듯하다. 자발적으로 보세구역 안의 호텔 1층에 있는 보험 회사를 찾아 최단 1개월의 자동차보험 SOAT에 가입했다. 국경은 베네수엘라 난민들이 출국심사를 기다리고 있어 밤에도 불구하고 복잡하고 소란스러웠다.

▲ 바실리카 성당

이피알레스에서 일박했다. 안데스 산맥의 기세가 살짝 수그러들어 고도 3,000m를 조금 넘는다. 빨리 고산지대를 벗어나고 싶지만, 아직은 안데스산맥에 발이 묶였다.

모로 강 협곡에는 바실리카 성당^{Santuario de Las Lajas, Guáitara}이 있다. 복고풍의 고딕양식으로 1916년 착공하여 1949년에 축성했다. 강바닥에서 100m 높이로 지었으며, 협곡 양안은 교량으로 연결된다. 성당의 이름인 'Laja'는 평편한 퇴적암 슬라브를 뜻한다.

'왜 돌을 성당의 이름으로 정했을까? 또 왜 외진 협곡에 성당을 지었을까?'

1754년, 인디언 마리아 메네세스^{Maria Meneses}와 딸 로사^{Rosa}는 폭풍을 만나 강가에 있는 커다란 바위 밑으로 대피했다. 그때 농아인 딸이 소리치며 가리키는 곳으로 성모마리아가 발현하는 역사가 일어났다. 그 후 성지가 되어 순례자의 발길이 끊이지 않으며 신비스러운 치유의 기적과 은사가 일어났다.

살렌토^{Salento}로 간다. 안데스 산맥을 넘는 국도는 선형과 종단구배가 매우 불량해 부지런히 달려도 시간당 50㎞가 빠듯하다. 컨테이너 트럭을 추월하면 바로 앞에 또 컨테이너 트럭, 아무리 달려도 거리가 단축되지 않았다. 밤늦게 살렌토에 도착해 숙소에 짐을 풀고 중앙광장으로 갔다. 여행자의 거리는 사람 발길이 제법이고 카페는 백인 젊은이들로 발 디딜 틈이 없다. 광장 중앙에는 살렌토의 상징수인 야자나무가 서 있고 칼을 치켜든 동상은 독립 영웅 시몬 볼리바르다.

다음날 모하비를 타고 협소한 오솔길을 30분여 달려 코코라^{Cocora} 계곡에 도착했다. 계곡의 개울가로 내려서자 멀리 능선 위로 듬성듬성 솟은 야자수가 보인다. 가쁜 숨을 쉬며 올라간 곳은 해발 2,860m, 플레네타 비비모스$^{Pleneta\ Vivimos}$ 농장이다. 마당 벤치에 앉아 간식으로 주린 배를 채우니 그제야 맞은편 산이 눈에 들어온다.

흙길을 따라 하산하자 야자수로 가득 찬 농장이 나왔다. 쭉 뻗은 날렵한 몸매의 야자수는 큰 것이 자그마치 60m에 이른다. 야자수를 보는 것은 하늘을 보는 것이다. 열대와 휴가를 상징하는 야자수는 기대와 여유, 힐링과 만족을 주는 나무다.

살렌토의 상징수, 야자나무

역사학자 W. H. Barreveld는 저서를 통해 "야자수의 열매가 없었다면 과거 덥고 메마른 지역에서 인류는 극히 제한적인 삶을 살았을 것이다."라고 했다. 열대와 아열대기후에서 서식하는 야자수는 성경에 30차례, 코란에는 20여 차례나 쓰였을 만치 인류와 생사고락을 같이 한 나무다.

▲ 보고타 시가지

수도 보고타^{Bogota}로 가는 길은 안데스 산맥에서 뻗은 수많은 정맥을 가로질러 가야 한다. 숨 가쁘게 오르내리고 멀미 나게 돌아가는 길이다. 우리는 길 위에 오토바이가 많아 콜롬비아를 '남미의 베트남'이라고 불렀다. 국도의 통행료가 면제되기에 누구나 오토바이를 선호한다.

▲ 산 후안 보스코 성당

드디어 도착한 보고타. 볼리바르 광장에서는 자원봉사자들이 테러로 사망한 사람을 위한 추모행사를 준비하고 있었다. 콜롬비아는 1958년부터 정부군, 민병대, 좌익 반군 게릴라 사이의 내전으로 22만 명이 사망하고, 700만 명의 피난민이 발생했다.

성당 산 후안 보스코^{San Juan Bosco}는 자색과 흰색의 구운 벽돌로 외장을 치장하여 특이하다. 내부는 대리석을 사용했지만, 기둥과 보의 색상은 외벽과 같다.

콜롬비아에서 제일 유명한 커피 전문점은 자국 브랜드 후안 발데즈 카페Juan Valdez Cafe다. 커피 생산량 세계 3위, 세계 1위의 품질을 자랑하는 콜롬비아에서는 스타벅스의 존재감이 별 볼 일 없다.

▲ 스타벅스가 없는 나라, 후안 발데즈

우뚝 솟은 몬세라테Monserrate 언덕의 정상에는 주말이면 2~3만 명이 방문하는 몬세라테 성당이 있다. 그리고 매표소 근처에 있는 하얀 건물이 시몬 볼리바르의 저택이다. 콜롬비아 정부는 볼리바르 기념관을 국가 중요 사적으로 지정하고 볼리바르의 삶과 업적을 기린다.

▲ 남미 해방가, 시몬 볼리바르 흉상

페르난도 보테로 앵굴로Fernando Botero Angulo 박물관을 찾았다. 보테로는 콜롬비아 출신의 세계적인 화가이자 조각가다. 보테로가 123점의 작품을 국가에 기증하며 제시한 단 하나의 조건은 입장료를 받지 말라는 것이었다. 세상의 모든 만물은 보테로의 손을 거쳐 풍성하고 튼실한 모습으로 변했다. 육감적으로 인물을 묘사한 독특한 화풍은 한때 화단의 혹독한 비난을 받았다.

"네가 화가냐?"

"그게 그림이냐?"

비난 속에서도 보테로는 풍부한 몸매를 가진 사람의 침묵을 통해 콜롬비아인의 고통과 사회적 불평등을 고발했다. 그림을 통해 사회 현상 및 부조리에 대한 비판을 멈추지 않았다. 그의 대표작은 레오나르도 다빈치의 〈모나리자〉를 패러디해 그린 〈뚱뚱한 모나리자〉다. 그 외에도 보테로가 수집한 피카소, 모네, 르누아르, 마티스, 달리 등 유명 화가의 작품이 전시되어 있다.

▲ 보테로 作, 뚱뚱한 모나리자

🚗 엘도라도, 황금을 찾아 떠난 사람들

보고타 황금박물관Museo de Oro, 11개 원주민 부족이 만들어 소장했던 황금 유물 34,000점을 전시하는 세계 최대의 금 박물관이다. 이 중의 압권은 구아타비타 호수에서 발견된 부장품으로 황금으로 만든 뗏목이다. 16세기, 남미에서 전해진 황금 전설은 유럽대륙을 들뜨게 하고 열광시켰다. 그들은 금을 찾아 바다 건너 남미로 향했다.

▲ 황금으로 만든 뗏목

구아타비타Guatavita 호수를 찾아갔다. 엘도라도, 황금을 찾아 나선 사람들의 전설적 이야기가 전해지는 호수다. 원주민 무이스카족에게는 황금으로 만든 세공품이 부와 재물이 아니라, 신을 위한 제례 의식과 부족 지배자를 위한 권위의 상징이고 징표였다. 그들은 신성한 종교의식이나 족장 선임 등의 중요 행사가 있을 때, 호수 가운데로 뗏목을 타고 가 황금으로 만든 장식품을 수장시켰다. 1534년,

에스파냐 정복자는 원주민으로부터 호수에 엄청난 금이 수장되어 있다는 이야기를 듣게 된다. 그는 금이 가득한 곳이라는 의미의 엘도라도^{El Dorado}라 칭한 후 호수 제방을 절개하여 수위를 낮추고, 수장된 황금 부장품을 건져 올렸다.

🚗 너희는 세상의 소금이고 빛이라. 소금 광산에 성당을 만든 사람들

시파키라^{Zipaquirá} 시에 있는 소금 성당, 소금을 채굴하며 노동을 착취당하던 노동자들이 십자가와 성상을 광산 내부에 만든 것에서 유래한다. 1954년, 안전을 이유로 폐쇄한 후, 1991년 건축가, 조각가, 광부가 모여 4년여의 작업을 거쳐 1995년 일반에게 공개했다. 나선형의 계단을 따라 180m 지하로 내려가면 소금 성당이 나온다. 대성당에는 높고 웅장한 지붕과 원형의 기둥, 세례 주는 분수와 미사대가 있다. 물론 소금으로 만든 것이다. 성당은 넓이 8,500㎡, 수용인원 8,000명, 길이 386m의 규모다.

소금광산의 조각상

▲ 황금으로 만든 뗏목

어진 것으로 추정된다.

　지그재그로 설치된 계단을 따라 정상으로 오르니 앞으로 넓은 호수가 펼쳐진다. 1960년대, 댐 건설로 호수가 생겼고, 수백 개의 산봉우리는 졸지에 섬이 됐다. 넓은 호수 위로 점점이 박힌 섬들로 인해 다도해를 연상케 하는 아름다운 풍경을 보인다.

　근처의 작은 마을 구아타페Guatape는 역사유적의 도시가 아니라 주민이 직접 참여한 도심 재생의 대표적인 성공사례다. 밝은 원색의 컬러로 칠한 유치한 외벽, 거칠고 투박한 장식물, 마을 전체가 일사불란하게 조잡하고 허접스럽다 보니 이 또한 자랑이 되고 볼거리가 되어 많은 여행자가 찾는다.

🚗 세계를 뒤흔들었던 마약 전쟁이 일어난 도시, 메데진

▲ 구아타페 마을

▲ 페인트 칠하는 주민들

메데진Medellín은 제2의 도시다. 해발 1,500m의 고원 도시로 안데스 산맥의 끝자락에 걸쳐있다. 메데진이 세계적으로 유명한 것은 바로 이 사람 때문이다. 파블로 에스코바르Pablo Escavar, 그는 누구인가? 전 세계 마약의 70%를 공급한 마약왕이었다. 마약 범죄조직인 메데진 카르텔을 이끌며 정부와 충돌했으며, 1989년의 마약 전쟁은 내전으로 발전하여, 대통령 후보 3명, 법무장관, 검찰총장, 판사 200명, 언론인 등 수많은 사람이 파블로 에스코바르와 메데진 카르텔에 부정적이라는 이유로 살해됐다. 그리고 미국에서 유통되는 마약의 80%를 공급함으로써 미국의 공적이 된 파블로는 미국과 콜롬비아 정부군의 합동 추격전 끝에 1993년 44세 나이로 총에 맞아 숨졌다.

안티오키아 박물관은 메데진 출신인 페르난도 보테로의 회화 92점을 소장하고 있다. 그리고 앞 광장에는 청동 조각상 23점을 상설 전시하여 메데진을 풍성하고 여유로운 예술 도시로 승화시켰다.

▲ 안티오키아 박물관 광장의 보테로 조각상

콜롬비아는 물가상승률이 안정적이고, 치안이 개선되어 관광산업이 괄목하게 성장했다. 또한 2018년에는 OECD 회원국이 되었으며, 적극적인 다자간 자유무역과 외자 투자유치로 지속적인 경제성장을 이어가고 있다.

▲ 안데스 산맥 넘어가는 길

아직도 안데스산맥을 벗어나지 못해 미시령 고개 넘듯 400㎞를 달려 카르타헤나에 도착했다. 카르타헤나Cartagena는 제3의 도시로 1533년 에스파냐 정복자 페드로 데 에레디아에 의해 건설됐다. 남미를 지배한 에스파냐는 페루, 콜롬비아, 에콰도르 등에서 수탈한 금, 은, 귀중품을 카르타헤나를 통해 자국으로 반출했다. 과거와 현재가 공존하는 카르타헤나는 구도심이 과거 식민시대에 머물러 있으며, 신도시에는 고층의 업무용 빌딩이 들어서고 해안을 따라 리조트와 유명 호텔 체인이 즐비하다.

▲ 콜롬비아 한국전쟁 참전 조형물, 거북선

콜롬비아는 한국전쟁 당시의 참전국이다. 파병된 4,314명의 군인은 연천, 김화 등의 격전지 전투에 참여해 213명이 전사하고, 438명이 부상했다. 한국전쟁 참전비를 지나 성곽 게이트를 통해 요새 안으로 가면 노예시장이 열렸던 마차 광장이 나온다. 볼리바르 광장은 전형적인 에스파냐 스타일로 조성됐다. 처음에는 종교재판소 광장으로 불리다가 1896년, 볼리바르 광장으로 명칭을 바꿨다.

볼리바르는 식민시대를 종식한 혁명가이자 해방자다. 남아메리카 통합을 꿈꾼 이상주의자, 권력을 사익을 위해 휘두르지 않은 볼리바르, 조국과 남미를 위한 구국의 신념을 가진 애국자, 부정하지 않고 축재하지 않은 청렴한 인본주의자. 볼리바르의 시신을 검안했던 프랑스 의사는 "볼리바르가 가진 것은 입고 있는 다 떨어진 티셔츠뿐이다."라고 했다.

▲ 시몬 볼리바르 동상

▲ 역대 미스 콜롬비아 포스터

광장 옆의 인도 바닥에는 역대 미스 콜롬비아의 사진이 도배되었다. 베네수엘라와 더불어 미인이 많은 나라로 월드 콘테스트에 입상한 많은 미녀들이 이를 증명한다. 나라를 빛낸 미녀들을 발로 즈려밟고 다녀도 되는지는 모르겠지만….

카르타헤나 시가지

카리브 해안에 축조한 2㎞ 성벽을 중심으로 300여 년의 식민지 건축과 문화유산이 보존되어있다. 건너편 산과 언덕 위에는 두 곳의 역사 유적이 있다. 백색의 중세 수도원 테라스에서는 도심과 카리브 해가 시원하게 조망된다.

🚗 카르타헤나에서 중점을 두어 처리할 일은 모하비를 배로 실어 파나마로 보내는 것이다

알래스카 페어뱅크스로부터 아르헨티나 최남단 우수아이아까지 연결되는 팬아메리칸 하이웨이는 콜롬비아와 파나마 국경에 걸쳐있는 다리엔 갭Darien Gap에서 도로가 끊긴다. 정글, 늪지대, 수로, 반군의 저항, 천문학적 사업비로 인해 도로를 건설하지 못하고 다리엔 국립공원으로 보존되어있다.

콜롬비아의 자동차 해상운송은 영세하고 낙후된 시스템을 가지고 있었다. 소개받은 포워딩 업체는 사장 한 명에 여직원 1명, 아들 등 세 명이 일하는 영세업체다. 다른 한 곳을 더 알아보기로 하고 관세청DIAN의 차량 일시 수출입부서를 직접 찾아가 팀장에게 포워딩 업체를 소개해 달라고 하니, 공무원 신분으로 그런 일을 할 수 없다고 거절했다. 어렵게 한 곳의 업체를 더 찾아내 견적을 의뢰하고 더 이상의 업체는 찾지 않기로 했다. 날도 더웠고 보안을 이유로 철창 밖에서 상담을 진행하거나, 어떤 곳은 약속이 안 되어 있다고 문도 열어주지 않았고, 이메일을 통해 업무를 진행하자는 등 다른 나라의 일반적인 상거래 관행과 많이 달랐다. 두 군데 업체를 통해 견적을 비교한 후 자동차 통관 업체선정을 마쳤다. 포워딩 업체가 결정되고 선적일자도 결정됐으니 가벼운 마음으로 여행을 계속한다.

재래시장에서는 현지인들이 살아가는 일상을 핍진하게 들여다볼 수 있다. 넘쳐나는 인파, 차량의 경적, 가게마다 틀어대는 오디오, 길거리의 소음으로 정신이

나갈 지경이다. 특별한 직업이 있었다. 우리가 붙여준 이름은 도로 횡단 도우미다. 시장 앞의 혼잡한 도로를 건너는 행인을 길 건너편까지 안전하게 안내해 주는 사람이다.

"우리도 한 번 건너보자."

아니나 다를까, 도로 횡단 도우미가 나타났다.

▲ 도로 횡단 도우미

민초들의 생생한 숨소리가 들리는 도시가 카르타헤나다. 신호대기 중인 차 앞으로 달려가 춤을 추는 젊은이는 핸드폰도 사야 하고 애인과 데이트도 해야 하니 나름 돈 쓸 일이 많은 나이다.

▲ 마음씨 좋은 노천카페 주인

낮의 온도는 40도에 가깝고 습도마저 높아 땀을 비 오듯이 흘려야 한다.

노천카페의 여주인은 한국 돈 1,000원짜리 생과일주스를 넘치도록 따라주고 그것도 모자라 리필까지 해 준다.

고층빌딩이 즐비한 앞바다에서는 수십 명의 어부가 그물을 당긴다. 조상 대대로 이어온 전통의 고기잡이는 40층 빌딩이 들어찬 신도시 앞바다에서도 날마다 반복되는 일이다.

▲ 재래식 어업

▲ 랩 단독 공연

백사장에 등장한 랩 가수가 있었다. 무거운 CD기를 목에 건 청년이 리듬에 맞춰 랩을 시작한다. 가수 1명에 관객 1명이다. 갑자기 등장한 젊은 청년의 라이브 공연에 누가 감동 안 하고 누가 지갑을 안 열 수 있을까?

교통신호에 자동차가 정지하면 앞으로 달려가 북과 탬버린을 치는 젊은 여성의 얼굴은 땀으로 범벅이다.

▲ 즐비한 한국산 택시

타국에서 '메이드 인 코리아'를 만나면 가슴이 벅차다. 영업용택시의 50% 이상이 한국산 자동차다. 아버지, 딸, 아들 모두가 도복을 입은 태권도 가족도 만났다.

▲ 태권도 가족

드디어 포워딩 업체로부터 이메일이 도착했다. 자동차 선적을 해야 하니 모하비를 끌고 사무실로 오라는 내용이다. 남미 여행의 대장정을 마쳐야 할 시간이 된 것이다. 다른 대륙으로 가는 설렘과 기대감 못지않게 자동차를 화물선에 홀로 실어 보내는 것은 여러모로 신경 쓰이는 일이다. 카르타헤나에서 파나마 콜론까지 해상수송에 걸리는 기간은 길어야 2일이다. 단거리 항로에도 불구하고 선적 비용은 어느 대륙 간 노선보다 싸지 않았다.

포워딩 회사에 집결하여 푸에르토 바이아Puerto Bahia 항으로 출발했다. 차량 수출입서류를 제출하고 세관 확인을 받았다. 포워딩 회사에서 만들어 준 서류를 가지고 따라만 다니면 되는 일이다. 세관의 반출승인이 떨어진 후 차량 검사를 받았다.

'들었던 것보다 너무 쉽게 가는데…'

그러나 끝난 것이 아니었다.

🚗 콜롬비아만의 특별한 절차, 마약검사 Drug Inspection

이틀에 걸쳐 통관검사를 하는 나라는 처음이다. 이튿날 아침 7시에 다 같이 모여 다시 항구로 갔다. 아널드 슈워제네거의 대역으로 나와도 손색없는 건장한 경찰은 권총을 차고 주변을 압도하며 나타났다.

▲ 다른 나라에는 없는 검사, Drug Inspection

우리는 햇빛 가리개도 없는 땡볕 아래에서 그늘 따라 이리저리 옮겨 다니며 마약 검사가 끝나기를 기다리는 처량한 신세가 됐다.

경찰의 정밀검사가 끝나면 바로 탐색견이 등장해 차량의 내·외부를 쿵쿵거리며 돌아다녔다. 탐색견은 정확히 5분

▲ 귀한 대접 받는 마약 탐색견

근무하고 그늘에서 30분 휴식을 취했다. 개 팔자 상팔자라는 옛 어르신의 말씀은 사실이었다. 오랜 시간 근무를 하면 후각 센서가 제대로 작동하지 않는다 한다.

마지막으로 타이어 밸브를 열어 내부 공기의 냄새를 확인했다. 검사가 완료되자 운전석을 제외한 도어와 루프박스를 봉인했다. 그리고 자동차 키를 인계하는 것으로 자동차 일시 수출에 따르는 통관작업을 완료했다. 아! 너무 복잡하고 지루하다….

카르타헤나 국제공항, 파나마시티로 가는 항공권을 발급받으려면 파나마 출국 티켓을 제시해야 한다. 우리는 파나마 출국 티켓 대신에 콜롬비아 관세청이 발행한 통관서류를 제출했다. 항공사 데스크는 이것으로는 항공권을 발권할 수 없다고 태클을 걸었다. 실랑이로 한 시간여 수속이 지체됐지만, 우리 뜻대로 관철되었다.

중앙아메리카의 관문 파나마로 간다. 그곳에서는 누구를 만나고, 무엇을 보고, 어떤 길을 달려야 할까? 만만치 않다는 치안은 사실일까? 허풍일까? 그들의 문명과 문화, 어떻게 살아왔고 지금의 모습은 어떤지, 새로운 세상과 미지의 나라에 대한 관심을 다시 증폭시켜야 할 시간이 되었다.

• 해상운송 회사 in Columbia

콜롬비아, 카르타헤나에서 차량 해상운송을 핸들링한 포워딩 업체는 Enlace Calibe다. 나름 유럽의 오버랜더들에게 많이 알려진 포워더^{Forwarder}다. 파나마 콜론까지는 길어야 이틀 걸리는 단거리 노선이지만, 선적 비용은 어느 대륙의 노선보다 비싸다. 카리브 해안의 Edificio Laguna 46, 1201호에 사무실을 두고 있으며, 전화번호는 +57(05)644 6022-6446145다.

여행정보

중앙
아메리카
종단

| 내 차로 가는 미국 · 중남미 여행 |

아름다운 카리브해를 건너 중미로

• 파나마 •

파나마 국가탄생의 일등 공신은 미국이다. 파나마운하도 미국이 개통했다. 미라 플로레스에서 운하를 통과하는 컨테이너선을 보았다. 왜 영국 왕실은 해적에게 기사 작위를 수여했을까? 세계 최고의 명품 커피 게이샤를 생산하는 보케테에서 커피의 향과 미에 빠졌다.

파나마는 파나마운하로 대표되는 국가다. 세계 경제질서를 바꾼 파나마운하에 대한 국민의 긍지와 자부심은 대단하다. 1881년 프랑스가 콜롬비아로부터 파나마운하 굴착권을 획득하고 공사를 착수할 당시 파나마는 콜롬비아의 일개 주에 불과했다. 1889년 공법 기술의 문제, 예산확보의 차질, 모기로 인한 말라리아 등으로 공사가 중단되었다. 이후 미국은 프랑스로부터 파나마 굴착허가권을 4,000만 달러에 사들였다. 당시 프랑스가 투자한 사업비가 287,000만 달러였으니 똥값으로 인수한 셈이다. 미국과 프랑스는 사기꾼? 세입자가 집주인 모르게 다른 사람에게 다시 세를 놓는다면 집주인인 임대인은 뭐라고 할까? 콜롬비아 의회는 허가권자의 승인 없이 이루어진 제삼자 간의 굴착권 양도양수를 강력히 규탄하고 허가를 취소했다. 미국의 시름과 고민이 깊어만 갔다.

'이를 어쩐다.'

당시 대통령 시니어스 루즈벨트는 이렇게 말했다.

"얘들아, 무슨 좋은 방법이 없냐?"

🚗 미국의 은밀한 계획, 콜롬비아로부터 파나마 독립

루스벨트 정부는 지역 반군에게 자금과 무기를 지원하여 콜롬비아 정부에 대항하게 했다. 결국 미국과 유럽의 우호적 지원을 받은 파나마는 콜롬비아로부터 1903년 독립했다. 그 이듬해 미국은 파나마운하에 대한 설계, 시공, 관리 운영에 이르는 허가권을 파나마 정부로부터 획득하고 1914년 파나마운하를 개통했다. 그리고 85년간 운영한 후 1999년 파나마 정부에 이양했다.

우버를 타고 미라플로레스Miraflores로 간다. 홍보관에 들러 전시물을 관람하고 4층 테라스로 갔다. 대형 컨테이너선이 운하를 통과하고 있었다. 태평양과 대서양을 잇는 파나마운하의 연장은 80㎞다.

▲ 운하를 통과하는 컨테이너선 ▲ 물을 채우고 비우고, Lock Slot

  운하가 없다면 남미의 최남단 마젤란 해협으로 돌아가는 12,500㎞의 긴 항해를 해야 한다. 운하 통과시간은 선박 규모에 따라 8시간에서 10시간이 소요되나, 만약 돌아간다면 최신형 컨테이너선이 밤낮없이 달려도 15일이 소요된다. 이 거리와 기간을 단축하려고 해수면보다 26m 높은 인공 호수 가툰Gatun을 만들고 운하를 건설했다. 선박이 록 슬롯Lock Slot으로 들어가면 물을 채워 부상시킨다. 그리고 선박을 다음 슬롯Slot으로 이동시켜 다시 들어 올린 후에 가툰 호수로 진입시킨다. 이후 가툰 호수로 진입한 배는 다시 운하로 항해하여 록 슬롯Lock Slot의 물을 빼내어 바다로 내보내는 단순하고 간단한 원리다.

  선박당 통행료는 평균 54,000달러다. 2010년에 백만 번째의 선박 통과를 달성했으니, 통행료 수입만으로도 파나마는 라틴 아메리카에서 제일 잘 사는 나라다.

  그렇게 100년 이상 잘 운영되던 파나마운하는 새로운 변화를 맞이했다. 선박 건조기술이 발달하고 수출 물동량이 증대하며 컨테이너선 규모가 점점 커진 것이다. 파나마운하를 통과할 수 없는 선박이 등장했다. 이에 따라 2007년, 확장공사를 착공했으며, 2016년 7월 26일 확장된 운하가 개통되어 현존하는 모든 컨테이너선이 통과하는 운하가 되었다.

파나마는 운하 빼고는 볼 것 없다고 말하지만, 그렇지 않다. 올드타운에서 꼭 봐야 할 것은 유명한 수평 아치Arco Chato다. 15m 길이의 보는 세계 건축 역사상 유례가 드물다.

▲ 15m의 수평아치, Arco Chato

"지진에도 끄떡없다."

수평 아치는 파나마운하의 건설 타당성을 조사하는 과정에서 지진에 대한 안정성을 증명하는 근거로 인용됐다. 무수한 지진에도 불구하고 수평 아치가 끄떡없이 버티고 있으니 파나마운하에 대한 지진의 영향은 없다고 봐도 될 것이라는 이야기다.

"지진에도 끄떡 있다."

아이로니컬하게도, 아치는 별일 없이 잘 있다가 2003년 저절로 무너졌다. 지금 보이는 것은 전문가의 고증으로 기존 재료를 사용해 복원한 것이다.

뒤편으로 'Pro Esteban Beneficio'에는 파나마운하를 계획하고 건설하는 데 이바지한 사람들의 흉상과 파나마운하의 역사가 대리석에 각인되어있다. 앞에 있는 오벨리스크는 파나마운하 건설공사 중에 사망한 22,000명을 기리는 추모탑이다. 실상은 안전사고보다는 모기를 매개로 한 말라리아에 걸려 사망한 사람이 더 많았다.

🚗 우리 편이면 해적도 좋아! 영국의 기사가 된 해적 헨리 모건

도심에서 약간 떨어진 파나마 비에호Viejo는 1519년 에스파냐에 의해 건설된 옛 파나마다. 1671년, 도시가 파괴되고, 버려지며, 폐허가 됐다.

헨리 모건Henry Morgan은 17세기 후반 카리브 해를 무대로 활동한 해적이다. 영국 왕실은 헨리 모건에게 이렇게 명령했다.

"에스파냐 선단과 그들의 정착지를 공격해서 초토화시켜라."

명을 받들어 모건은 1671년에 대형 선단을 이끌고 파나마 해안에 상륙했다. 그리고 방어 능력이 전혀 없는 비에호와의 불

▲ 파나마 비에호

평등한 싸움에서 승리했다. 그는 보물과 인질을 데리고 떠났으며, 당시 거주민의 반이 죽고 다치며, 병들고 행방불명됐다. 그리고 도시는 역사 속으로 묻혔다. 헨리 모건은 에스파냐의 영토 확장을 막는 첨병 역할을 한 공로를 인정받아 영국 왕실로부터 최하위 훈작사Knight Bachelor의 기사 작위를 받았다. 국가이익을 위해서라면 해적과도 흔쾌히 손을 잡은 영국 왕실을 보면, 자국의 이해득실에 따라 사상, 이념, 노선의 교집합 없이 합종연횡하는 지금의 세계질서와 전혀 다르지 않았다.

제2의 도시 콜론 만사니요Manzanillo 항으로 모하비가 도착했다. 통관 수속을 대행하는 Ever Logistics Inc를 찾아가니 선하증권Bill of Lading이 선사로부터 아직 발급되지 않았다. 가까운 거리를 항해하다 보니 토·일요일이 겹치면 그럴 수도 있겠다 싶다.

카리브해를 건너온 모하비

🚗 전 세계의 바리스타와 커피 마니아가 최고로 꼽는 커피 산지

만사니요Manzanillo 항구 야적장의 철망 사이로 카리브 해를 건너온 모하비가 보인다. 잠시의 생이별 끝에 만난 모하비에 올라 명품 커피의 본산 보케테Boquete로 간다. 1780년, 커피를 재배하기 시작한 보케테는 전 세계 바리스타와 커피 마니아가 최고로 꼽는 커피 산지다. 해발 1,700m에 위치한 커피농장으로 가려면 마을 뒷길로 나 있는 산길을 따라 한참을 올라야 한다.

가이드의 안내를 받아 올라간 급경사의 산에 야생 커피나무가 자란다. 농장에서 생산하는 게이샤Geisha는 바리스타들이 꼽은 세계 제일의 커피로 인정받고 있으며, 한국에도 수입된다.

▲ 명품 커피의 본산 보케테

녹색의 초원과 밀림, 화산, 커피,
에코 투어의 낙원

코스타리카

서쪽으로는 태평양, 동쪽으로는 카리브 해에 접한 나라, 국토의 25%가 국립공원과 보호구역, 인구
저밀도의 쾌적한 자연과 생활환경, 미국의 은퇴 이민자들이 최고로 선호한다. 100개가 넘는 화산
을 가진 불의 나라, 영화 〈쥬라기 공원〉의 주요 로케이션 역시 코스타리카다.

파나마를 떠나 코스타리카로 간다. 유라시아 끝으로 아프리카가 지척에 있었고 동부아프리카를 마치고 내친김에 서부아프리카로 올라가 아프리카를 일주했다. 바다 건너 남미대륙으로 들어서니 북쪽 끝의 알래스카를 향하는 것은 피할 수 없는 숙명의 길이 되었다.

▲ 파나마 코스타리카 국경

파나마와 코스타리카 국경에 도착했다. 국경은 어느 나라나 혼잡하다. 입국스탬프를 받고 보험회사로 이동했다. 코스타리카는 자동차보험 의무 가입국이다. 3개월 기한의 가입금액은 미화 약 50불이다. 세관원은 영어를 못했고, 우리는 스페인어를 몰랐다. 상호 의사가 통하지 않을 때의 반응은 여러 형태로 나타난다.

🚗 세관원은 드물게도 짜증스럽고 신경질적으로 반응했다

이런 경우에는 세관검사가 더욱 까다롭게 마련이다. 사람이 하는 일이기에 그렇다. 가방 조사Baggage Inspection을 받으며 온갖 물품에 대해 트집을 받는 통에 적지 않게 실랑이를 벌였다. 특히 반조리식품인 육개장과 닭곰탕 등을 사수하기 위해 필사적으로 저항했다. 별났던 것은 주식인 쌀까지 압수하려 한 것이다. 사정사정하여 감자, 양파, 쌀 등 일부를 뺏기고 압수 물품 확인서에 사인했다. 그리고 검역장으로 이동해 차량 외부의 방역소독을 마쳤다.

코스타리카는 국토면적 25%가 국립공원으로 지정된 숲의 나라다. 코르코바도Corcovado는 코스타리카에서 가장 다양한 생물이 사는 국립공원이다. 40㎞의 불

▲ 코아티

▲ 코스타리카 국조 투칸

▲ 카푸친 원숭이

량한 비포장을 달리며, 괜히 들어왔다고 엄청 후회했다. 코르코바도의 열대우림이 잘 보존되는 것은 단연 접근성의 불편함이다. 역설적으로 말하면, 사람들이 많이 찾지 않아야 자연이 잘 살아간다.

많은 여행자가 가이드 없이 숲을 방문하고 본 것도 없이 돌아 나왔다. 여행의 진실이란 돈을 들이면 만사가 편해지고 '여행의 품질'이 높아지는 것이다. 물론 우리도 가이드가 없었지만 어떻게 하면 제대로 볼 수 있는지를 오랜 여행을 통해 몸소 체득했다. 그 비결은 가이드가 인솔하는 팀을 일정 거리를 두고 따라가는 것이다.

가족 단위로 움직이는 코아티는 땅속의 곤충을 잡아먹는 먹이 습성이 있다. 넓은 땅을 들쑤셔 놓는 것은 바로 이 녀석들이다. 375종의 다양한 조류가 서식하는 공원에는 울긋불긋한 색상을 가진 아름다운 새가 많았다. 처음 만난 새는 마코 Macaw로 암수 일체로 움직이는 금실 좋은 조류다.

코스타리카 국조인 투칸Toucan은 아주 귀하지만 많이 보였다. 카푸친 원숭이는 사람을 원숭이로 아는지 피하지도 않았다.

주차장으로 돌아오니 한국에서 원어민 교사를 했다는 미국인 청년과 네덜란드 여성이 4시간째 우리를 기다리고 있었다. 시내로 나가는 교통편이 없어서 휴대전화도 안 터지는 이곳에서 우리가 오기를 목 빠지게 기다린 것이다. 그들을 태우고 시내로 돌아왔다. 차비를 주려 하길래 괜찮다 하니 앞으로 한국 사람 만나면 도와줄 일을 찾겠다고 한다.

🚗 사소한 도움이 상대에게는 잊히지 않는 은혜가 되는 법이다

배후도시 푸에르토 히메네스Puerto Jimenez의 게스트하우스 사장은 코스타리카에 28년째 사는 미국인이다. 참고로 미국인이 은퇴 후 살기 원하는 나라 1위가 코스타리카이다. 사장은 우리 국적을 묻고 나더니 자신의 첫 번째 부인이 한국인이었다고 한다. "참 좋은 여자였어."라고 하길래 "좋은 추억만 기억해라."라고 말해주었다. 그리고 물어보고 싶은 말이 있었는데, 입이 떨어지지 않았다.

'지금 부인은 몇 번째니?'

다음에 찾은 마뉴엘 안토니오Manual Antonio 국립공원은 태평양 연안에 위치한다. 자연 생태계, 하이킹 트레일, 아름다운 해변이 있는 안토니오에는 109종의 동물과 184종의 조류가 관찰된다. 얼마나 많은 동물을 만날 수 있을까? 그냥 들어갈까 하다 유료로 진

▲ 마뉴엘 안토니오 국립공원

행되는 영어 가이드에 참여했다.

▲ 탐방객이 엄청 많은 국립공원   ▲ 나무늘보

이구아나는 여러 곳에서 목격된다. 주변 환경에 매우 둔감한 동물로 사람의 시선과 소음에 무감각했다. 게으르고 무기력한 사람을 나무늘보Sloths라고 말한다. 저배속의 슬로비디오 모션을 보는 듯 움직인다. 하루의 이동 거리가 200m에 불과하다고 하니, 느려 터지게 사는 동물이다. 그리고 왜 그렇게 거꾸로 매달려 세상을 뒤집어 보는지 모를 일이다.

산책로의 데크 아래에서 파충류를 보았다. 맹독을 가진 독사로 보호색을 띠어 주위와 구분되지 않았다. "저기다 저기!" 가이드가 동물과 조류를 찾아내 자세한 설명을 들려준다. 울창한 산림에서 여행자들이 무엇인가를 발견해 내는 것은 거의 불가능한 일이다.

▲ 가이드 도움 없이는 동물을 찾기 힘들다.

공원에는 특별하게도 4곳의 해변이 있다. 태평양의 하얀 백사장과 아름다운 경치는 또 다른 즐거움이다. 백사장으로 한 무리의 원숭이들이 나타났다. 하얀 머리털을 가진 카푸친 원숭이가 나뭇가지에 걸어둔 여행자 가방을 뒤지며 먹을 것을 찾는다.

▲ 공원 안의 해변

'사람이 많으면 자연은 망가진다.'

피크일 기준으로 일일 4,000명에서 5,000명의 방문자가 공원을 찾아온다. 이렇게 많은 사람으로 북적이는 국립공원은 전 세계적으로 보기 힘들다. 주변 환경에 민감한 동물은 높은 나무로 올라갔고, 사람 없는 산속으로 깊숙이 들어갔다. 코스타리카 정부는 공원에 근접해 있는 상업지구를 없애고, 방문객의 입장을 제한

▲ 물 반, 악어 반

해야 한다. 국립공원의 온전한 보존만이 국민의 행복한 미래와 지구환경을 지킬 수 있기에 그렇다. 자연의 질서가 허물어지면 수십, 수백 배의 노력과 기간이 필요하다.

길을 재촉하던 중 사람들이 모인 것을 보고 차를 세웠다. 리오그란데 타르콜레스Rio Grande de Tárcoles 강에 악어가 집단으로 서식하고 있는데, 과장되게 말하면 물 반 악어 반이다.

그리고 도착한 수도 산 호세$^{San\ José}$는 인구 40만 명이 안 되는 작은 수도다.

🚗 한복을 곱게 차려입은 김대건 안드레아 신부님을 만났다

먼저 들른 곳은 자비의 성모마리아 성당 Iglesia Nuestra Señora de La Merced으로, 김대건 안드레아 신부님의 동상이 있다. 저녁 미사가 끝나기를 기다려 한복을 곱게 차려입은 김대건 안드레아 신부님을 만났다. "신부님, 어찌하여 이곳에 계십니까?"

▲ 김대건 안드레아 신부

▲ 라파즈 폭포 가든의 마스코트

라파즈 폭포 가든$^{Lapaz\ Waterfall\ Gardens}$ 은 산 호세 근교에 있는 자연 테마파크로, 2000년에 개장한 개인 소유의 친환경 가든이다. 울창한 산림 사이로 라파즈 강이 흐르고, 수계를 따라 5개 폭포가 시원한 물줄기를 쏟는다. 나뭇잎 개구리^{Leaf} ^{Frog}는 만화영화나 캐릭터의 이미지로 나옴 직한 모습의 개구리로, 한 명의 전담 사육사가 있을 만치 귀한 대접을 받으며 인기를 누린다.

운무가 숲 위로 자욱하게 내려앉고 촉촉한 숲으로는 세찬 비가 내렸다. 숲길 사이의 데크와 난간으로 이끼가 가득 핀 것은 숲이 방문자들의 호흡과 체온을 버텨낼 건강한 힘을 지닌 것이다.

▲ 이끼가 잔뜩 피어난 숲길

북으로 40㎞ 떨어진 포아스 국립공원Poás Volcano으로 간다. 코스타리카는 화산 활동이 심한 나라다. 100개가 넘는 화산이 있으며, 활화산은 5개다. 포아스 화산은 2017년 4월 14일 최대로 분출했다. 화산에 올라가니 구름이 짙어 칼데라가 보이지 않았다. 두껍게 깔린 구름이 살짝 걷히며 분화구가 잠시 그 모습을 드러냈다. 중앙으로 작은 호수가 있고 고원은 분출된 용암과 철분으로 다채로운 색상의 지형을 보였다.

중미는 커피벨트 지역이다. 파나마, 코스타리카, 니카라과, 온두라스, 과테말라, 벨리즈, 멕시코를 잇는 7개국이다. 'Doka Estate Costa Rica Gourmet Coffee'를 찾았다. 무료 커피 시음대에 들르면, 하우스커피 등 농장에서 생산된 원두로 만든 여러 종류의 커피를 시음할 수 있다.

▲ 커피 나무

▲ 몬테 베르데 운무림

아메리카 대륙에서 가장 잘 보존되는 운무림Cloud Forest 지구, 몬테 베르데Monte Verde로 가는 길은 멀고도 험하다. 숲이 필요로 하는 수분이 비에 의해 공급되는 것이 아니라 구름에 의해 성장하고 보존되는 산림지역이다. 몬테 베르데 왼쪽으로 비가 내리면 태평양, 오른쪽은 대서양으로 흘러간다.

내셔널 지오그래픽은 몬테 베르데를 운무림의 보존에 있어 보석과 같은 곳이라고 칭송했다. 『뉴스위크』지는 '사라지기 전에 기억해 둬야 할 곳 14선'의 하나로 선정했다. 몬테 베르데에는 늘 안개가 끼고, 습기가 차고, 바람이 분다. 연평균 강수량은 3,000㎜이고 습도는 74에서 97%에 이르니 서늘함을 넘어 찬 기운이 온몸을 휘감는다.

▲ 운무림

라 포르투나La fortna는 온천과 엔터테인먼트의 메카로 자연과 연계된 액티비티로 연중 관광객이 찾는다.

아레날 활화산Arenal Volcano은 7,500년이 지나지 않은 젊은 화산이다. 1968년의 화산폭발로 작은 마을 타바콘Tabacón이 파괴됐다. 그리고 화산의 뜨거운 열기에 데워진 시냇물이 흐르는 온천마을로 다시 태어났다.

▲ 타바콘 온천

십여 개의 크고 작은 온천탕이 계곡을 따라 각기 다른 유형으로 만들어져 이곳저곳으로 옮겨 다니며 온천욕을 할 수 있으며, 저녁에는 뷔페가 제공되어 하루를 편하게 쉬었다 갈 수 있다.

남미와 중미의 여행지는 화산지대와 무관하지 않다. 화산폭발이라는 자연재해를 통해 생겨난 분화구, 칼데라 호수, 온천, 특별한 지형과 자연환경은 중요한 관광자산이 되었다.

저렴한 여행경비로
지갑 얇은 여행자를 만족시키는

• 니카라과 •

태평양에서 서핑보드를 배우자. 레온, 그라나다는 중미의 보석과 같다. 시가와 초콜릿의 나라. 미국에 아부하고 정권을 유지한 금세기 최악의 독재자 소모사. "소모사는 개새끼다. 그러나 우리 개새끼다." 당시 미국 대통령 루스벨트가 말했다.

니카라과 국경, 뻬냐스 블랑카

코스타리카와 니카라과 국경은 뻬냐스 블랑카Peñas Blancas다. 입국 신고를 하고 여권을 제출했다. 이민국 직원은 여권을 한참 보더니 다른 사무실로 가 버렸다.

"이건 또 뭐지?"

한국 여권을 별로 접해 보지 않아 윗사람에게 물어보러 간 것으로 보였다. 입국스탬프를 찍고 세관으로 간다. 자동차 물품을 모두 밖으로 내놓고 뒤지다시피 엄격하고 철저하게 검사하고, 경찰 검사도 별도로 추가됐다. 니카라과는 자동차보험 의무가입국으로 한 달 만기 보험에 가입했다. 오랜 실랑이 끝에 통관을 마치고 니카라과로 입국했다.

도시 산 후안 델 수르San Juan del Sur, 엄청난 수의 바다거북들이 산란하려고 모여드는 아리바다는 죽기 전에 꼭 봐야 할 자연 절경이다. 도시에서 멀지 않은 곳에 최대 십오만 마리의 바다 거북이가 백사장으로 올라와 산란하는 곳으로 유명한 라 플로르La Flor 해변이 있다.

▲ 나카스꼴로 만

나카스꼴로 만Nacascolo Bay은 초보자가 서핑 보드를 배울 수 있는 해변으로 유명하다. 인근의 호텔과 게스트하우스를 중심으로 다양한 보드 스쿨이 개설되어 입문자들이 즐겨 찾는다.

니카라과 제일의 관광 스폿인 섬 오메테페Ometepe를 가기 위해 산 호세San Jorge 선착장으로 갔다. 오메테페는 니카라과 호수 안의 섬이다. 많은 여행자가 찾을 것으로 예상했지만 보이지 않았다.

🚗 정치 불안과 서방과의 관계 악화로 미국, 유럽 여행자들이 니카라과 여행을 기피한다

원주민의 언어로 오메는 둘이고 테페는 섬이다. 두 개의 산은 콘셉시온과 마데라스로, 둘 다 화산이다. 섬에 도착하여 예약한 숙소로 가려면 비행장 활주로를 달려야 한다. 비행기의 이착륙이 있으면 차량이 통제되는데 최근 여행객이 줄어 운항이 중단됐다. 세상에서 제일 멋진 비행장이다. 콘셉시온 화산에서 분출하는 하얀 연기를 보며 이착륙하는 승객의 기분은 상상 그 이상일 것이다.

▲ 오메테페 비행장

콘셉시온을 등정하기로 했다. 아침 6시 30분 픽업하러 온 삼륜차 뚝뚝이를 타고 가이드를 만나 산 입구로 갔다. 해발 1,610m로 왕복 8시간이 걸리는 산행이다. 공원 관리사무소에서 입산 명부에 이름을 기재하며 보니 산을 오르는 사람이 가이드 빼고 단 2명이다.

"이렇게 사람이 없을 수 있을까?"

콘셉시온은 높이에 따라 세 지형으로 구분된다. 초입은 하늘이 보이지 않는 울창한 산림지대다. 중간은 낮은 관목 구간, 마지막은 화산암으로 덮인 험한 암반이다.

▲ 오메테페 등정

화산 콘셉시온은 늘 구름을 뒤집어쓴다. 가이드 말로는 연중 300일은 구름에 덮여있다고 한다. 등산은 만만치 않았다. 정상이 얼마나 남았냐고 계속 물어보는 것은 지쳤다는 것이다. 마지막 구간은 딱히 정해진 등산로도 없었다. 마그마가 흘러 굳은 급한 돌산을 땀깨나 흘리며 올라가야 했다. 마그마가 분출해 생긴 지형 위로 화산재와 잔해가 덮였고, 돌에는 푸른 이끼가 피었다. 모든 체력이 소진되도록 오른 정상, 가스 냄새가 코를 찌르는데, 분화구는 구름에 가려 보이지 않는다. 더 이상 올라갈 곳이 없다는 이유만으로도 정상을 볼 수 없는 것이 용서된다. 정치적으로 안정된 시절에는 매일 평균 200명이 산을 올랐다. 섬에는 가이드로 먹고사는 사람이 백여 명이 되는데 여행자가 오지 않아 다들 힘들게 살고 있다고 하소연한다.

니카라과에 도대체 무슨 일이 생긴 것일까? 정부는 연금 재정부실을 이유로 연금개혁안을 추진했다. 반발하여 시작된 시위는 대통령 퇴진, 조기 대선, 민주화를 요구하는 반정부 투쟁으로 확대되었다. 또 미국과 서방은 니카라과, 베네수엘라, 쿠바를 사회주의 3대 앞잡이로 규정하고 강력한 경제제재를 가한다. 또 자국민의 여행을 자제시킴으로 인해 외국인 여행자를 상대로 생계를 이어가는 사람들의 시름과 걱정은 깊어갔다. 부모님과 아내, 딸과 아들이 있다는 가이드의 축 처진 어깨가 유난히 무겁다.

▲ 살토 산 라몬, 실루엣 폭포

또 다른 볼거리는 살토 산 라몬Salto San Ramón이다. 마데라스 화산의 중간 기슭에 있는 폭포로, 오프로드를 통해서만 올라간다. 폭포수가 나비처럼 날아서 떨어지는 것을 보고 우리는 '실루엣 폭포'와 '나비 폭포'라는 두 개의 이름을 지어주었다. 오호 데 아구아Ojo de Agua는 섬에서 수영하고 물놀이할 수 있는 유일한 곳으로, 맑고 깨끗한 천연 수영장이다.

니카라과는 저렴한 물가로 여행자를 행복하게 한다. 슈퍼마켓에 들러 식자재와 식료품을 샀다. 섬에서 물품을 사서 육지로 나가는 것도 처음이다.

카페리에 차를 싣고 오메테페를 떠나 몸바쵸Mombacho 화산으로 간다. 사륜구동 차량은 별도의 입장료를 지불하고 직접 올라갈 수 있다. 전용트럭을 타고 가나 자동차로 오르나 별 차이가 없도록 귀신같이 금액을 책정했다. 다음으로 카타리

▲ 섬과 육지를 오가는 카페리

▲ 마사야 화산

나Catarina 전망대를 오르니 아포요Apoyo 호수가 조망된다. 원뿔 모양으로 생긴 호수는 야구장 필드를 빼닮았다. 수심 200m 해저 단면도 야구장을 세워 놓은 모습이라고 한다.

'걷기 싫어하는 분도 OK', 니카라과에서 가장 선호되는 여행지는 마사야Masaya 화산이다. 잘 닦인 구내도로를 달려 주차장에 차를 세우면 바로 그곳이 마사야 화산의 분화구다. 차에서 내리자 크레타 위로 가스가 올라오고 유황 냄새가 코를 자극하며, 분화구 안에서는 마그마가 시뻘겋게 불타고 끓는다. 옆에 있는 닌디리 Nindiri 화산은 활동을 멈춘 사화산이다. 크레타를 둘러싼 능선이 온전히 남아있어 산책하듯 주변을 둘러볼 수 있다.

에스파냐가 중앙아메리카에 세운 가장 오랜 식민도시 그라나다로 간다.

🚗 고색창연한 중앙아메리카의 보석, 그라나다

1524년 건설된 그라나다. 아름다운 중세 건축물이 많아 '중앙아메리카의 보석'이라는 별명을 얻었다. 대성당의 종탑을 오르면 녹음이 우거진 중앙광장이 인상적이고, 자색 지붕으로 덮인 시가지가 푸근하게 다가온다.

메르세드 성당Igresia de La Merced 은 1539년에 축성되었으며, 500년이 된 지금까지 미사가 집전된다. 살테바 성당Iglesia de Xalteva 앞의 대로를 경계로 왼편은 원주민과 인디오, 오른쪽은 에스파냐인이 모였던 공원이 있다. 인디오가 도로를 건너 백인의

▲ 500년 된 성당 메르세드

영역으로 다가오면 백인들이 총을 쏴
댔다. 침략자인 에스파냐인의 불안한
마음은 "때린 놈은 다리를 못 뻗고 자
도, 맞은 놈은 다릴 뻗고 잔다."라는 우
리 속담 그대로다.

▲ 그라나다 시가지

초콜릿 박물관을 찾았다. 달콤한 코
코아 맛의 비밀을 발견한 민족은 기원
전 2000년경 마야Maya였다. 그들은 신분에 상관없이 초콜릿 마시기를 즐겼다. 마
야 왕과 성직자, 부유층들은 예술가가 만든 화려하게 장식된 자기에 초콜릿을 담
아 마셨다. 마야는 일찍이 카카오로 초콜릿을 만드는 다섯 가지 공정을 발견했
다. '① 발효, ② 건조, ③ 로스팅, ④ 껍질 까기, ⑤ 그라인딩 작업'이 그것으로,
지금의 제조 방식과 거의 흡사하다.

기원후 250년 이후에 융성하게 발전
한 마야 문명은 850년경 급격한 기후
변화와 내부 반란으로 멸망하고, 아즈
텍Aztec 문명으로 역사를 넘겼다. 아즈
텍 문명 또한 수천 킬로 떨어진 과테말
라로부터 나무 등짐을 지고 운반해 온
카카오로 초콜릿을 만들었다.

▲ 시가와 초콜릿 박물관

니카라과의 또 다른 자랑은 시가Ciga다. 세계에서 가장 품질 좋은 시가는 니카
라과, 도미니카공화국, 쿠바 산이고, 그 중의 제일은 니카라과다. 일일이 수작업
을 거쳐 한 장의 잎으로 싸서 만드는 니카라과 시가는 국제 시장에서 현지 가격
의 3~4배에 팔릴 만큼 해외 애호가들이 선호한다.

▲ 모모톰보 화산

인근의 레온 비에호Leon Viejo는 1524년 에스파냐 정복자 코르도바 도가 건설한 도시다. 1605년에서 1606년까지 인근 모모톰보Momotombo 화산의 활발한 활동으로 지반 떨림이 계속 이어졌다. 금광이 폐쇄되고, 무역이 침체되며, 원주민이 이주하고, 도시는 쇠락의 길을 걸었다. 레온 비에호는 86년간 존속한 후, 1610년 역사 속으로 사라진 죽음의 도시다. 현재 복원공사가 한창인데, 그 기술이 썩 좋지 않았다. "복원은 과거를 찾는 일이다. 고로 잘못하면 과거를 망치는 일이다."라는 말을 꼭 해 주고 싶었다.

레온Leon은 새롭게 건설된 도시다. 레온 대성당은 사자상으로 유명하다. 교회 내부의 하얀색은 순결을 상징한다. 제대 우측에 레온 출신인 국민시인 루벤 다리오Rubén Darío의 시신을 안치했다. 근엄한 모습의 사자상이 루벤 다리오 묘소를 끌어안고 있다.

▲ 루벤 다리오와 사자상

▲ 시민 혁명 기념관

1820년을 전후로 독립한 중미 국가는 장기집권에 따른 독재와 부정부패, 경제 침체, 내전으로 힘든 시절을 보냈다. 니카라과 역시 예외가 아니었다. 혁명 기념관은 세계 최악의 악질적인 독재자 소모사 패밀리^{Somoza Family}의 압제에 항거한 시민혁명의 배경과 과정을 전시한 기념관이다.

소모사 가르시아는 1937년 대통령에 올라 장기집권과 독재를 이어가던 중, 1956년에 암살됐다. 그것이 끝이 아니다. 장남과 동생이 차례로 정권을 잡아 1979년까지 무려 43년 동안 소모사 패밀리에 의한 세습 집권과 독재가 이루어졌다.

🚗 그 개새끼가 내 개새끼라고! 소모사 가문과 미국의 밀월 관계

당시 미국 대통령 루스벨트는 이런 명언을 남겼다.

"소모사는 'Son of Bitch'다. 그러나 '우리 개새끼'다."

역사로부터 아무것도 배우지 못하면 그 역사를 되풀이할 수밖에 없다. 니카라과는 20년 가까이 집권하는 현 대통령 다니엘 오르테가^{Daniel Ortega}에 대한 퇴진과 대선을 요구하는 시위로 다시 몸살을 앓는다. 인간의 욕심은 한도 끝도 없고, 똑같은 실수를 반복한다. 백성을 주인으로

▲ 엘 파사울 국경

섬기는 진정한 주군이 등장하길 바라며 니카라과 엘 과사울^{El Guasaule} 국경으로 향했다.

컨테이너 트럭이 많이 보이면 국경에 다 온 것이다. 출국 확인을 받고 세관으로 이동해 자동차 통관검사를 받았다. 대부분의 국가는 입국은 '까다롭게', 그리고

출국은 '설렁설렁'이지만, 니카라과는 입국과 출국이 일편단심 깐깐했다. 차량에 실린 소지품을 내려 X-ray 투시기로 검색했다. 이번에는 경찰관이 탐색견을 데리고 나타났다. "이건 뭐지?" 경찰은 모하비를 차량 검색대로 옮겨 정밀검색을 하겠다고 한다. "너, 지금 뭐 하자는 거냐?"라고 성질부리려다 짐짓 참은 것은 가만있는 것보다 더 큰 불이익과 보복을 받기 때문이다. 경찰관은 서류를 가지고 어디론가 사라졌다 한참 만에 돌아오더니 그냥 가라고 한다. 공무원이 많으면 밥값 하겠다고 여행자의 갈 길을 막는 일이 종종 일어난다.

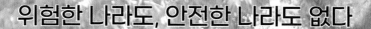

위험한 나라도, 안전한 나라도 없다

· 온두라스 ·

친절한 국경사무소 직원들, 치안이 불안하다 하지만 피부로 느끼기 힘들다. 온두라스가 세계 1·2등을 내놓지 않는 것은 살인율, 온두라스 난민들의 아메리칸드림을 향한 캐러밴 행렬은 현재 진행형이다. 친절한 사람들의 미소와 환대, 그리고 코판 유적에 들렀다.

온두라스 국경사무소에서는 세관 부소장의 친절한 도움으로 통관 수속을 신속하게 마쳤다. 수도 테구시갈파Tegucigalpa로 가는 길은 도로 상태가 좋았다. 그러나 수도를 15㎞ 남겨둔 곳에서 버스가 사고를 일으켜 2시간여 지체와 정체를 반복했다.

▲ 온두라스 국경 세관

밤늦게 도착한 게스트 하우스Casa Zzur에서는 상갓집에 다녀오는 주인 가족을 우리가 맞이했다. 모하비를 실내에 주차시켜 달라고 하니 주인이 "이곳은 안전하다."라고 한다. 곤혹스러운 것은 불가피하게 방문국을 치안이 부재하고 도둑이 넘치는 나라로 매도해야 할 때다. 많은 여행자가 온두라스는 위험한 나라라고 말한다, 하지만 우리가 내린 결론은, 위험한 나라도 없고 안전한 나라도 없다는 것이다.

온두라스가 세계에서 우수한 성적을 내는 분야가 있다. 살인율 높은 위험한 국가 베스트10에서 최상위를 놓친 적이 없다. 오랜 내전으로 많은 총포류가 유출됐고, 마약에 연루된 조직범죄가 기승을 부리기에 가능한 일이다.

▲ 테구시갈파

시내 여행을 나섰다. 중앙광장에 있는 산 미구엘 성당Catedral de San Miguel에 들렀다. 말을 탄 장군 동상은 프란시스코 모라산Francisco Morazán이다. 중앙아메리카 연방공화국은 1823년부터 1841년까지 실제로 존재한 연합국가다. 온두라스도 그중의 한 구성원이었고 모라산은 제2대 대통령이었다. 지역주의와 이념분쟁으로 시끄럽던 중앙아메리카 연방공

▲ 모라산 동상과 지폐

화국은 결국 해체되고 모라산은 1842년에 총살당했다. 중미를 통합하고자 한 모라산의 꿈과 이상은 실패로 끝났다. 그렇지만 모라산에 대한 후대의 평가는 나쁘지 않다.

수도 테구시갈파를 떠나 410㎞ 떨어진 누에바 에스페란자Nueva Esperanza로 간다. 온두라스를 대표하는 관광지는 코판 유적Copán Ruinas이다. 기원전 725년대 건설한 코판 왕조의 중심도시로 마야 문명이 남긴 3대 유적지의 한 곳이다. 기원후 10세기 이후 점차 쇠퇴해 멸망에 이른 마야 문명은 천년의 세월이 지났어도 건축물의 아름다움, 섬세한 인물 조각상, 석조 건축물의 규모는 놀랍기만 하다.

▲ 코판 유적

▲ 상형문자 계단

대표적인 유적은 상형문자 계단^{Hieroglyphic Stairway}으로 1999년부터 장기 보존대책을 수립하여 복원하는 최고 걸작이다. 계단에 새겨진 정교한 카빙과 상형문자는 코판 왕조의 찬란한 문화유산이다. 62개 계단에서 2,000여 개의 상형문자를 발견했지만, 아직 해독에 이르지 못했다.

거대 도시의 건설은 강력한 중앙집권 왕조에 의해 이루어진 것이다. 로열패밀리들의 거주지^{Royal Residence}에서는 25개 건물이 발굴됐다. 이곳을 'Cemetery묘지'로 표기하는데 인근에서 분묘 흔적이 발견되지 않은 사실로 미루어 사람이 죽으면 살던 곳에 안치했다고 역사학자는 말한다. 광장 중심인 'Great Plaza'는 동서로 연결되는 대로를 통해 왕궁과 광장을 연결했다. 광장은 최대 6,000명의 사람이 모여 의식과 행사를 치르던 건축 콤플렉스였다. 공원 입구에는 이런 안내판이 있다.

'일본에 감사한다.'

웬? 코판의 유적발굴을 위해 자본과 기술을 지원한 나라가 일본이다. 2001년 협약을 체결하고, 8,200만 달러의 재정 지원과 복원기술자를 투입했다. 하지만 세상에 공짜는 없다. 일본이 코판 문화재 복원사업을 통해 온두라스로부터 얻을 수 있는 미래 수익의 가치는 얼마나 될까?

길거리 풍경이 제일 살벌한 나라

· 엘살바도르 ·

친절한 세관 직원들로 인해 첫인상이 굿이다. 평시 상태의 국가 중 가장 치안이 나쁜 나라, 하지만 대사관에 따르면 갱단은 외국인이나 여행자를 상대로 한 범죄를 저지르지 않는다고 하니 공연히 기죽지 말자. 국제사회에서 한국 입장을 적극적으로 찬성하는 단독 수교국이다.

엘살바도르 국경은 엘 포이$^{El\ Poy}$다. 통관서류는 영어가 병기되지 않은 스페인어다. 구글 번역기를 돌려가며 힘들게 적는 것을 본 세관 직원이 우리가 애처롭게 보였는지 친절하게 대신 작성해줬다.

넓은 국토를 가진 나라를 꽤나 부러워했는데, 오랜만에 우리보다 작은 나라로 들어왔다. 1821년 독립한 엘살바도르는 쿠데타로 인한 잦은 정권교체, 군부의 정치개입, 경제 실정, 농민 봉기, 지역과 계층 간의 갈등과 분열로 내전이 빈번하게 일어나는 등 정치사회 구조가 불안정하다. 그 결과 전쟁 중인 나라를 제외한 평시 상태의 국가 중에 가장 치안이 불안한 나라라는 오명을 쓰고 있다.

로사리오 성당$^{Iglesia\ de\ Rosario}$으로 간다. 외관은 노출 콘크리트로 볼품이 없지만, 안으로 들어가면 수백 개의 유리창에 그려진 화려한 스테인드글라스를 만난다.

남미와 중미 국가는 두 축의 지도층을 가진다. 하나는 대통령, 다

▲ 로사리오 성당

른 하나는 종교지도자다. 절대다수의 국민이 같은 종교를 믿어 어느 정권이든 종교계의 지지와 성원 없이는 국가를 통치하기 어렵다. 그리고 일부 종교지도자는 쿠데타를 암묵적으로 용인하고 독재 정부의 인권유린을 묵인하는 등, 핍박과 박해를 받는 민중을 멀리하는 세속화된 모습을 보였다.

엘살바도르 국민은 2019년 약관 37세의 야당 후보 나입 부켈레$^{Nayib\ Bukele}$를 대통령으로 선출했다. "왜 부켈레를 뽑았을까?" 안토니오 사카 전 대통령은 횡령과 돈세탁, 불법단체와의 연루 등 부정부패 혐의로 징역 10년 형을 선고받고 구속

됐다. 또 마우라시오 푸네스 전 대통령은
부정부패 의혹으로 수사를 받자 가족과
함께 니카라과로 망명했다. 기성 정치권
에 염증을 느낀 국민의 지지와 성원으로
탄생한 정권이 부켈레 정부다.

▲ 오스카 로메로 신부

엘살바도르에 입국할 때 국경사무소에
신부 초상화가 걸려 있었다. 누구일까?
이런 의문이 풀린 것은 하얀 순백의 대성당에 들어가서다. 1980년 3월 24일, 로
비덴시아 소성당에서 미사를 집전하던 오스카 로메로Oscar Romero 신부가 군사 독
재정권의 사주를 받은 극우세력의 집단 저격으로 사망했다. 당시 로메로 신부의
강론은 "불의한 명령이 아니라 양심에 따르라."라는 군부 독재정권과 그들의 추
종자에게 보내는 간절한 인간적 호소였다. 그의 저서『목소리 없는 사람들의 소
리Voice of the voiceless』에는 「사목서한」과 마지막 강론이 수록되어 있다. 신부의 죽
음 이후 12년에 걸쳐 군사정권과 좌익 게릴라 반군 사이에 내전이 발생했다. 미
국은 군부를 지원하고, 소련은 쿠바와 니카라과를 통해 반군을 지원했다. 모든
피해는 국민의 몫이었다. 내전을 통해 7만 5천 명이 사망하고, 100만 명의 난민
이 발생했다.

많은 여행자는 엘살바도르가 살벌한 나라라고 이야기한다. 하지만 대사관 자료
에 따르면 "다행스럽게도 갱단들이 외국인이나 관광객을 상대로 한 범죄는 저지
르지 않는다."라고 한다. 그래도 조심하라는 사족은 자료 말미에 덧붙였다.

북한과 수교하지 않은 엘살바도르는 1962년 한국과 국교를 수립했으며, 국제무
대의 주요 현안에서 한국 입장을 적극적으로 지지하는 고마운 국가다.

호텔에는 옥외주차장이 있었지만, 실내 주차를 요구했다. 사장은 "이곳은 Very Very 안전한 곳"이라고 한다. 우리는 너희를 의심하는 것이 아니라, 여행 중에 여러 나라에서 자동차 도둑을 당했다고 말했다. 사장은 흔쾌히도 호텔 측의 부담으로 근처 쇼핑몰의 지하 주차장에 모하비를 주차시켜 주었다.

▲ 산살바도르 중심타운

산살바도르 시민의 절반은 군경·사설경비원, 나머지 반은 일반인

수도 산살바도르에는 경찰, 군인, 사설 경비원이 눈에 띄게 많다. ATM으로 현금 수송차가 도착했다. 차에서 신속하게 내린 다섯 명의 보안업체 직원이 총을 들고 삼엄한 경계를 하며 돈다발을 옮긴다.

▲ 삼엄한 분위기의 수도 산살바도르

엘살바도르를 여행한 여행자는 "치안 꽝이고 살인율 짱이다."라는 기록을 남겼다. 우리는 산살바도르 광장을 지키는 많은 경찰, 군인, 사설 경비원들을 보고 이런 생각을 했다. '이렇게 지켜주니 안전하겠구나.'

일로팡고 호수Lake ILopango로 간다. 72㎢ 면적의 칼데라 호수다. 깊이가 최대 230m이니 얼마나 큰 화산폭발이 이루어졌는지 미루어 짐작된다. 535년경 화산폭발이 있었고, 1830년에는 마그마 분출로 인해 용암 돔이 수면 아래로 생겨났다. 매년 전 세계에서 참여한 조종사들이 산살바도르San Salvador와 호수에서 에어쇼를 펼치는 것으로 유명하다.

▲ 일로팡고 호수

환태평양조산대의 불의 고리에 속하는 엘살바도르는 잦은 지진과 화산폭발로 인한 자연재해에 매우 취약하다. 국토의 90% 이상이 활화산대인 엘살바도르는 지난 20년간 진도 3 이상의 지진이 14,300회 이상 발생했으니, 땅이 살짝만 들썩해도 뉴스에 난리가 나는 우리나라는 무척 행복한 나라다.

▲ 보케론 국립공원의 분화구

보케론 국립공원Boquerón National Park 역시나 화산이다. 포장도로가 있어 쉽게 접근할 수 있으며, 나무계단과 오솔길을 따라 20분여 오르면 칼데라를 볼 수 있는 전망대가 나온다. 칼데라는 직경 1.5㎞, 깊이 500m다. 희한하게도 분화구 안에는 50m 높이의 또 다른 분화구가 있다.

산살바도르는 일자리를 찾아 몰려든 농촌 사람들로 인해 포화상태다. 그리고 12년간의 내전에 따른 경제난으로 약 250만 명이 미국으로 이주했다. 전체 인구의 1/3에 달하는 엄청난 숫자다. 변호사, 의사, 엔지니어 등 엘리트층이 이민과 불법체류를 통해 미국의 블루칼라로 편입됐고 엘살바도르는 고학력과 기술 인적 자원을 잃는 악순환을 가져왔다.

▲ 노후한 도심재생의 성공사례

콘셉시온 아타코Concepción de Ataco는 과테말라로 가는 길에 들른 도시다. 도시는 2004년부터 도심 재생 사업을 통해 밝고 생기 넘치는 도시로 탈바꿈했다. 칙칙하고 어두운 도심에 그라피티를 도입하고 전통과 문화에 모더니즘을 도입한 상권을 전면으로 배치했다. 중앙공원에는 카페, 커피숍, 향토 음식Salvadorean과 각국 요리를 맛볼 수 있는 레스토랑이 즐비하고, 여행자와 미식가를 위한 축제를 여는 등 맛과 멋의 도시로 재탄생했다.

▲ 콘셉시온 아타코

어둠에서도 꽃이 피듯, 주민과 지자체의 노력으로 이루어 낸 도심 재생과 관광 비즈니스의 사례가 널리 퍼져 엘살바도르가 많은 여행자로 붐비기를 기원해 본다.

이집트에 피라미드가 있다면
우리에게는 티칼이 있다

· 과테말라 ·

세계에서 가장 아름다운 호수 아티틀란, 과테말라시티에는 한인 마켓이 여럿 있다. 세묵 참페이 Semuc Champey 는 과테말라의 '플리트비체'다. 3000년을 지켜온 고대 마야의 찬란한 문명유적 티칼 국립공원 Tikal National Park 이 우리를 반긴다.

▲ 파즈 국경

엘살바도르를 떠나 과테말라로 간다. 국경은 늘 변수의 연속이다. 어떤 일과 상황이 우리 앞에 펼쳐질까? 같은 국가임에도 국경마다 시스템이 다르고, 같은 국경이라도 누구를 만나느냐에 따라 난이도가 다르다. 우리가 내린 결론은 그때그때 닥쳐 보아야 안다는 것이다.

파즈Paz 강에 놓인 교량이 엘살바도르와 과테말라 국경이다. 개들이 다리 건너 두 나라를 오고 간다. '개들아, 니네들이 부럽다.' 국경에서는 개보다 자유롭지 못한 것이 사람이다. 날이 컴컴해서야 과테말라 국경으로 들어갔다. 통관서류를 작성하는 사이에 세관 직원들이 단체로 저녁 식사를 하러 읍내로 나갔다. 국경이란 것이 통상 한적하고 외진 곳에 있어 이럴 때는 하염없이 한두 시간을 꼼짝없이 기다려야 한다. 설상가상 장대 같은 비가 쏟아지고 날이 어두워졌다. 과테말라 도로는 포트홀과 불쑥 튀어나온 과속방지턱이 많았다.

세묵 참페이Semuc Champey는 수도 과테말라시티에서 북쪽으로 300㎞ 떨어진 천연 계곡이다. 중간 기착지 코반에서 하루를 숙박하고 세묵 참페이로 향했다. 양호한 도로를 따라 잘 달리다 목적지를 20㎞ 앞두고 비포장 돌밭길을 만났다. 남미와 중미를 통틀어 제일 불량한 도로다.

진정한 오버랜더는 지나다니는 차량만 보아도 그 지역의 도로 컨디션을 알아야 한다. 승용차가 많으면 당연히 도로는 Good이고, SUV가 보이면 Medium이다. 그리고 뚝뚝이와 오토바이가 많은 곳은 Bad다. 이 지역은 벤츠, 포르쉐, BMW보다 변변한 뚝뚝이 한 대가 더 필요하다.

세묵 참페이로 가려면 카아본 Cahabon 강을 건너야 한다. 아름다운 강 위에 현수교가 놓여 있었다. 교량으로 진입하니 상판이 허접스런 나무다. 더구나 나무판자가 군데군데 떨어져 나가 수십 미터 아래로 흐르는 시퍼런 강물이 훤히 보였다. 현지 소년들의 수신호를 받아 이리저리 피해가며 간담 서늘하게 교량을 통과했다.

▲ 세묵 참페이 가는 길

그리고 도착한 세묵 참페이, 수도에서 멀고 교통이 불편한 것에 비하면 의외로 여행자가 많았다. 라임스톤 지형의 카아본Cahabon 강은 다랭이논처럼 층층의 풀을 채우고 흐른

▲ 세묵 참페이

다. 강 밑으로는 또 다른 강이 흘러간다. 지중의 300m 터널로 물이 흘러 이 구간의 강을 라임스톤 브리지Limestone Bridge라고 부른다. 계단식 천연풀장에서는 너나 할 것도 없이 수영하며 즐겁게 놀았다. 투명한 에메랄드빛 강물은 바닥이 보이도록 맑았고, 물고기가 바글바글 많았다.

마야 문명이 남긴 흔적을 찾아 티칼Tikal로 간다. 플로레스는 페텐이트사Petén Itzá 호수에 있는 작은 섬으로 육지와 다리로 연결된다. 국제공항이 인접해 있으며 티칼의 배후도시다.

🚗 마야문명의 자부심, 과테말라의 상징, 티칼

티칼 국립공원은 마야 유적지다. 고대도시의 중앙에는 3,000개의 크고 작은 유적이 집중되어있다. 고고학자들은 마야족이 티칼에 정착한 시기를 기원전 900년으로 본다. 거대한 사원의 대부분은 기원후 8세기경 건설됐으며, 전성기에는 인구 100,000명을 가진 큰 도시였다. 강력한 왕정 통치가 이뤄진 티칼의 마야 문명은 9세기 말부터 쇠퇴해 멸망에 이르렀는데, 멕시코 유카탄Yucatan의 마야 문명과 동일한 시기다.

'잘 나가던 마야 왕국이 왜 멸망했을까?' 온통 미스터리다. 전쟁, 기근과 기아, 인구과잉, 자원 고갈, 하나 또는 둘 이상의 요인이 작용한 것으로 추측할 뿐이다.

옛 수도 안티구아를 향해 길을 떠났다. 가는 길에 들른 파카야Pacaya 화산은 화산 활동이 가장 활발한 화산이다.

산을 오르는 내내 마그마가 끓고 분출하며 내는 '쿵쿵'대는 소리가 들린다. 안전을 책임질 수 없다는 경고문이 있지만, 여행자들은 이를 무시하고 산에 올랐다. 파카야 화산은 가스나 증기를 뿜는 경미한 폭발로부터 12㎞까지 암석을 분출한 대폭발까지 일어났던 위험한 산이다.

화산 옆구리로 시뻘건 용암이 죽죽 흘러내렸다. 과테말라시티에서 온 대학생 그룹이 마시멜로를 건네줘 시뻘건 마그마의 열기에 맛있게 구워 먹었다. 심지어 석쇠를 가지고 올라와 소고기를 구워 먹는 사람도 있다. 그리고 화산의 열기로 뜨거운 산에는 늘어지게 자는 들개가 많았다.

▲ 티칼 국립공원

▲ 파카야 활화산

▲ 붉은 마그마

▲ 마시멜로, 고기 구워 먹기

▲ 늘어지게 자는 들개

안티구아는 에스파냐 정복자 알바라도Alvaradod가 1527년에 건설한 총독부 직할의 수도이었다. 식민시대의 건축 문화유산을 고스란히 간직한 도심은 격자형의 도로를 따라 고만고만한 저층의 건물로 꽉 들어찼다. 대표유적은 꼴레지오 드 라 꼼빠냐 데 헤수

▲ 꼴레지오 드 라 꼼빠냐 데 헤수스 성당

스 성당Iglesia Y Colegio de la Compañia de Jesús이다. 쓰러질 듯 건재한 교회는 도시 역사를 묵묵히 지켜본 산 증인이다.

안티구아는 화산 고리의 중심에 있어 거듭된 지진피해와 1773년 발생한 대지진으로 도시 대부분이 파괴됐다. 이후 수도는 과테말라시티로 이전하고 안티구아는 중세유적을 간직한 역사지구로 남았다. 세계 최초의 계획도시 안티구아, 십자가 언덕Cerro de la Cruz에 오르면 도심이 한눈에 담긴다.

안티구아는 식민지 유산을 파괴하거나 변화시키지 않아 역사와 문화에 매료된 세계 각국 여행자가 찾는 도시가 되었다.

십자가 언덕 전망대

🚗 세계 3대 호수는 바이칼, 티티카카, 아티틀란 호(湖)

아티틀란 호수로 간다. 11번 국도를 달리다 산 안토니오 팔로포^{San Antonio Palopó}로 가는 지방도로로 들어섰다. 마리오 멘데스 몬테네그로^{Mario Mendez Montenegro} 전망대에 오르면 지상 최대의 천국이라는 아티틀란 호수의 전체 모습이 보인다. 세상에서 가장 아름다운 아티틀란 호수는 맑고 순수한 인디오의 영혼을 빼닮은 영롱한 호수다.

아티틀란 호수처럼 품 안에 그림 같은 산을 끌어안은 호수는 없다. 해발 3,535m, 아티틀란 산^{Volcán Atitlan}, 톨리만 산^{Volcán Toliman}, 산 페드로 산^{Volcán San Pedro}을 뒤로 하고 호안을 따라 12개의 인디오 원주민 마을이 있

▲ 호수 인근의 마을

아티틀란 호수

다. 호수는 8만 4천 년여 전의 거대한 화산폭발로 생긴 칼데라에 물이 고여 생겼으며, 지름은 18㎞, 면적은 130㎢다.

마을에 한국 청년들의 일터가 있었다. 커피를 사랑하고 좋아하는 한국 청년들이 중미 커피

▲ 지상 최대의 천국, 아티틀란 호수

벨트인 과테말라에서 커피 농장 개선사업과 교육, 생산, 수출을 하며 커피 전문 카페를 운영하고 있었다. 우리 청년들의 도전과 삶이 풍요로운 열매를 맺기를 기대해 본다.

보트를 타고 코발트 빛 호수를 가로질러 산 페드로^{San Pedro}로 간다. 산비탈에 옹기종기 붙은 레스토랑과 카페에는 여행자가 넘친다. 여행자의 일상은 이곳에서만큼은 그저 풍경에 온몸을 내맡기는 일이다. 카페에 앉아 멍하니 앉아 있기만 해도 좋은 곳, 무료해지면 배 타고 건넌 마을에 다녀오는 것도 좋다. 누구의 생각도 간섭도 신경 쓸 일이 없다. 호수와 함께 하는 시간은 오로지 자신의 몫이다.

아티틀란은 유출되는 강이 없는 고립 호수다. 유입되는 양만큼의 물이 지하수로와 암반 크랙을 통해 외부로 빠져나간다. 유입과 유출의 밸런스가 귀신같이 유지되는 신비스러운 호수다. 아티틀란에서는 누구나 백수가 됨을 즐긴다. 하루가 이틀 되고 한 주가 한 달이 되어도 떠날 줄 모른다. 중남미 혁명가이자 해방 영웅 체 게바라도 아티틀란 호수에서 혁명가의 꿈을 접고 평범한 사람으로 살고 싶어 했다.

선착장에 내리자 해넘이가 시작된다. 화산 사이로 붉은 노을이 구름과 엉켜 서산 너머로 빠르게 떨어지고 있었다. 과테말라 여행을 마치고 멕시코로 간다.

아티틀란 호수 일몰

• 육로국경에서는 ESTA를 요구하지 않는다.

한국은 미국과 비자 면제 프로그램에 가입되어 있다. 미국 여행의 목적이 상용 또는 관광이고, 체류 기간이 90일 혹은 그 이하의 기간일 때는 미국 비자를 신청하지 않고 전자여행허가 제도를 이용할 수 있다. 전자여행허가를 이용하는 경우는 항공이나 항구를 통한 입국이어야 한다. 자동차를 가지고 캐나다와 멕시코에서 육로국경을 통해 입국할 때는 ESTA를 요구하지 않는다.

• 미국, 캐나다 자동차보험에 가입하기

미국과 캐나다는 국민소득과 생활 수준이 높은 경제 대국이다. 사람의 가치가 존중되고 생존 비용이 높은 나라다. 이들 나라에서 상대 차량과의 접촉사고로 물적 손실이 발생하면 보험에 가입하지 않은 자동차 여행자가 부담해야 할 금액은 상상을 초월한다. 콩고민주공화국에서 접촉사고로 생긴 조그만 흠집을 판금하려 하니 1,000불의 비용을 달라고 하면서, 웬만하면 한국에서 하라고 충고한다.

그럼 인명사고가 나면 어떻게 될까? 생각하기도 싫은 일이지만, 여행자가 부담하는 금액은 인생 쪽박이 될 수도 있는 '억' 소리 나는 액수일지 모른다. 교통사고를 범죄로 보는 것이 미국과 캐나다이다. 모든 차량의 사고 시에는 경찰에 우선적으로 신고해야 한다. 한국은 중대 과실을 제외한 인적. 물적 피해에 대한 사고처리가 보험회사와 당사자 사이에서 자율적으로 이루어지지만, 이들 나라에서는 상상할 수 없는 딴 세상의 일이다.

보험에 가입하지 않은 상태로 사고가 난다면? 경찰은 자국 내의 거주지가 분명치 않은 자동차 여행자에 대해 차량 운행을 중지시키고, 운전자의 신변확보를 위해 구금을 명령할 수 있다.

우리도 자동차보험에 가입하지 않고 미국으로 입국했다. 입국 전에 보험 가입을 위해 On-Off 보험사를 모두 접촉했지만 거절당했다.

로스앤젤레스에 도착해 한인 딜러와 접촉했다. "이런 경우는 처음입니다. 확인 후 연락드리

겠습니다." 곧 이은 답변은 한국 차적을 말소시키고 자동차 사업소에 차량을 등록시켜야 보험 가입이 가능하다는 것이다.

On-Line으로 다시 보험 가입을 시도했다. 웹사이트를 들어가려면 Zip Code의 입력이 필수다. 먼저 미국 내의 지인으로부터 Address와 Zip Code를 제공받았다. 'www.geico.com'에 접속해 가입을 시도하던 중에 전화상담을 요한다는 메시지가 떴다. 한국 차적의 차량이라고 하니 아마도 곧 차적을 미국으로 등록시킬 것으로 알았던 모양이다. 가입승인을 목전에 앞두고 마지막 단계에서 여행자라고 하니 가입이 안 된다고 돌변했다. 참고할 것은, 직장인이라면 가능하다는 이야기다. 이번에는 'www.progressive.com'에 접속했다. Zip Code를 넣고 Auto로 진행하니 가입이 차단되었다. 이번에는 RV/Trailer로 시도했다. 한국 차적과 차대번호, 한국 차량임을 명시했음에도 불구하고 보험 가입이 완료됐다. 미국 역시나 RV라는 것이 기존 차량의 섀시나 원형을 개조해 만든 다양한 형태의 차량이 많기에 RV의 보험 가입이 좀 더 유연한 것이 아닌가 싶었다. 아무튼 '꿩 대신 닭'이라는 말이 있듯, 억지 춘향으로 자동차 보험에 가입하고 미국과 캐나다 여행을 마쳤다.

• 미국에서 캠핑카 구입하기

미국에서는 캠핑카를 RV, 캠퍼 또는 모터홈으로 부른다. 캠핑카는 자체 동력으로 이동하는 A, B, C클래스, 트럭에 캠핑공간을 탑재하는 트럭캠퍼, 다른 차량으로 견인하는 트레일러로 구분된다.

버스 형태의 A클래스 캠퍼는 중형 아파트의 크기와 시설을 갖추고 있다. B클래스 캠퍼는 솔라티 형태의 승합차를 기반으로 차체 외부의 변형 없이 내부에 캠핑 시설을 설치한 형태다. 캠핑카로 개조해도 밴 형태를 유지하기에 캠퍼 대신에 캠퍼 밴이라고 부르기도 한다. C클래스 모터홈은 미국에서 제일 흔하며 포드 E시리즈나 벤츠 스프린터 차량의 뒷부분을 절단한 후에 폭과 높이를 높인 캠퍼를 얹어 다인(多人)이 생활할 수 있도록 개조한 것이다. 또 많은 차량들이 측면을 밖으로 확장해 응접실로 사용한다. 측면 확장은 A클래스나 C클래스 캠핑카에서 많이 볼 수 있다.

트럭캠퍼는 적재함에 고정하거나 분리하는 형식으로 나뉜다. 고정식은 우리나라 봉고 탑차와 같이 만든 캠핑카다. 분리식은 트럭 적재함 위에 캠핑 시설을 올린 차로, 트럭과 캠퍼를 따로 구입해야 한다.

트레일러는 자체 동력이 없어 픽업트럭으로 견인해야 한다. 트레일러는 대개 5축 트레일러 fifth whleer와 토이 하울러toy hauler로 분류한다. 에어스트림 회사에서 만든 토이 하울러형 트레일러는 보기에도 멋지고 실내도 우아하나 그 대신 가격이 많이 비싸다.

5축 트레일러는 몸체의 앞에 연결장치가 있으며, 견인 차량에는 적재함에 견인 후크가 있다. 토이 하울러는 몸체 앞부분에 연결장치가 돌출되어 있고 견인 차량은 범퍼에 견인 장치가 있다.

A클래스와 5축 트레일러 캠핑카는 이동이 매우 불편하므로 장기간 한 장소에 머무는 경우가 대부분이다. A Class의 경우는 버스 뒤에 승용차를 견인하여 단거리 이동에 활용하고 있으며, 트레일러 캠핑카는 캠핑장에 트레일러를 분리하고 견인한 픽업트럭으로 관광이나 장보기에 활용한다.

캠핑카 매장에는 수백 대의 차량이 진열되어 있어 혼자 또는 딜러와 함께 두루 살펴볼 수 있다. 캘리포니아에서 캠핑카를 제일 많이 취급하는 회사는 Mike Thompson's RV Super Store의 Fountain Valley 매장이다. www.mikethompson.com, 마이크 톰슨은 산타페 스프링스Santa Fe Springs와 콜튼Colton에도 매장이 있다.

차를 구입하려면 OTDOut the door price라는 용어에 주목해야 한다. 딜러는 Deal Paper에 OTD를 기재하는데, 차량 가격, 딜러 마진, 세금, 등록비용, 정식번호판 발급 비용 등이 포함된 최종 지불 가격이다. 차량 유리에 표기된 금액은 순수 차량 가격으로 최종 지불 가격과는 상당한 차이가 있다. 딜러가 제시하는 OTD는 네고가 가능하다. 턱없는 네고는 거래 성사가 불발되므로 상식선에서 제시되어야 한다. 물론 시간의 여유가 있다면 할인을 많이 요구하고 기다리는 방법이 있다. 딜러가 차량을 꼭 팔고 싶다면 만나자고 전화가 올 것이다.

차량 선정과 구입 가격이 결정되어 재무 담당자와 계약을 체결하고 잔금을 치르면 대개는 현장에서 바로 코팅지에 인쇄된 임시번호판을 부착해 준다.

• 자동차 캠핑장 이용하기

미국과 캐나다는 캠핑의 천국이다. 대도시 인근, 국립공원, 주립공원, 유명한 여행지에는 빠짐없이 캠핑장이 있다. 그러나 여행자가 원하는 캠핑장을 찾는 것이 쉬운 일은 아니다. 거의 모든 주는 지정되지 않은 곳에서의 캠핑을 법으로 금지한다. 자동차로 여행하며 제일 신경 써야 하는 일이 캠핑장 찾는 일이다. 그럼 어떻게 원하는 캠핑장을 찾을 수 있을까?

1. 캠핑장의 종류

미국 캠핑장은 사설과 공영으로 나뉘며 대부분 유료다. 사설 캠핑장은 영리를 목적으로 하기에 시설은 좋으나 가격이 비싸다. 저렴한 곳은 40달러, 유명한 관광지는 110달러다. 가격의 폭이 크지만 모텔이나 호텔보다 저렴하다.

사설 캠핑장은 시설이 양호하고 유명 관광지와 대도시 인근에 있어 접근성이 탁월하다. 공용 공간에는 사무실, 샤워장, 오락실, 유료 세탁기와 건조기, 수영장, 테니스장, 어린이와 애완견 놀이터, 프로판가스 충전시설 등 각종 편의시설과 위락 시설이 있다. 시설 좋은 곳은 미니 골프장도 있다. 차를 주차하고 텐트를 칠 수 있으며, 전기, 수도, 오폐수 배수시설, 식탁 등이 있어 취사는 물론 전기 제품의 사용도 자유롭다. 바비큐 시설이 있어 고기를 굽거나 모닥불을 피울 수도 있다.

공영 캠핑장은 국립공원과 주립공원 내부에 위치하며 가격이 싸고 경관이 좋다. 일부는 사설 캠핑장과 같이 전기, 수도, 화장실, 샤워실, 식탁을 갖추고 있다. 시설이 좋은 캠핑장의 일일 이용요금은 평균 20~30달러 안팎이고 재래식 화장실이 있는 곳은 15~20달러로 저렴하다.

2. 캠핑장 예약 방법

옐로스톤과 요세미티 국립공원 등 인기 있는 국립공원 캠프장은 홈페이지를 통해 사전예약을 해야 하며, 일부는 당일에 선착순으로 배정된다. 성수기에는 자리 구하기가 어려우며, 비수기에는 예약 없이도 원하는 자리를 배정받을 수 있다. 그리고 대략 오후 4시 이후에는 직원이 퇴근하므로 셀프등록을 해야 한다.

셀프등록은 우선 캠핑장의 빈자리를 확인하고 Camping Permit 카드에 Camp Site No, 이용 시간, 차량번호, 요금 등을 기재한다. 대금 지불은 현금이나 신용카드 번호를 Registration Box에 투입하는 것으로 끝난다. Camping Permit의 앞면은 뜯어서 Camp Site의 포스트에 부착해야 한다.

3. 예약할 때 알아두면 편리한 용어

온라인 예약을 하든 직접 찾아가든 차량 규격과 시설을 감안해 전기, 물, 오폐수 처리시설이 제공되는지를 확인해야 한다.

❶ 전기 용어

전기는 20Amps, 30Amps, 50Amps로 구분되며 용량에 따라 플러그가 다르다. B클래스 캠핑카는 30암페어, 대형 캠핑카는 50암페어을 사용한다. 전기가 공급되지 않는 캠핑장은 Non Electric으로 표기된다.

❷ 물

상수도 또는 지하수가 공급되는데, 어떤 경우든 식수로 사용할 수 있다. 사막에 있는 국립공원에는 물이 없는 경우가 많다.

❸ 오폐수 시설

싱크대와 화장실의 오폐수가 배출되는 연결구를 "수어Sewer"라고 하며, 이를 배출하는 행위를 "덤핑Dumping"이라고 한다.

❹ Full Hookups

Full Hookups는 전기, 물, 오폐수 시설을 제공하는 캠핑장이다.

여행정보

❺ 직진 Pull Thru**와 후진**Back In **주차**

안내에 따라 직진 또는 후진으로 주차해야 한다. 이용자 상호의 사생활 보호를 위한 조치다.

❻ 덤핑 스테이션

대부분의 캠핑장은 오폐수를 무료로 처리하는 덤핑 스테이션을 운영한다. 오폐수를 배출하고 물로 배수관을 청소할 수 있다.

❼ Restroom, Bath room, Bath house

화장실과 온수 샤워를 할 수 있는 시설이다.

❽ Grey Water와 Black Water

씽크대 처리수를 Grey Water, 화장실에서 나오는 물은 Black Water라고 한다.

북·아메리카
종단

| 내 차로 가는 미국·중남미 여행 |

팬아메리칸 하이웨이를 따라 북으로

·미국 서부·

친숙한 도시 LA에 들러 요세미티 국립공원으로 간다. 머리에 꽃을 꼭 꽂으라는 샌프란시스코, 북으로 달려 화산이 만든 아름다운 크레타 호수에 들렀다. 잠 못 이룬다는 시애틀에서는 실컷 잠만 잤다.

🚗 보증금 400불에 눈이 어두워 미국과 멕시코 국경을 온종일 네 번이나 들락거렸다

도시 메실라^{Mesilla}는 국경선이 도심을 통과하며 두 나라로 갈렸다. 하지만 주민들은 자유롭게 두 나라를 오고 가니, 국경이란 단지 선언적 의미일 뿐이다. 멕시코 국경사무소는 국경에 없었다. 과테말라로 가는 스페인 친구는 국경에 도착해서야 이 사실을 알고 되돌아갔다.

북반구에 겨울이 오고 있었다. 우리는 멕시코를 패스하고 북으로 올라가 알래스카와 캐나다를 여행한 후 다시 내려오기로 했다. 입국세를 내지 않아 우리에게 주어진 멕시코 체류 일자는 7일이다. 미국 국경까지는 3,000㎞의 거리라, 잠자는 시간을 빼면 온종일 달려가야 한다.

멕시코 도로는 멀리서 보면 번지르르하지만, 다가서면 상처투성이다. 떨어져 나간 포장, 침하로 울렁대는 도로, 수시로 나타나는 포트홀로 마음껏 달릴 수 없었다. 마을, 학교, 공장, 건물 앞으로는 앞, 뒤, 중간으로 높은 과속방지턱이 있어 차체를 비틀고, 진저리를 치며 넘어야 했다.

네 번의 밤을 보내고 국경도시 후아레즈^{Juárez}에 도착했다. 후아레즈에서 국경을 넘는 것은 혼란과 혼돈의 연속이었다. 코르도바 라스 아메리카스^{Córdova—Las Americas} 국경은 스마트카드를 차창에 부착하고 통과하는 무정차 국경이다. 우리는 모르고 들어갔다가 쫓겨나왔다. 두 번째로 찾은 국경은 파소 델 노르테^{Paso del Norte Border}다. 드라이브 스루처럼 자동차에 탑승한 채로 입국심사를 받는다. 앞차를 따라가니 미국 국기가 바람에 펄럭인다. '어! 이상하다. 멕시코 이미그레이션과 세관이 보이지 않네.' 멕시코에서 미국으로 입국하는 사람과 차량은 출국심사를 생략하고 미국에서 입국심사를 받아야 한다. 우리는 멕시코 세관에 차량보증금으로 납부한 미화 400불을 돌려받지 못한 채 미국으로 입국하고 있었다.

"아이고, 아까운 보증금 400불"

이미그레이션으로 떠밀려 들어갔다. "Hello, 미안하다. 다시 멕시코로 가야겠다." 국경도시 엘파소로 들어가 인근 국경을 통해 멕시코로 다시 들어왔다. 세 번째로 찾은 산타 테레사Santa Teresa 국경은 커머셜 보더Commercial Border다. 미국과 멕시코를 제외한 타 국적 차량은 커머셜 보더로 통과해야 한다는 것을 이제야 알게 되었다. 우리는 이곳에서 또 결정적인 실수를 했다. 이민국에서 출국 신고를 마치고 앞차를 따라가니 바로 미국 국경이다. 아차 싶어 차량을 후진하여 멕시코로 가려 하니, 미국 이민국의 보안요원Security들이 쏜살같이 달려와 차의 후진을 막았다.

"이미 당신은 미국 땅에 들어왔다."

미국 이민국의 직원과 인터뷰를 하고 다시 멕시코로 돌아왔다. 하루에만 미국을 세 번 들락날락했다. 멕시코 국경사무소 건너편에 있는 방헤르시또Banjercito에서 보증금 환불을 받고, 네 번째 시도 끝에 미국으로 완벽하게 입국했다. 보증금에 눈이 멀어 온종일 미국과 멕시코 국경을 분주하게 오고 갔다.

🚙 짙은 초록색의 융단을 펼쳐놓은 숲의 향연 요세미티 국립공원

요세미티 국립공원, 네바다 산맥에 있는 요세미티는 하늘을 지탱하는 거대한 화강암 절벽, 폭포에서 쏟는 시원한 물줄기, 고원을 흐르는 맑은 시내, 계절 변화를 거부한 눈부신 빙하와 설산, 첩첩산중의 깊은 협곡, 그리고 산야를 틈새 없이 채운 메

▲ 엘 캐피탄

타세쿼이아와 소나무가 한데 어우러진 산악 공원이다. 숙소를 검색하고 남쪽 입

구South Entrance에서 22km 떨어진 도시 오크허스트Oakhurst의 숙소에 3박 4일 여장을 풀었다.

터널 뷰에서 볼 수 있는 엘 캐피탠El Capitan은 100만 년 전에 생성된 높이 910m의 화강암 바위로, 세계에서 제일 크다. 뒤쪽에 있는 하프돔은 두부모 자르듯 반으로 잘린 바위다. 맞은편에는 노스돔이 버틴다.

▲ 미스티 트레일

▲ 버널 폭포

트레일의 천국이라는 국립공원을 걷지 않고 갈 수는 없는 일이다. 왕복 5시간이 소요되는 미스티 트레일Misty Trail을 나섰다. 메르세드 강을 거슬러 산비탈을 헉헉대며 올라가면 버널 폭포가 나온다.

절벽을 넘은 물은 한복 치마 펼친 듯 곱게 100m 아래로 내려와 물안개를 일으키고 쌍무지개를 피웠다.

3,000m 이상의 고원 계곡을 흐르던 메르세드 강은 네바다 폭포와 버날 폭포에서 고도를 낮추어 요세미티 밸리의 넓고 푸른 평원으로 안기듯이 흘러든다.

그레이셔 포인트에 올랐다. 만년설과 빙하를 두른 산맥이 파노라마로 펼쳐지고, 협곡 아래에는 사행하는 메르세드 강이 보인다.

▲ 그레이셔 포인트　　　　　　　　　▲ 요세미티 캠핑장

　최근 요세미티가 심각하게 고민하는 문제는 환경이다. 넘쳐나는 방문객, 차량으로 인한 대기질 악화, 생활 쓰레기 증가에 따른 환경오염, 먹고 마시고 버리는 사용수에 대한 처리와 수질오염 등이다. 자연과 사람은 애당초 공존할 수 없는 것이다. 멀리서 보면 산이요, 가까이 보면 사람으로 덮인 자연을 어떻게 잘 보존하여 후대에 넘겨줄 수 있을까?

🚗 샌프란시스코에서는 잊지 말고 머리에 꽃을 꽂으세요

　요세미티를 떠나 샌프란시스코로 간다. 가수 스콧 메켄지는 "샌프란시스코에 가면 잊지 말고 머리에 꽃을 꽂으세요."라고 노래했다. 샌프란시스코에 가면 평화를 사랑하는 사람을 만날 수 있다고 노래한 매켄지는 베트남 파병을 반대한 평화주의자로, 시대상을 노래하며 현실에 참여하고

▲ 리치먼드 샌라파엘 브리지

평화를 거스르는 것에 분노한 저항가
수였다.

▲ 금문교

샌프란시스코 만을 가로지르는 리치먼드 생라파엘 브리지Richimond San Rafael Bridge는 교량의 일반적 형태인 직선을 거부했다. 그리고 자연의 지형과 도시 경관에 맞춰 과감한 웨이브와 감각적인 커브로 설계했다.

"도시는 디자인이다."

차량과 사람을 강 건너로 넘겨주는 것에 충실한 다리는 도시와 인간을 메마르게 한다.

금문교를 보기 위해 헤드랜드 Headlands로 간다. 1937년, 실현 불가능한 꿈이라는 세간의 예상을 깨고 금문교가 완공됐다. 사람이 하고자 마음먹은 일 중에 할 수 없는 게 무엇이 있을까?

🚗 바람에 날리듯, 구름에 흐르듯 가는 나그네

자동차 여행자는 바람에 날리듯, 구름에 흐르듯이 가는 나그네다. 누가 부르지 않았고 언제까지 오라 하지 않았다. 가다 지치고 날이 어두워지면 그때쯤 몸과 마음을 추스를 둥지를 찾아 들어야 한다.

동쪽으로 방향을 틀었다. 울창한 산림으로 하늘이 보이지 않는 곳, 나무가 뿜어내는 피톤치드 향이 싱그러운 도로를 달려 크레터Crater호수로 향한다. 7700년

▲ 크레터 호수

전, 해발 3,600m의 마자마Mazama 산이 화산폭발을 일으켜 거대한 분화구가 생겼다. 그리고 빗물과 눈 녹은 물이 흘러들어 진한 에메랄드 색상을 띤 아름다운 호수가 생겨났다.

🚙 시애틀의 잠 못 이루는 밤

시애틀Seattle, 도시 발전과 성장의 장기 어젠다는 "Seattle in Future"다. 1950년대부터 도시정책은 초지일관 '미래 도시'로, 시장이 누가 되든 변하지 않는 미래 청사진이다. 포브스가 선정한 최고의 직장 도시 1위, 역시 시애틀. 아마존Amazon 창업자 제프 베이조스Jeff Bezos는 1964년생, 약

▲ 아마존 본사

관 30세 나이인 1994년에 아마존이라는 인터넷 서점을 시애틀에 설립했다.

미래를 선도하고, 가치를 창조하는 혁신기업들이 정부와 주정부의 간섭과 통제 없이, 스스로 성장하고 발전하는 기업 자치도시 시애틀, 정부는 도와줄 뿐 간섭하거나 규제하지 않는다. 기업성장과 가치상승을 통해 지역사회 공동체의 발전을

견인하는 진정한 자치시대의 표본이
시애틀이다. 시애틀을 대표하는 또
하나의 명소, Fish Market. 그러나 큰
상가 건물에 단 두 점포 만이 생선가
게다.

▲ Fish Market

  한국 젊은이가 이렇게 말했다.
"Star Bucks 인증샷은 시애틀 여행의 끝", 1971년 시애틀에서 창업한 스타벅스는
처음에 커피 원두와 커피 머신을 팔았다. 스타벅스 로고 속의 요정 사이렌Siren은
우리에게 매우 익숙하다. 그리스 신화에 등장하는 사이렌Siren 은 반인반조半人半鳥…
바다 요정의 하루 일과는 절벽과 암초로 둘러싸인 외딴섬에 살며, 매혹적인 노래
로 지나가는 선원들을 유혹해, 배를 난파시키고 그들을 잡아먹는 것이다.

▲ 스타벅스 1호점

▲ 시애틀 도심

  스타벅스의 창업정신은 로고와 같다. '커피로 사람을 유혹하여 떼돈을 벌어보
자.' 커피 팔아주고, 죽지 않은 것만도 다행스런 일이다. 인구조사국이 선정한 가
장 빠르게 성장하는 도시 1위, 시애틀에는 마이크로소프트, 아마존, 보잉, 스타
벅스 본사가 둥지를 틀고 있다.

세계적 도시로 급성장한 시애틀, 양과 음은 늘 같은 시공간에서 충돌한다. 젠트리피케이션, 5년 새 집값은 2배로 뛰었다. 원주민들은 도심 외곽으로 밀려나고, 다른 주로 이주해야 했다.

Sleepless in Seattle, 잠 못 이룬다는 시애틀에서 실컷 자고, 블레인Blaine에 도착해 하루를 묵었다.

다음날, 줄기차게 달려 캐나다 국경 피스 아치Peace Arch에 도착했다. 캐나다와 미국은 국경 출입국에 대한 간소화 정책으로 상대국을 자유롭게 오간다. 그러나 우리는 캐나다로 들어간 후에 바로 차를 돌려 미국으로 나왔다. 정확하게 말하면 쫓겨났다. 미국과 캐나다 국민만 이용하는 국경이었다.

국경도시 블레인Blaine에서 하루를 더 묵었다. 아침에 일어나 보니 자동차 시동이 걸리지 않는다. 모하비 주행거리가 18만㎞나 됐으니 배터리가 그 수명을 다한 것이다. 다행히도 숙소에서 100m 떨어진 곳에 자동차용품점이 있었다. 배터리 출장 교체를 부탁하니 차를 견인해 오라고 한다. "100m를 견인차로 끌고 오라고?" 낑낑대며 들고 와 직접 교체해보니 별일도 아니었다.

미국의 고립영토 알래스카

· 미국 알래스카 ·

따듯하고 온화한 밴쿠버, 죠프리 호수를 지나 알래스카 하이웨이를 달렸다. 화이트홀스, 북미 최북단 알래스카, 페어뱅크스, 노스폴, 체나 온천, 데날리 국립공원, 썬더버드 폭포, 앵커리지, 스워드, 호머, 휘티어, 턴어게인암, 발데즈, 그리고 애타게 기다리던 밤하늘의 오로라를 보고 숨이 멎었다.

퍼시픽 하이웨이 국경Pacific Highway Port of Entry으로 입국했다. 밴쿠버를 우회하여 97번 국도를 따라 알래스카로 향한다.

▲ 퍼시픽 하이웨이 국경

조프리 레이크 주립공원Joffre Lakes Provincial Park에 들렀다. "도둑도 공원에 놀러 온다."라는 재미있는 표현으로 경고판이 세워져 있다.

프린스 조지에서 37번 국도로 옮겨 탔다. 마을이 없는 산림지대를 통과하는 720㎞의 산악도로다. 길가에는 친절하게 "Gas Station이 93㎞ 뒤에 있으니 연료를 확인하라."라는 안

▲ 조프리 레이크 주립공원

내판이 있다. 그러나 주유소를 여닫는 것은 주인 마음이다. 일부 주유소는 디젤유를 아예 취급하지 않거나, 야간에는 문을 닫을 수 있음에 유의해야 한다.

길가로 곰이 나타났다. '곰 세 마리'에 등장하는 엄마, 아빠, 아기곰은 틀린 노랫말이다. 곰은 번식기를 제외하면 단독으로 생활하는 동물로, 엄마와 아기곰은 있어도 아빠 곰은 언제나 출타 중이다.

37번 도로와 알래스카 하이웨이가 만나는 삼거리에 속칭 '바그다드 카페'가 있다. 휴게소를 지키는 고독한 주인아저씨는 사람이 그리워서인지 유독 우리에게 관심이 많았다.

▲ 알래스카 하이웨이

알래스카 하이웨이는 미국의 분리 영토 알래스카와 캐나다를 연결하는 왕복 2차선의 아스팔트 도로다. 캐나다 구간은 노면 상태가 비교적 양호하나 알래스카에 가까울수록 요철이 심하고 포트홀이 많아진다.

중간에 묵은 도시 화이트호스는 1896년 골드러시를 일으킨 클론다이크의 배후 교역 도시로 크게 발전했다. 당시의 신문 기사는 온통 "금이다! 금이다! 금이다!"였다.

페어뱅크스로 가는 길은 매우 나쁘다. 지반이 연약하고 해빙과 동결을 반복하는 기후 특성, 잦은 제설작업으로 인한 도로 노후화, 보수공사의 계절적 제한으로 인해 도로 관리와 보수가 제대로 이루어지지 않았다. 오죽하면 도로에 뚫린 구덩이를 사랑해 달라는 'I Love Potholes'이라는 안내 간판을 세웠을까? 눈이 녹는 5월 초부터 도로보수를 시작해 눈 쌓이는 9월 말까지 끝내야 하니 알래스카의 1년은 이렇게 짧고도 바쁘다.

🚗 과연 어제 못 본 오로라를 오늘은 볼 수 있을까?

노스 폴을 찾은 이유는 오로라를 보기 위해서다. 오두막 별채에 딸린 테라스에 앉아 밤 2시까지 기다렸지만 오로라는 끝내 나타나지 않았다. 체나^{Chena} 온천에 다녀와 오로라에 다시 도전한다.

'과연 오늘은 볼 수 있을까?' 밤 10시 30분, 주인이 문을 두드렸다. 바깥으로 나가니 짙은 쪽빛 하늘 위로 오로라가 뭉실뭉실 피어올랐다. 오로라가 잔물결을 일

▲ 체나 온천

▲ 오로라

으키며 형형색색의 빛줄기를 하늘로 그려냈다. 지평선에서 솟구친 오로라는 빌처
럼 날아 하늘을 둘로 갈랐다. 가늘고 길게 핀 오로라는 더해지고 헤어지기를 거
듭했다. 그렇게 하늘은 3시간여 오로라를 그려내는 캔버스가 되었다.

　알래스카는 대규모 유전지대다. 1977년 원유 반출 목적으로 미화 60억 달러라
는 막대한 사업비로 완공한 파이프라인은 민간공사로 추진한 당시 최대 프로젝
트였다. 북극해의 부동항 프루도 만Prudhoe Bay과 발데즈 마린 터미널Valdez Marine
Terminal을 연결하는 파이프라인은 3개의 알래스카 산맥, 500개가 넘는 강과 냇물

을 건넌다. 11,280km의 파이프라인으로
이송된 원유Crude Oil는 1977년 9월 1일
원유 운반 탱커에 선적되어 본격적으
로 원유의 해상수송 시대를 열었다.

▲ 타나나 강의 얼음이 깨지면 봄이다.

타나나 강Tanana River에 놓인 낡은 트러스교를 지난다. 나타나 강의 얼음이 깨지면 알래스카에 봄이 온 것이다. 가장 빨랐던 날이 4월 20일, 가장 늦게는 5월 20일이라 하니, 대략 5월 1일부터 봄이 시작되는 것이다.

▲ 데날리 국립공원

데날리Denali 국립공원으로 간다. 데날리 산은 해발고도 6,194m로 북아메리카에서 가장 높다. 1897년부터 당시 대통령 이름인 매킨리Mckinley로 불리다가, 2015년에서야 미합중국 중앙정부의 명에 의해 원래의 이름을 되찾았다. 공원 면적은 6백만 에이커로, 쉽게 비교하면 한국 땅의 1/4이다. 메인 여행은 리셉션으로부터 105㎞ 떨어진 아일슨 방문객 센터Eileson Visitor Center까지다. 툰드라로 이루어진 경사지를 따라 낮은 높이의 관목이 카펫처럼 펼쳐지는 평야 지대가 나온다. 그 뒤로는 구름에 가린 데날리 피크를 중심으로 알래스카산맥이 웅장하게 좌우로 펼쳐진다.

데날리는 곰과 무스Moose의 천국이다. 곰이 많이 눈에 띄지만, 시야에서 무척 멀었다.

🚗 동절기에는 라디에이터가 동파되니 자동차 여행을 금지하세요

동절기에 알래스카와 캐나다의 북극 벨트를 운행하는 차량은 라디에이터 동파를 방지하기 위해 일렉트릭 블록Electric Block을 장착해야 한다. 모든 숙소는 블록을 연결하는 전기 콘센트 시설이 호실별로 설치되어 있다. 1월 기온이 −54℃까지 내려갔다 하니 라디에이터가 터지는 것은 피할 수 없는 일이다.

교통과 경제의 중심지 앵커리지에서
남부여행을 시작했다. 앵커리지에도 대
한민국의 자취가 있다. 해외로 파병돼 순
국한 알래스카 출신 군인에 대한 추모비
가 중앙공원에 있다. 우리는 6·25를 잊
었고, 이들은 기억한다.

▲ 해외 참전용사 기념공원

포르티지Portage로 가는 길은 알래스카
만을 따라 내륙으로 깊숙이 들어온 해안
을 끼고 달리는 1번 국도다. "산은 산이요 물은 물이로다."라고 말씀하신 성철 스
님의 법문은 사람의 마음이 모든 것을 지어내니 화의 근원이 이에서 나온다는 깊
은 뜻일 것이다. 알래스카에서는 산이 산이고 물은 물이다.

▲ 휘티어

9번 국도로 접어들었다. 휘티어는 프린스 윌리엄 사운드 해협Prince William Sound
을 통해 발데즈와 북태평양으로 연결되는 한적하고 외딴 항구도시다. 잔잔한 바
다에는 고래, 물개, 바다사자, 주변으로는 독수리, 곰, 사슴이 목격된다.

🚗 스워드의 얼음 창고, 열어 보니 보물창고!

어업, 가공, 관광의 도시 스워드Seward, 1903년 8월 28일 증기선 산타 아나Santa Ana 호가 철도 노동자를 싣고 도착하며 건설된 도시다. 지구상에 하늘나라와 비슷한 느낌의 곳이 있다면 바로 여기다. 바다와 숲으로 둘러싸인 스워드는 천국의 문에 이르는 곳이라는 찬사를 받는다.

▲ 천국의 문, 스워드

▲ Exit Glacier

근처에는 이름도 비장한 죽어가는 빙하Exit Glacier가 있다. 10년 동안 300m가 넘는 빙하가 사라졌다. 눈을 감고 들려오는 바람 소리에 귀를 기울이면 빙하가 움직이는 소리가 들린다. 빙하학자는 향후 200년 안으로 지구상의 모든 빙하가 사라질 것이라고 경고한다.

도시 스워드는 1867년 러시아로부터 알래스카를 720만 불에 매입하는 계획을 주도한 미 연방정부 국무장관 윌리암 스워드를 기려 명명되었다. 당시에는 보이지 않았던 경제적 가치로 인해 알래스카 매입에 부정적이었던 여론은 스워드를 '얼간이 스워드'라 비난하며, 알래스카를 '스워드의 얼음 창고'라고 비하했다. 스워드는 "눈 속에 감춰진 보물을 보라."라며 언론, 의회, 국민을 설득했지만, 결국 장관직에서 물러나야 했다. 하지만 스워드의 예견대로 알래스카는 1896년 금광과 대형유전이 발견되며 경제가치가 높은 노다지 땅이 되었다. 미국 의회는 고인이 된 윌리엄 스워드에게 공식 사과문을 발표했다.

▲ 제한된 어획량, 하루 6마리

"미안합니다. 당신에게 했던 비난을 사과합니다. 얼음 창고가 아니라 보물창고입니다."

바다에서 하천으로 올라오는 고기를 잡는 낚시꾼들이 있다. 그들은 어른 팔뚝만 한 고기를 잡았다가 놔주기를 십여 차례 한 후에 한 마리만 가지고 캠핑장으로 돌아갔다.

바다낚시를 마치고 돌아온 배 위로 올라가 보니 대형 아이스박스에 고기 네 마리가 얼음에 채워져 있다. "많이 잡았어요?"라는 말은 무지의 소치다. 알래스카에서는 하루 6마리, 10일 동안 낚시해도 최대 12마리 이상을 잡으면 안 된다고 규정되어있다.

케나이Kenai 강은 연어가 모천회귀母川回歸하는 강이다. 거친 물살을 거슬러 오르는 연어의 목적은 단 하나 산란이다.

🚗 알래스카인을 위해 여행자가 할 수 있는 것은 바가지를 뒤집어쓰는 일이다

알래스카에서 자동차로 갈 수 있는 최남단 도시 호머Homer로 간다. 바다 너머 카케막Kachemak 베이 주립공원을 마주하는 호머는 겨울에도 영하로 내려가는 일이 적고, 여름에도 무덥지 않은 이상적인 날씨를 보인다.

▲ Land's End, 호머

▲ 호머의 수려한 풍경

눈 덮인 카케막 산맥, 웅장한 빙하, 푸른 바다를 앞에 둔 호머는 알래스카 최고의 풍광이다. 또 앞바다는 세계에서 으뜸으로 광어가 많이 잡히는 어장이다. 광어와 왕연어king salmon를 구입했다. 산지라고 해서 싸지 않다는 것을 알지만, 역시 인정사정 볼 것 없이 비싸다. 일 년 중 반은 일하고 나머지 반은 놀며 지낸다는 알래스카인을 위해 여행자가 할 수 있는 것은 바가지를 흠뻑 뒤집어쓰는 일이다.

▲ 세계 최대의 광어 어장

▲ 발데즈 가는 길

동쪽으로 방향을 잡았다. 시계의 반대 방향으로 돌아온 알래스카 여행의 맞은편 출구가 보이기 시작했다. "아쉬울 때 떠나라."라는 말이 있다. 여행은 물과 같은 것, 그러니 다른 세상으로 흘러들어야 한다.

도시 발데즈Valdez는 생각보다 작았다. 메인 여행은 컬럼비아 빙하Columbia Glacier다. 프린스 윌리엄 해협을 헤쳐가는 크루즈 항해, 하얀 눈을 뒤집어쓴 산, 점점이 떠 있는 섬, 무성한 숲이 주변에 있다. 미국을 상징하는 대머리독수리가 앉아 있는 바위 섬, 양지바른 뭍에는 짐작도 안 되는 많은 수의 바다사자가 올라와 떠나갈 듯 소리를 지른다.

프린스 윌리엄 사운드로 불리는 바다는 추가치Chugach 산맥이 병풍처럼 둘러싸고 있어 호수처럼 잔잔하다. 유빙이 보이기 시작한다. 컬럼비아 빙하에서 떨어져 나온 얼음덩어리들이 해류를 따라 이동하는 것이다. 크루즈가 멈췄다. 추가치 산맥의 능선을 따라 바다로 내려와 물속에 잠긴 거대한 컬럼비아 빙하가 눈앞에 펼쳐졌다.

프린스 윌리엄 사운드

▲ 컬럼비아 빙하

알래스카 하이웨이를 따라 동부로

• 캐나다 •

곰과 비손이 어슬렁거리는 하이웨이를 따라 동부로 가는 길은 경험하지 못한 롱 하이웨이다. 유콘, 화이트홀스, 도슨 크리크, 포트 넬슨, 프린스조지를 지나 재스퍼, 밴프, 요호국립공원, 밴쿠버에 들르고 국경을 넘는다.

알래스카 하이웨이의 캐나다 종점은 유콘이다. 이제부터 멀고도 지루한 자동차 여행이 시작된다. 도로에 들소 Bison가 무리를 지어 나타났다. 900kg의 육중한 몸매를 가진 들소는 행동이 느리기에 조심해야 한다. 충돌하면 차량이 전복되고 크게 다칠 수 있다.

▲ 알래스카 하이웨이에서 자주 보이는 흑곰

시커먼 개가 있어 가까이 가보니 흑곰이다. 미련한 사람에 비유되지만 곰은 민첩하고 영리하다. 차에서 내려 다가가 사진을 찍었다고 교민 분에게 이야기하니 큰일 날 일이라고 한다. 하이웨이 일대는 북미산 순록 칼리부, 코요테, 사슴, 들소, 흑곰의 서식지다. 도로를 횡단하는 동물이 보이면 차를 세우고 기다려야 한다. 'You are in Bear Country' 도로변의 입간판에 쓰인 글이다.

🚗 가다가 얼어 죽을 수도 있으니 주의하시오. 알래스카 하이웨이

하이웨이는 곧게 뻗은 길만 있는 것이 아니다. 급커브와 경사를 가진 산악도로가 수시로 나타났다. 차량의 통행이 별로 없으며, 민가도 보이지 않고, 주유소 또한 드물다. 때로는 숲만 보며 200km를 달려야 한다. 주유소가 보이면 무조건 주유해야 하는 이유다. 컴컴한 산골의 하이웨이를 달리던 중에 연료가 떨어진다는 것은 상상 만해도 끔찍한 일이다. 황당한 일은 겨울철에 연료가 떨어져 차 안에서 장렬하게 최후를 맞는 사람이 있다는 것이다.

화이트호스Whitehorse로부터 950km를 죽기 살기로 달려 제법 그럴듯한 도시 포트 넬슨Fort Nelson으로 들어왔다. 오랜 시간을 주행하니 온몸에 열이 나고 차 밖으로 발을 디디니 다리가 휘청인다. 알래스카 하이웨이를 자동차로 여행하는 것은 사람 잡는 일이다. 밤 11시 30분, 초입에 있는 모텔을 찾으니 한인 교포분이 운영하고 있었다. 그분의 말씀으로는 제일 좋아하는 손님이 고장 나거나 사고 난 차량 운전자라고 한다. 부품을 조달하고 수리하는 데 시간이 오래 걸리기 때문이다.

▲ 알래스카 하이웨이 출발점, 도슨 크리크

도슨 크리크Dawson Creek에서 알래스카 하이웨이가 끝났다. 그러나 프린스 조지로 가는 길도 별반 다르지 않다. '차량은 연료를 확인할 것, 다음 주유소는 200㎞'라는 안내 간판이 보인다.

🚗 캐나다 로키산맥의 백미, 재스퍼 국립공원

재스퍼Jasper 국립공원에 도착했다. 4,500㎞의 연장을 가진 로키산맥은 북미대륙의 서부로 치우쳐 남북으로 곧게 뻗은 대산맥이다. 캐나다의 로키산맥에는 네 곳의 국립공원이 있으며, 주립공원은 셀 수도 없다.

공원 안의 도시 재스퍼에는 여행자를 위한 숙박과 근린생활시설이 있다. 몇몇 호텔을 찾아 가격을 수소문하니 한화 30만 원은 줘야 숙박이 가능했다. 북동쪽으로 80㎞ 떨어진 힌턴Hinton에서 타라 비스타 인Tara Vista Inn이라는 숙소를 잡고 출퇴근 여행을 하기로 했다. 이른 아침 노크하는 소리에 문을 여니 모텔 사장이 커피와 다과를 사 가지고 우리 방을 방문했다.

"반갑습니다. 한국 국적의 차량은 처음입니다."

모텔을 경영하는 한인 교포 사장이 주차장에 세워진 모하비를 보고 반가운 마음에 찾은 것이다.

국립공원 게이트에서 1년 동안 캐나다의 모든 국립공원을 마음껏 이용할 수 있는 애뉴얼 패스Annual Pass를 구입했다.

처음 들른 곳은 길이 22.5km의 머리그니 호수Maligne Lake다. 처음 발견한 인디언은 호수가 너무 길어 협곡으로 둘러싸인 강으로 착각했다. 호수를 둘러싼 산의 이름은 유럽에서 온 백인 여성 메리 섀퍼Mary Schäffer가 작명했는데, 그녀와 사적 인연을 가진 사람들의 이름이 하나씩 차지했다. 남편, 조카, 친구 등 먼저 본 사람이 임자였던 시절이었으니 가능했던 일이다. 유람선을 타고 호수 중간에 있는 스피리트 아일랜드Spirit Island에 상륙했다. 이곳에서 바라다보이는 호수와 산의 수려한 풍경은 캐나다의 캘린더에 늘 등장할 만치 빼어나다.

▲ 머리그니 호수

아이스필드 파크웨이Icefield Parkway는 로키산맥을 따라 밴프 Banff 국립공원으로 가는 길이다.

천사가 날개를 편 뒷모습을 닮은 천사 빙하Angel Glacier는 설산과 빙하, 빙호가 손에 잡힐 듯 바로 앞에 있다.

애서배스카Athabasca 폭포는 침식작용으로 일 년에 수㎜씩 상류로 이동한다.

'물과 바위가 싸우면 누가 이길까?'

언제나 물이 이긴다. "낙숫물이 댓돌을 뚫는다."라는 우리 속담이 맞는 말이다. 낙수가 23m 아래의 협곡으로 뇌성을 지르며 빨려드는 광경은 장관이지만 한편으론 공포스럽다.

컬럼비아 아이스 필드는 재스퍼와 밴프 국립공원에 걸친 빙하

▲ 아이스필드 하이웨이

▲ 컬럼비아 아이스필드

지대다. 25만 년 이상 빙하를 유지한 일등공신은 활강바람이다.

페이토Payto 호수는 균일한 파스텔톤의 아름다움으로 인해 유명잡지에 종종 그 이름과 사진을 올린다. 바위에 걸터앉아 아무 생각 없이 바라만 보아도 좋은 호수다.

▲ 페이토 호수

▲ 루이스 호수

루이스^{Louise} 호수는 유네스코가 선정한 세계 10대 절경이다. 침식된 빙하가 빅토리아 산을 깎아 생긴 에메랄드빛의 호수는 눈부시게 하얀 산을 물 위에 담았다. 산은 영국 여왕 빅토리아의 이름으로 헌정됐다. 당시는 경치 좋은 산과 호수를 통치자의 이름으로 하는 것이 아부와 충성의 한 방편이었던 시절이었다.

머레인^{Moraine} 호수로 가는 진입로에 들어서자 안내원이 차량 진입을 막는다. 사람과 차량이 많이 몰려 새벽 5시 30분에 이곳을 통과해야 한다. 하루 이틀 여행하는 것도 아닌데 그렇게 일찍 일어날 수는 없었다. 가지 말라는 곳은 더 가고 싶어지는 것이 사람의 본성이다. 오후 5시가 되자 진입로에 있던 차단시설이 사라졌다. 캐나다 지폐에도 등장한 머레인 호수는 깊은 산 속에 꼭꼭 숨은 밴프 국립공원의 보석이다. 호수는 배후에 있는 10개의

▲ 머레인 호수

설산에서 흘러드는 물을 담는다.

보우 폭포Bow Falls는 마릴린 먼로 주연의 영화 〈돌아오지 않는 강〉의 로케이션이 있었던 곳이다. 그리고 근처의 밴프 스프링스 호텔은 세계에서 가장 큰 250개의 객실을 가진 호텔로 1888년에 지었다. 이후 815실로 확장했지만, 예전의 고풍스런 모습은 전혀 버리지 않았다.

재수 없거나 불길한 사람을 뜻하는 후두Hoodoo를 찾았다. 악령을 부르는 주술사가 연상되는 후두는 비, 눈, 바람, 세월이 만들어 낸 토양의 역사이고 지형 침식의 산물이다.

🚗 쌓였던 눈이 빠른 속도로 무너져 내리는 아발란체, 요호 공원

요호Yoho 국립공원의 자랑은 울창한 산림, 에메랄드빛 호수, 장대 폭포다. 재스퍼와 밴프에 비해 지명도가 떨어지지만, 오롯이 자신만의 독특한 자연경관이 있어 여행자의 방문이 끊이지 않는다.

다른 곳에는 없는 재미난 볼거리가 있다. 안데스산맥의 불리한 지형을 극복하기 위해 만든 나선형 터널Spiral Tunnels이다. 낮은 곳의 터널에 진입한 기차가 땅속에서 스프링처럼 큰 원을 그리며 고도를 올려 높은 곳의 터널로 빠져나간다.

캠핑카 여행

에메랄드 호수

요호 공원의 끝에서 만나는 에메랄드 호수는 이름 그대로 에메랄드의 물빛이 자랑이다. 호반의 산책길을 따라가면 울창한 침엽수림대가 끝나는 곳에 낮은 높이의 관목으로 덮인 아발란체Avalanche Slope가 있다. 겨울에는 상상할 수 없는 스피드와 믿을 수 없는 볼륨을 가진 눈사태가 일어나 꽁꽁 언 호수를 덮친다. 이곳에서 자라는 식물은 납작 엎드릴 수 있는 작은 키와 유연한 줄기를 가지고 있어 신기하게도 눈사태가 지나가면 서서히 줄기를 곧게 세운다.

타카카우Takakkaw Falls는 요호국립공원의 끝에 있는 폭포로, 인디언 언어로는 '멋있다.'라는 뜻이다. 과연 멋있었다.

🚗 한국인이 가장 많이 이주한 도시 밴쿠버에서 차량 정비를 하다

정부 공식통계에 따르면 전체 캐나다 인구의 22%가 이민자이다. 특히 밴쿠버의 이민자 비중은 무려 41%다. 밴쿠버의 외곽도시 코퀴틀람 Coquitlam에 있는 코리아타운을 찾아, 한국 교민이 운영하는 정비업소에서 브레이크 패드와 타이어를 교체했다.

▲ 코리아타운 차량 정비업소

밴쿠버의 인상적인 교통수단은 워터프론트Waterfront에서 론스데일 키Lonsdale Quay를 오가는 해상 버스Sea Bus다. 밴쿠버 만을 건너 12분 만에 목적지에 도착하는 페리는 많은 시민이 이용하는 대중교통이다. 한강 수상택시가 관광용으로 전락한 이유를 굳이 찾는다면, 우리는 흉내와 생색만 낸 것이고, 밴쿠버는 티켓 한 장으로 지하철과 페리가 바로 연결되는 완벽한 환승 연계교통망을 갖춘 데에 있다. 워터프론트 역을 빠져나와 크루즈 터미널을 뒤로 하고 두 블록을 내려가면 유럽풍 건축물이 들어선 가스 타운Gastown이 나온다. 거리의 명물은 15분마다 한 번씩 맥주 김빠지는 소리를 내는 증기 시계로, 1875년에 세계 최초로 만들었다.

▲ 가스타운, 증기 시계

밴쿠버가 자랑하는 랜드마크, 사자다리Lions Gate Bridge를 건너면 스탠리 공원으로 연결된다. 울창한 산림으로 덮인 공원에는 향나무의 싱그러운 향내가 가득하다.

카페리를 타고 밴쿠버 섬으로 간다. 캐리어를 장착한 차량은 묻지도 따지지도 않고 무조건 오버사이즈 요금을 지불해야 한다. 점점이 떠 있는 섬들 사이를 헤

밴쿠버 섬으로 가는 카페리

치고 밴쿠버 섬에 도착했다. 부차드가든Butchart Gardens은 시멘트 생산에 필요한 라임스톤을 채굴하던 광산이다. 운영자 부차드는 라임스톤이 바닥나자 황폐화한 채굴장을 가든으로 조성하고 1921년부터 외부 손님에게 공개했다.

▲ 부차드 가든

▲ 밴쿠버 항

1670년경 밴쿠버에 진출한 영국의 모피회사와 19세기 골드러시로 이주한 미국 이민자들에게는 밴쿠버 섬이 어느 나라가 될 것인지가 중요한 문제였다. 캐나다는 부채를 탕감해 주고 철도를 부설하겠다는 파격적 조건을 제시했다. 1866년 주민들은 국민투표를 통해 캐나다 연방을 선택했다.

캐나다 사람에게 '노후를 어디에서 보내고 싶나요?'라고 물으면 밴쿠버 섬이라고 말한다. 조용하고 한적한 휴양지 밴쿠버 섬, 스쳐가는 여행자가 아니라 휴양하거나 거주하는 사람을 위한 섬이다.

밴쿠버로 다시 들어와 연어부화장Capilano Salmon Hatchery에 들렀다. 산란을 위해 모천회귀하는 연어가 클리블랜드 댐의 건설로 고향 가는 길이 막혔다. 연방정부는 연어를 계단식 수로를 통해 부화장으로 유도해 인공으로 부화시킨다.

미국으로 내려가는 길에 도시 화이트락White Rock에 들렀다. 도시 이름이 하얀 바위가 된 이유는 다소 황당하다. 반대를 무릅쓰고 결혼한 추장 딸과 바다 신의 아들이 보금자리를 정하기 위해 돌을 바다로 던졌는데, 이 해변에 떨어졌다는 것이다. 돌을 기념하기 위해 하얗게 페인트를 칠한 것에서 유래한다니, 가히 전설 따라 삼천리 같은 이야기다. 멀리 성조기가 보이니 국경을 넘어야 할 시간이다. 블레인 워싱턴 국경Blaine Washington Border, 미국으로 들어와 옐로스톤 국립공원으로 간다.

▲ White Rock

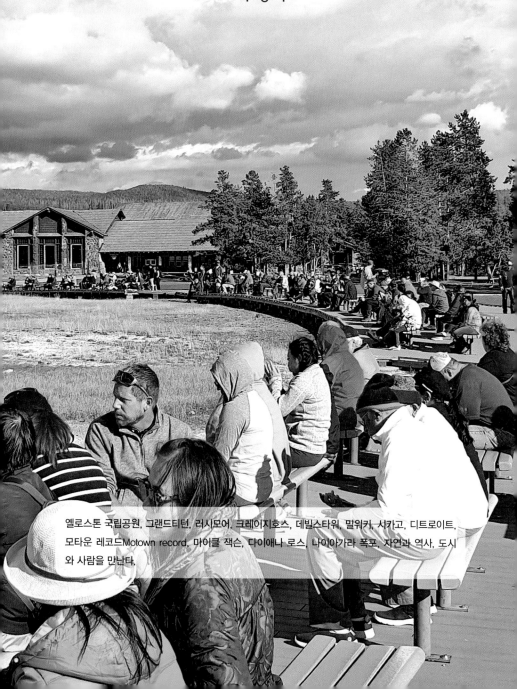

다시 미국으로 들어와 동부로

· 미국 중북부 ·

옐로스톤 국립공원, 그랜드티턴, 러시모어, 크레이지호스, 데빌스타워, 밀워키, 시카고, 디트로이트, 모타운 레코드Motown record, 마이클 잭슨, 다이애나 로스, 나이아가라 폭포, 자연과 역사, 도시와 사람을 만난다.

이미그레이션 부스에서 노란 태그를 여권에 붙이고는 사무실로 가라고 한다. 캐나다와 미국인을 제외한 타 국적 소지자는 모두 이곳으로 보내졌다. 이민국 직원의 인터뷰가 있었다. 패스포트에 찍힌 입출국 스탬프를 확인하면서 이란, 수단, 이라크, 예멘, 소말리아, 리비아, 시리아를 다녀온 적이 있는지 묻는다. 있다면 입국이 거절되거나 더욱 엄격한 입국심사 과정을 거쳐야 한다. 우리는 여행의 중간쯤에 여권을 갱신하여 수단의 입출국 기록이 사라졌다.

옐로스톤 국립공원은 1872년 세계에서 최초로 국립공원에 지정되었다. 공원에 있는 옐로스톤 호수는 17만 4천 년 전 화산폭발로 생겨난 거대한 칼데라에 물이 흘러들어 생긴 호수다.

▲ 세계 최초의 국립공원 옐로스톤

전 세계 간헐천의 2/3에 이르는 300개가 있는 옐로스톤은 간헐천, 온천, 진흙감탕, 증기 분출구 등의 다양한 열지질학 지형을 보이는 국립공원이다. 지표면에서 5㎞ 정도로 가까운 마그마 맨틀로 인해 다양한 자연현상이 육안으로 쉽게 관측된다.

노리스 가이저 베이슨Norris Geyser Basin은 간헐천이 집중적으로 모인 활동적인 온천지대로, 2019년에만 36회의 가스분출이 있었다. 온천의 주변으로 생겨난 녹색, 붉은색, 황토색 등 다양한 색상의 스트립은 온천수와 박테리아가 반응해 생긴 것이다. 간헐천의 지표면 아래에는 93도에서 138도에 이르는 고온수가 있어 반드시 나무 데크를 따라 걸어야 한다. 공원에서는 애완견의 동반이 금지된다. 지정된 탐방로를 이탈한 애완견이 고온수에 노출되어 많이 죽었다.

▲ 노리스 가이저 베이슨

그랜드 프리즈매틱 풀Grand Prismatic Pool은 대표적인 볼거리다. 지름 113m, 간헐천인가? 아니면 호수인가? 크기로 보면 호수지만, 지질학적으로는 간헐천이다. 전체 전경을 보려면 맞은편 언덕으로 올라가는 발품을 팔아야 한다.

올드 페이스풀 방문자 센터Old Faithful Visitor Center에는 간헐천의 예상 분출 시간을 알려주는 전광판이 있다. 평소 가스와 수증기를 분출하는 간헐천은 땅속 마그마 압력이 최대로 상승하면 열수를 공중으로 높이 뿜는다. 누구든지 이곳을 찾으면 32m에서 56m 높이로 분출하는 물기둥을 하루 두 차례 볼 수 있다.

▲ 그랜드 프리즈매틱 풀

▲ 32m에서 56m 높이의 물기둥

가장 높은 열수를 분출하는 간헐천은 스팀보트 가이저Steamboat Geyser다. 높이가 91m에서 122m까지 측정됐는데, 이 광경을 보려면 빠르면 3일 늦으면 50년을 기다려야 한다니 않느니 죽지라는 말이 맞다.

마지막으로 찾은 곳은 모닝글로리 풀Morning Glory Pool이다. 여행자들이 던진 동전으로 열수 구멍이 막혀 온천의 온도가 내려갔다. 그리고 주변으로 브라운, 오렌지, 노란색의 박테리아 띠가 생겼다. 공원은 맑은 청록색의 푸른 물이 어두운 녹색을 가진 브라운으로 변했다고 애석해하는데, 그래도 아름답기 그지없다.

옐로스톤 국립공원에 가려 억울한 티턴 국립공원

아름다운 산수를 가진 그랜드 티턴Teton 국립공원으로 간다. 험준한 산악지형의 릴레이와 4,000m급의 고산들, 만년설과 빙하, 맑고 푸른 호수와 풍부한 수량이 흐르는 강을 가진 그랜드 티턴은 미국에서 가장 아름다운 자연을 자랑하는 국립공원이다.

'미국의 알프스'라고 불리는 그랜드 티턴을 그냥 지나치는 것은 옐로스톤과는 전혀 다른 모습의 멋진 여행을 발 앞에서 놓치는 것이다. 옐로스톤 국립공원이

▲ 미국의 알프스, 그랜드 티턴 국립공원

화산이 폭발한 고원지형이라면, 그랜드 티턴 국립공원은 지반이 융기한 산악지형으로, 태생 자체가 아예 다르다.

티턴 파크 로드Teton Park Road는 티턴 산맥의 품 안으로 달려가는 길이다. 12개의 산과 수많은 봉우리를 가진 티턴 산맥 앞에 서면 누구나 숨 막히는 감동을 받는다.

▲ 티턴 파크 로드

티턴산맥과 호수

잭슨Jackson 호수와 리Leigh Lake 호수를 앞에 둔 해발 3,840m 모란Mount Moran 산은 미국 서부의 풍경을 캔버스에 담은 화가 토마스 모란Thomas Moran의 이름이다.

옐로스톤의 간헐천에서 뜨거운 열기를 느꼈다면, 티턴에서는 더위를 식혀주는 멋진 산과 호수를 만난다. 작지만 매운 고추 같은 매력덩어리가 그랜드 티턴이다.

러시모어Rushmore와 크레이지 호스Crazy Horse로 간다. 와이오밍 주 코디Codi는 작은 서부 도시로 지나간 시절이 그리운지 도심은 아직도 서부 시대에 머문다. 카우보이가 말 타고 달리던 옛길은 하이웨이로 변했다. 90번 하이웨이를 따라 동부로 간다. 제한속도

▲ 사우스다코타로 가는 길

80마일까지 허용되는 하이웨이는 와이오밍 주의 광활한 평야를 지나 14번 국도로 이어진다. 그리고 사우스다코타 주에 있는 러시모어Rushmore National Memorial에 도착했다. 이곳에는 역대 대통령 조지 워싱턴, 제퍼슨, 루스벨트, 링컨 등 네 명의 조각상이 바위에 새겨져 있다. 1927년 착공하여 1941년 완성한 조각상은 당초 반신상으로 계획했으나, 자금 부족으로 조지 워싱턴만 반신상이고 나머지는 얼굴상이다.

▲ 러시모어

크레이지 호스Crazy Horse로 간다. 인디언의 영웅이라는 크레이지 호스의 조각상은 얼굴만 완성되고 나머지는 한창 공사 중이다.

'아메리카를 상징하는 아이콘은 무엇일까?' 2018년 6월 할리데이비슨은 유럽 보복관세를 피하려고 생산공장의 일부 해외 이전을 결정했다. 전 대통령 트럼프는 미국의 자존심을 지키라며 즉각 비판에 나섰다. 웅장하면서도 경쾌한 말발굽 소리 배기음, 커스터마이징한 쵸퍼스타일, 자유분방하고 개성 있는 패션의 할리데이비슨 라이더는 자유와 평등을 최우선 가치로 하는 미국의 상징 아이콘이다. 할리데이비슨 오너들의 열정과 도전이 숨 쉬는 밀워키를 찾았다.

1903년 할리Harley와 데이비드David에 의해 밀워키의 작은 창고에서 소박하게 창업된 할리데이비슨. 처음 제작한 바이크는 페달의 도움 없이는 언덕을 올라갈 수 없었다.

"이때의 실패가 큰 배움이 되었다."
이들은 이렇게 기록을 남겼다. 자동차 산업은 자율주행과 인공지능으로 놀랍게 변하고 있으며 모터사이클도 예외일 수 없다.

▲ 처음 제작한 바이크 　　　▲ 전기 오토바이 라이브 와이어

할리데이비슨이 최근 출시한 전기 오토바이 라이브 와이어는 삼성 SDI배터리를 장착했다. 할리데이비슨이 한국산이란 말도 일부는 맞을지 모르겠다.

🚗 건축가들에 의해 창조된 도시 시카고, 헤밍웨이와 알 카포네

시카고는 일리노이주의 북동부에
위치한 메트로폴리탄이다. 도심의
스카이라인을 보기 위해 윌리스 타
워를 찾았다. 고속 엘리베이터를 타
고 순식간에 올라선 103층 전망대,
올라왔다고 끝난 것이 아니다. 건물
외부로 돌출하여 만든 한 평 남짓의
투명 발코니 스카이데크에 올라서려
면 다시 긴 줄을 서야 한다.

▲ 103층 전망대, 스카이데크

시카고는 건축의 도시다. 개성 넘치는 건물, 시대를 앞선 실험적 건축물이 즐비
하다. 시카고의 오늘은 건축가에 의해 창조되었다고 해도 과언이 아니다. 제임스
톰슨 센터James Thompson Center는 17층 높이의 철골 구조로 설계된 건축가 헬무트
얀의 대표작이다. 시카고 도심과 전혀 어울리지 않는다는 비판을 받은 반면에 혁
신적인 구조와 설계를 통해 시카고의 모더니즘을 선도했다는 호평도 동시에 받는
다.

▲ 제임스 톰슨 센터

▲ 피카소 作, 무제

리처드 데일리 센터Richard Daley's Center 앞 광장에는 피카소의 '무제'라는 작품이 있다. 시민들에 의해 '악마'라는 혹평을 받았지만, 지금은 시카고를 대표하는 야외 조형물이 되었다.

밀레니엄 파크에 있는 클라우드 게이트는 반사 표면을 가진 초대형 거울로 시카고 하늘의 구름을 담는다.

▲ Cloud Gate

▲ 공원 인도교

근처의 크라운 분수는 15m의 직육면체 타워 2개로 세운 분수다. 대형 LED 화면을 통해 13분마다 교체되어 나오는 시카고 시민의 입에서 물이 분사된다.

가장 빠른 길은 직선이고 가장 돈 적게 드는 것도 직선이다. 하지만 공원은 이런 상식을 따르지 않았다. 우아한 곡선을 가진 인도교에 오르면 도심의 스카이라인과 파란 하늘이 더욱 가깝게 다가온다.

근교에 있는 어니스트 헤밍웨이의 생가를 찾았다. 노벨상에 빛나는 대문호 헤밍웨이는 『노인과 바다』, 『무기여 잘 있거라』, 『누구를 위하여 종을 울리나』 등 주옥같은 소설을 집필했지만, 전쟁으로 인

헤밍웨이 생가

한 부상의 악화와 심한 우울증을 극복하지 못하고 권총 자살로 생을 마쳤다.

한편 시카고는 미국 최초의 하이웨이 Route 66의 시발점이었던 추억과 낭만의 도시이기도 하다.

🚗 내 돈 안 처먹고 술 안 얻어 마신 놈 있으면 나와 봐….

시카고를 대표하는 유명인은 유감스럽게도 마피아 알 카포네^{Al Capone}다. 1899년, 이태리 이민자의 아들로 뉴욕 빈민가에서 출생한 그는 왼쪽 뺨의 칼자국으로 스카페이스^{Scarface}로 불렸다. 1920년, 시카고로 진출한 마피아 두목 알 카포네는 조직 범죄단체를 이끌며 밀주, 밀수, 매춘, 도박 등의 불법 산업으로 엄청난 돈을 벌었다. 당시 미국에는 두 명의 대통령이 있었다. 밤의 대통령이 알 카포네였다. 그는 정계 인사와 경찰을 매수하고 폭력, 살인, 테러를 일삼으며 밤의 황제로 지냈다.

"내 돈 안 처먹고, 술 안 얻어 마신 놈 있으면 나와 봐."

그러나 그의 암흑가 전성시대는 탈세 조사와 매독으로 막을 내렸다. 11년의 형을 선고받고 수감 중에 매독 악화로 가석방됐으며, 1947년에 사망했다. 미국 일간지 뉴욕 타임스는 알 카포네를 수치스러운 시대의 상징으로 묘사하고, 악의 꿈이 만들어 낸 믿을 수 없는 피조물이었다는 부고 기사를 게재했다. 밤이 오면 더욱 화려해지는 도심을 따라, 마피아 두목 알 카포네의 행적을 찾아가는 로컬 투어에 참여하면 시카고 여행이 더욱 맛깔스러워진다.

애들러 천문관에는 지동설을 주장한 코페르니쿠스^{Nicolaus Copernicus} 동상이 있다. 폴란드 태생의 천문학자이자 신부였던 그를 미국에서 다시 만났다.

시카고 대학The University of Chicago은 1892년 록펠러가 세운 대학이다.

"지식을 키울수록 인간의 삶은 부유해진다."라는 교훈을 지닌 시카고 대학은 순수학문에 치중하는 대학원 중심 대학으로, 노벨상 수상자를 무려 89명이나 배출했다. 재정후원 외에는 일체 대학 운영에 개입하지 않은 록펠러의 현명한 처신은 학교 운영과 회계, 인사, 교육 전반에 발을 담그는 한국 사학의 설립자들에게 시사하는 바가 크다.

▲ 시카고 야경

▲ 시카고 대학

🚗 흑인이 설립한 회사에서 흑인 주도의 음악으로 세계를 제패하다

마이클 잭슨을 만나러 디트로이트로 간다. 한국전쟁 참전을 마치고 돌아온 베리 고디Berry Gordy는 1959년 1월 12일 모타운 레코드사Motown Record Corporation라는 음반회사를 설립했다. 그의 창업전략은 백인에게 잘 팔리는 흑인 음악을 만드는 것이었다. 모타운을 거친 스타는 다이애나 로스, 마빈 게이, 템프테이션, 잭슨 파이브, 스티비 원더, 코모도스, 라이오넬 리치 등 당대를 대표하는 뮤지션이다. 모타운은 당시로서는 드물게 가수 발굴, 트레이닝, 음반 제작, 홍보, 공연을 총괄하는 기획 시스템을 갖춘 혁신적인 회사였다. 1964년, 미국으로 진출한 비틀즈에 맞서 미국 소울Soul의 자존심을 살린 그룹은 다이애나 로스와 슈프림스다. 그리고 1969년에는 잭슨 파이브와 전속계약을 맺음으로써 모타운의 역사를 새롭게 다시 썼다. 흑인이 설립한 회사에서 흑인 주도의 음악으로 세계 팝 시장을 압도하겠다는 베리 고디Berry Gordy의 의지가 반영된 것이다.

▲ Motown Record

마침내 1970년 비틀즈 해체 이후 마이클 잭슨의 시대가 화려하게 도래했다. 그리고 리듬 앤드 블루스의 왕자로 불린 마빈 게이Marvin Gaye는 1971년 〈What's Going on〉을 발표한다. 마이클 잭슨은 지금까지 없었던 유일무이한 소울Soul 앨

범이라고 호평했다. 1981년 다이아
나 로스와 라이오넬 리치가 부른
영화 주제곡 〈Endless Love〉는 빌
보드 차트에 9주간이나 1위에 랭
크되며 다이아나 로스를 팝 음악
계의 디바로 등극시켰다. 수만 개
의 부품이 조립되어 자동차가 완

▲ The Ford Museum

성되듯이, 모타운에 들어온 누군가가 문을 나설 때는 스타가 되게 하겠다는 베리
고디Berry Gordy의 창업정신은 1988년 MGM으로 매각되며 화려한 신화에 종지부
를 찍었다. 역사라는 것은 죽어서도 살아나는 것이다. 모타운 건물은 역사유적으
로 지정되어 많은 음악 팬들이 스타의 발자취를 따라 방문하는 명소가 되었다.

한편 디트로이트는 세계 최대의 자동차 공업도시다. 미국 3대 자동차 메이커인
포드, 지엠, 크라이슬러의 생산공장이 디트로이트에 있다. 포드 자동차 박물관
The Henry Ford을 찾았다. 자동차 왕으로 불리는 헨리 포드는 1903년 포드자동차
를 설립했다. 농부의 아들로 태어나 중학교를 중퇴한 그는 자동차 제작에 일생을
바쳤다. 그리고 획기적 진전을 이룬 양산 시스템을 최초로 도입해 본격적인 자동
차 시대를 열었다.

▲ 나이아가라 폭포

캐나다로 올라가는 길에 있는 나이아가라 폭포에 도착했다. 오대호에서 흘러온 나이아가라 강은 60m 높이의 나이아가라 폭포를 지나 캐나다의 온타리오 호수로 흘러간다. 폭포는 쏟아져 내리는 엄청난 물의 압력으로 매년 1~3m씩 침식하며 상류로 이동했다. 그 결과 1만 년에 걸쳐 12km 상류로 이동해 지금의 위치에 이른 것이다. '바람의 동굴 The Cave of Winds'이라는 프로그램을 이용하면 엘리베이터를 타고 지하 54m로 내려가 나이아가라 폭포에 가깝게 접근해 물벼락을 맞는 특별한 여행이 기다린다.

▲ 바람의 동굴

위에서 내려다보는 폭포와 아래에서 올려다보는 폭포, 무엇이 다를까? 위에서 보면 그저 대단하고 멋있다는 일반적인 수사일 뿐이다. 아래에서 올려다보면 거스를 수 없는 자연의 위대함에 온몸이 전율한다. 폭포 뒤쪽으로 동굴이 있다. "저기 동굴 좀 들어갈 수 있습니까?" 레인저는 "100년 전에 왔으면 가능한 일입니다."라고 한심스럽다는 듯이 말한다. 바람의 동굴은 1922년까지 인기 있는 방문 장소였으나 이후 출입이 금지되었다. 우리가 잠시 1922년으로 돌아갔다 나왔다.

나이아가라 강에 놓인 레인보우 다리를 건너 국경을 넘는다

• 캐나다 •

영어권과 불어권 지역, 가스페 반도를 돌아 프린스 에드워드 섬으로 간다. 『빨강머리 앤』의 배경, 그리고 작가 몽고메리의 고향 캐번디시, 미국 시인 롱펠로가 아카디아인의 슬픈 사랑을 노래한 장편 서사시 〈에반젤린〉의 배경이 이곳이다.

🚗 세계 3대 폭포 나이아가라는 미국과 캐나다의 국경을 가른다

나이아가라 폭포의 가장 큰 문제는 물에 의한 세굴(洗掘)과 침식으로 폭포가 점점 상류로 후퇴하는 것이었다. 일 년이면 3m에 이르는 후방 침식을 막을 수 있는 좋은 방법이 없을까? 기술자와 과학자들은 막지는 못하지만 늦출 수 있는 방법을 찾았다. 상류에 콘크리트 웨어를 설

▲ 폭포 상류에 설치된 수압 조절 웨어

치하여 발전용수로 공급하고 폭포 일부로 집중되는 수압을 고르게 분산했다. 그 결과 세굴과 침식을 10년 동안 30㎝로 줄이는 데 성공했다.

나이아가라 폭포에는 웃을 수도 울 수도 없는 사건, 사고, 에피소드가 끊이지 않았다. 1829년, 최초로 샘 패치라는 사람이 폭포에서 뛰어내렸다. 1901년에는 한 여성이 나무통에 의지해 폭포를 건넜다.

1918년에는 화물을 운송하던 바지선이 예인선의 밧줄이 끊어지며 떠내려왔다. 질긴 2명의 선원은 탈출에 성공했고 바지선은 상류에서 가까스로 멈추며 좌초됐다.

▲ The Maid of The Mist

더욱 황당한 일은 1960년 7월 9일 보트를 타고 놀던 로저 우드워드Roger Woodward라는 7살 난 어린이가 폭포 아래로 떨어진 사건이다. 구명조끼와 스위밍 슈트를 입은 소년은 크루즈 'The Maid of The Mist'에 의해 회오리치는 물속에서 다친 데 없이 구조됐다. 폭포를 타려는 무모한 사람들의 도전, 다음은 누구일까?

▲ 토론토

캐나다 제1의 도시 토론토로 간다. 로저스 센터Rogers Center는 경기장 루프를 통째로 개폐하는 스타디움과 호텔을 가진 세계 최초의 복합 콤플렉스다. 특별한 것은 스타디움에 접한 호텔 객실과 레스토랑에서 경기를 관전할 수 있도록 설계한 것이다. 아이스하키 명예의 전당Hockey

▲ 아이스하키 명예의 전당

Hall of Fame은 캐나다의 국민 스포츠가 아이스하키라는 사실을 알기에 충분하다. 1885년에 지어진 역사 유적지 몬트리올 은행의 자리에 1943년에 들어섰다.

토론토 시청사는 20층과 27층의 다른 층을 가진 두 동의 반구형 건물이 하부에서 원형 돔 건물로 일체가 되는 구조로 설계됐다. 청사 앞에는 사각형의 연못과 토론토Toronto를 상징하는 엠블럼이 있어 많은 관광객이 찾는다. 『서울시청 신청사는 왜 최악의 건축물이 되었는가?』라는 기고가 있었다. 2012년 8월에 준공된 서울시청 신청사에 대해 유명한 건축 평론가는 이렇게 이야기한다.

"주변과 전혀 다른 디자인을 하는 것은 대화를 깨자는 것과 같다."

▲ 토론토 시청사

토론토를 떠나 킹스톤으로 간다. 나이아가라 폭포를 지나온 물은 온타리오 호수로 흘러들어 플뢰브 셍로헝St Lawrence River을 지나 북대서양으로 빠져나간다. 플뢰브 셍로헝 초입에 있는 도시가 킹스턴으로, 한때 연합 캐나다의 수도였다.

이 도시를 찾아온 것은 미국과 국경을 가르는 플뢰브 셍로헝에 무려 1,000개의 섬이 있어 이를 보기 위해서다. 힐Hill 섬에 도착해 130m 높이의 천섬One Thousand Islands 전망대에 오르니 붉은 단풍으로 물드는 가을의 정취가 한눈에 가득하

다. 공식적으로 991개의 섬이 있으며, 모래톱과 바위 암초까지 더하면 자그마치 1,867개다.

🚗 네 도시가 맞붙어 싸우는 바람에 어부지리로 수도가 된 오타와

수도 오타와는 캐나다에서 네 번째로 큰 도시다. 1854년, 퀘벡, 몬트리올, 킹스톤, 토론토는 수도로 선정되기 위해 치열하게 경쟁했다. 킹스톤과 토론토를 수도로 하면 프랑스계가 불만이고, 퀘벡이나 몬트리올로 하면 영국계의 반발이 커질 것을 심하게 우려한 영국 여왕 빅토리아는 고심 끝에 솔로몬의 해법을 찾았다. 1857년 12월 31일, 영국 왕실은 영국과 프랑스계의 이념적 정서가 양분되는 온타리오 주 오타와를 캐나다 수도로 결정했다. 이후 인구 2만에 불과했던 작은 도시 오타와는 도시미관을 중시하고 고도를 제한하여 안정되고 단정한 도시로 탄생되었다.

리도 홀Rideau Hall은 영국 왕실의 승인으로 임명되는 총독관저다. 스코틀랜드의 전형적인 영지 스타일로 건축된 총독관저는 세계 각국의 왕실과 대통령 등 유력인사가 캐나다를 방문하면 이곳을 찾아 단풍나무를 기념 식수하는 관행이 있다. 단풍나무 사이를 돌아다니며 유명 인사를 찾아보는 것은 공원이 주는 색다른 즐거움

▲ 기념 식수 명판

이다. 해리 트루먼, 로널드 레이건, 존. F. 케네디 등 우리에게 친숙한 이름이 보인다.

▲ 노트르담 성당

    도심에 있는 노트르담 성당Basilica of Notre Dame은 1839년 고딕양식으로 축성했으며, 오타와에서 가장 오래된 성당이다. 엄숙하고 장엄하기보다 동화 속 궁전같이 친숙하고 정감이 간다.

    바로 건너편의 캐나다 국립미술관National Gallery of Canada에는 거대한 유리 타워가 있다. 건물 자체가 예술이라 할 만치 독특하고 뛰어난 감성을 가지고 있다.

▲ 루이스 부르주아 作, 마망

    광장에 설치된 거미 조형물 '마망Maman'은 프랑스 태생의 미국 조각가 루이스 부르주아Louise Bourgeios의 작품이며, 높이는 10.24m로 거대하다. 작가는 어렸을

때 아버지와 가정교사의 불륜을 지켜보고 분노했으며, 가정을 지키기 위한 어머니에게 한없는 연민을 느꼈다. 거미는 자신이 낳은 알을 천적으로부터 보호하기 위해 몸을 세운다. 그는 어머니의 사랑을 거미를 통해 승화시켰다.

국회의사당

　미술관 건물의 뒤편을 끼고 돌아가면 오타와 전경이 가장 아름답게 보이는 작은 언덕 네피언 포인트 공원Nepean Point Park이 나온다. 동산 꼭대기에는 캐나다의 초대 프랑스 총독인 샹플랭Champlain의 동상이 있다. 강 건너로 보이는 캐나다 국회의사당Parliament Building은 1866년에 완성됐으나 화재로 소실되어 1922년에 재건축했다. 빅토리안 고딕스타일로 건립한 의사당의 건축학적 가치는 세계에서 가장 우수한 사례로 인정받는다.

　알렉산드리아 브리지를 건너 퀘벡주 헐Hull 지역에 위치한 가티노 공원Gatineau Park에는 수상이었던 매킨지Mackenzie King의 여름 별장으로 사용된 킹스미어

Kingsmere가 있다. 1948년까지 도합 21년 동안 총리로 재임한 매킨지는 지금도 국민들의 존경과 사랑을 받는다.

🚗 영국 연방 캐나다 안의 또 다른 작은 프랑스, 퀘벡

몬트리올에 들어와 처음 느낀 것은 언어의 변화였다. 몬트리올이 속한 퀘벡 주는 프랑스 이민자의 후손들이 사는 지역이다. 1962년, 캐나다를 공식 방문한 프랑스 대통령 드골은 시청 테라스에서 광장을 꽉 채운 시민을 향해 "자유 퀘벡 만세"를 외쳤다. 퀘벡의 분리 독립을 선동한 드골 연설로 정상회담은 취소되고 양국 관계는 급랭했다.

중앙광장Place D'armas에 있는 노트르담 성당은 몬트리올과 캐나다를 대표한다. 외관만 본다면 어느 성당과 큰 차이점이 없지만, 안으로 발을 들이면 실내 장식과 디자인, 예술적 표현, 감성, 그 화려함에 눈이 휘둥그레진다. 푸른빛의 조명이 비치는 제대는 이곳이 바로 사후의 천당이 아닐까 싶다.

▲ 노트르담 성당

호두나무와 소나무로 만든 제대로부터 난간과 발판의 손스침에 이르는 모든 설치물에는 장인의 기술, 정신, 혼이 어느 것 하나 빠지거나 부족함 없이 듬뿍 깃들었다. 더구나 미사석의 구석구석에도 예사롭지 않은 섬세한 조각의 손길이 배어있다. 어두운 계단 아

▲ 예스럽지 않은 장인의 손길

래에는 선지자 예레미야와 에스겔의 전신 동상이 제대를 바라본다. 벽과 천장의 곳곳에 설치한 스테인드글라스는 화려함과 섬세함의 극치다.

몬트리올은 한국에도 친숙하고 의미 있는 도시다. 1976년에 개최된 제21회 몬트리올 올림픽에서 레슬링 종목의 양정모 선수가 처음으로 금메달을 목에 걸었다.

▲ 캐나다 안의 프랑스, 퀘벡

캐나다 안에 있는 작은 프랑스로 불리는 도시 퀘벡으로 간다. 1763년, 영국과의 7년 전쟁에서 패배한 프랑스는 눈물을 흘리며 캐나다를 떠났다. 캐나다에 남은 프랑스 이주자가 그들의 언어, 문화, 전통을 중시하며 살아가는 지역이 퀘벡이다.

샹플랭은 프랑스 식민지의 초대 총독이었으며 'The Father of New France'로 불린다. 생탄 거리Rue de Sainte Anne는 길거리 화가의 거리로 여행자의 초상화를 그리거나 자신들이 그린 미술작품을 좁은 골목길 양편으로 전시하며 판매한다.

언덕 위로 보이는 웅장하고 꽉 짜인 고딕 외관의 건물은 페어몬트 샤토 프롱트낙 Fairmont le Chateau Frontenac 호텔이다. 미국 루스벨트 대통령과 영국 처칠 수상이 정상회담을 통해 세계대전 종식을 위한 노르망디 상륙작전을 논의한 호텔이다. 나무로 만든 테라스 데크에 오르면 유유히 흐르는 플뢰브 생로헝과 붉은 단풍으로 덮인 데쟈흐당Desjardins이 보인다.

색소폰 연주가가 아리랑을 연주하기 시작했다. 한국인 단체 관광객이 올라오고 있었다. 그는 척 보면 어느 나라 사람인 줄 아는 귀신같은 재주를 가졌다. 독일인들이 등장하자 이번에는 로렐라이 언덕을 연주하며 다국적 여행자를 상대로 짭짤한 수입을 올리고 있었다.

▲ 길거리 연주자

▲ 샹플랭 거리

샹플랭 거리는 북미에서 가장 오래된 번화가다. 카페, 레스토랑, 선물점 등 자그마한 상점이 각각의 개성을 잔뜩 뽐내며 경쟁하듯 골목길 양편으로 늘어섰다. 이 거리에서 한국 사람들이 회벽 건물의 문고리를 잡고 사진을 찍고 있었다. 드라마 도깨비가 촬영된 곳이다.

〈La Frésquedes Québec〉은 건물 벽면에 그린 프레스코 벽화다. 벽면을 5층의 건물로 구성하여 입구와 계단, 창문, 테라스에 1491년에 태어난 까르띠에, 샹플랭 등 시대별로 알 만한 사람들의 일상을 프레스코화로 그렸다.

▲ 단풍으로 물든 왕도

　왕도로 간다. 프랑스와 영국풍의 아름다운 전원주택을 둘러싼 울창한 숲은 붉은 단풍으로 불타올랐다. 왕도의 길은 생탄 드 보프레 성당Sainte Anne de Beaupré으로 연결된다. 북미지역의 3대 가톨릭 성지로 알려진 순례지로 성당의 규모와 화려함, 사치스러움에 입을 다물지 못한다. 벽면과 바닥을 치장한 성화는 수를 놓듯 한땀 한땀 조각을 짜 맞춰 만든 모자이크 타일로, 어디서도 이렇게 사실적으로 묘사한 것을 보지 못했다.

　아쉬운 발걸음을 뒤로 하고 아름다운 가스페 반도를 북으로 돌아 소설『빨강머리 앤』의 배경이 된 프린스 에드워드 아일랜드로 간다. 밤늦게 게스트하우스를 찾았다. 프랑스계 주인은 영어 한마디 안 해도 되는 이곳에서 평생을 살고 있으며 영어로는 전혀 소통되지 않았다.

▲ 게스트하우스 프랑스계 주인

　포릴리언 국립공원Porillion National Park을 찾았다. 숲길의 끝에 훤하게 트인 바다가 나타난다. 검은 콩자갈이 파도와 부딪치며 내는 자그락 대는 소리에 귀가 간지럽다.

🚗 소설 『빨강머리 앤』을 따라 추억 여행을 떠나보자…

▲ 몽고메리가 외조부모와 살던 집

프린스 에드워드 아일랜드의 도시 캐번디시에 가면 누구나 특별한 추억 여행을 떠나게 된다. 캐번디시는 소설 『빨간 머리 앤』의 여류작가 몽고메리가 태어난 도시로, 소설의 배경이 되었다. 그녀의 어머니는 몽고메리를 낳고 21일 만에 세상을 떠났다. 외조부모의 극진한 보살핌과 사랑을 받으며 자란 몽고메리는 사과나무 아래에 앉아 소설을 썼다. 1908년, 소설 『Anne of Green Gables』는 출판되자 단박에 베스트셀러가 됐다. 좋아하는 꽃, 의미 있는 나무, 교회 오가던 길, 오래된 산책길, 물 긷던 우물, 땅바닥으로 구르는 돌 하나하나가 그녀 소설의 소재가 됐다.

'Silver Bush'라고 불렀던 2층 목조주택에는 몽고메리의 과거 흔적이 남아있다. 그린 게이블스 하우스는 소설 속에 나오는 주인공의 집이다. 지치고 힘들고 상처받은 마음까지도 말끔히 없애 주었다는 숲길 'Lover's Lane'도 재현되었다. 그리고 캐번디시 공동묘지를 찾으면 영원한 안식에 들어간 몽고메리를 만날 수 있다.

🚗 타이타닉 호의 비극을 제일 가까이에서 지켜보았던 핼리팩스

1912년 4월 15일, 영국 사우스햄프턴 항을 출항해 뉴욕으로 향하던 초호화 유람선 타이타닉 호는 핼리팩스Halifax 앞바다에서 빙산과 충돌했다. 주 정부는 손상된 타이타닉 호가 핼리팩스 항으로 들어올 것으로 예상하고 이민국 직원과 열차

를 대기시켰다. 그러나 타이타닉 호는
물속으로 가라앉았다.

▲ 핼리팩스 항구

또 다른 사건이 있다. 1917년 12월
6일에 일어난 핼리팩스 대폭발 사건이
다. 탄약, 화약, 화공약품을 가득 실
은 대형 군사 수송선 몽블랑 호가 항
구로 입항하던 중 다른 배와 충돌해 화재가 발생했다. 선원들은 모두 바다로 뛰
어들었으며, 몽블랑 호는 홀로 항구로 돌진해 대폭발을 일으켜 2,000여 명이 사
망하고 9천 명의 부상자가 발생했다. 그리고 항구 주변의 주택, 공장, 창고는 초
토화됐다. 이후 주정부와 주민은 일치단결하여 핼리팩스 재건에 성공했다.

🚗 미국 시인 롱펠로가 옛 식민지 아카디아 이민자들의 슬픈 사랑을 노래한 장편 서사시

아나폴리스 밸리는 1605년 프랑스 탐험가 샹플랭이 발견한 땅으로 이후 프랑스
계가 최초로 이주해 정착했다. 프랑스인들은 자신들을 아카디언Acadians이라 부르
며, 땅을 일궈 농사를 짓고 100년 동안 평화롭게 살았다. 그 후 프랑스를 몰아낸
영국은 1755년부터 1762년에 걸
쳐 아카디언을 추방하기 시작
했다. 아카디언이었던 에반젤린
은 부유한 집안의 딸로 많은 남
자의 청혼에도 불구하고 대장
장이 아들인 가브리엘과 사랑
에 빠졌다.

▲ 장편 서사시 에반젤린의 실제 무대

그들의 결혼식 날, 영국군은 마을을 점령하고 "프랑스계 주민은 마을을 떠나라."라는 포고문을 발표했다. 무장한 영국군에 끌려 성인 남자는 배를 타고 어딘지도 모르는 곳으로 보내졌다. 마을은 불태워지고 집, 농장, 남편을 잃은 부녀자와 노약자는 이곳저곳으로 흩어졌다. 오랜 세월 남편을 찾아 각지를 떠돌던 에반젤린은 우연히 찾은 병원에서 흑사병으로 죽어가는 남편 가브리엘을 만난다. 그녀가 평생을 찾아 헤맨 남편에게 해 줄 수 있는 것은 가브리엘의 영원한 안식을 위한 키스였다. 그녀가 남편을 찾아 나섰던 길이 에반젤린 트레일이다. 우리에게 친숙한 미국 시인 롱펠로의 장편 서사시 〈에반젤린Evangeline〉의 실제 배경이 된 곳이다.

▲ 호프웰 락스 파크

호프웰 락스 파크Hopewell Rocks Park에 도착했다. 해안의 역암이 파도, 비, 바람에 침식되어 만들어 낸 기형적인 자연 조형물이 있는 공원이다. 앞바다는 랍스터가 많이 잡히는 수역이다. 산지라고 해서 결코 싸지 않지만, 그냥 가는 것은 여행의 일부를 포기하는 것이라 작은 것을 구입해 맛만 느꼈다.

세인트 존Saint John에서 찾은 곳은 '역류하는 폭포Reversing Falls'다. 폭포 위에 놓인 다리를 중심으로 왼쪽은 세인트 존 강, 오른쪽은 북대서양의 펀디Fundy 만이다.

🚗 세상에 영원한 것은 없다. 너의 고민과 고통은 영원한 것이 아니다

펀디Fundy 만은 세계에서 가장 높은 조류가 발생하는 수역이다. 매일 하루 2차례씩 강과 바다의 흐름이 바뀐다. 강 상류로 올라간 바닷물이 썰물로 빠져나가며, 다리 아래에 20여 미터의 폭포를 이룬다.

▲ 서스펜션 다리

놀라운 자연의 신비가 일어나는 서스펜션 다리 난간에는 가슴 찡한 안내판이 있다.

"세상에 영원한 것은 없다. 너의 고민까지도"

"지금 너의 고통은 영원한 것이 아니다." 세상의 짐을 무겁게 진 사람의 극단적 행동을 만류하는 글이 난간 곳곳에 적혀 있다.

이곳저곳을 헤매다 찾은 숙박업소는 'Econo Lodge Inn & Suites'다. 다음날 식당으로 가니 한국교포 사장님이 계셨다. 사장님은 미국과 캐나다 전역에 있는 체인점 호텔을 무려 반값 이하의 저렴한 금액으로 이용할 수 있는 바우처 20장을 선물로 주시며, 나중에 모자라면 다시 연락하라고 하셨다. 실제 나중에 모자라 20장을 추가로 요청 드렸다. 그리고 또 모자랐지만 벼룩도 낯짝이 있는지라 더 이상은 양심이 허락지 않았다. 캐나다를 떠난다. 미국 국경이 지척이다.

▲ Econo Lodge Inn & Suites

미국의 동부를 북에서 남으로

역사의 도시 보스턴, 뉴욕과 맨해튼에 들렀다. 《톰 소여의 모험》을 집필한 마크 트웨인의 처가 동네 엘미라Elmira에도 들렀다. 독립의 산실 필라델피아, 백악관이 있는 워싱턴, 웨스트버지니아에서는 존 덴버의 〈Take me home, Country Road〉 노래를 부르며 달렸다. 〈머나먼 그곳 스와니 강〉을 작곡한 포스터가 한 번도 스와니 강에 와보지 않았다는 것에 놀라고, 미 최남단 도시 마이애미와 키 웨스트로 간다.

보스턴은 역사 도시다. 그래너리Granery 묘지에는 「독립선언서」에 서명한 새뮤얼 애덤스, 존 핸콕, 로버트 트리트 페인의 시신이 매장되어있다.

▲ 그래너리 묘지

맞은 편에 또 하나의 묘지가 있다. 킹스 채플King's Chapel은 공동묘지에 지은 영국 성공회 성당이다. 1688년 영국 왕실은 성공회 교회를 지으라는 명령을 내렸다. 그러나 시민들이 거부하며 땅을 내놓지 않자 공동묘지의 한 구석에 교회를 지었다.

▲ 독립운동의 산실이 모여있는 거리

우거진 나무 사이로 보이는 건물은 1635년 청교도에 의해 세워진 최초의 공립학교다. 벤저민 프랭클린, 새뮤얼 애덤스, 존 핸콕 같은 미국 역사의 중요 지점에 있었던 유명 인사들이 다녔다. 삼거리 코너에 있는 붉은 조적조(組積造) 건물은 가장 오랜 역사를 가진 상업용 건물이다. 1712년, 약방으로 지었으나 서점으로 용도가 바뀌었다. 롱펠로, 에머슨, 호손 등 유명 문인이 드나든 문학 사랑방이었다.

🚗 차가 담긴 궤짝을 바다에 던지며 시작된 미국 독립운동

둥근 원판 조형물이 박힌 광장 바닥이 보스턴 대학살 현장이다. 1770년 3월 5일, 영국군의 발포로 5명의 시민이 숨졌다. 이 사건은 영국으로부터 독립해야 한

▲ 보스톤 대학살 현장

▲ Boston Tea Party

▲ 미국에서 가장 오래된 술집

다는 열망과 의지가 불타오르는 계기가 되었다.

1773년 12월 16일, 보스턴 시민은 영국이 차^{Tea}에 부과하는 세금에 반대하기 위해 올드 사우스 집회소^{Old South Meetng House}에 모였다. 그리고 항구에 정박한 동인도회사의 선박 2척을 습격하고 342개의 상자를 깨뜨려 그 안의 차를 모조리 바다로 던졌다.

보스톤 차 사건^{Boston Tea Party}, 'party'라는 단어는 파도에 넘실대는 차와 궤짝을 보고 해학적으로 붙인 것이다. 이후 영국의 식민지 탄압은 더욱 강화됐고 미국은 더 크게 저항했다. 그리고 1776년 7월 4일, 미국 독립선언으로 이어졌다.

1795년에 오픈한 'Bell in Hand Tavern'은 미국에서 가장 오래된 술집이다. 역사와 전통의 선술집에는 긴 세월의 구수한 이야기가 넘친다. 선술집 주인은 벨을 울리며 관공서의 포고문을 주민에게 알리는 파수꾼이었다. 일에 대한 큰 자부심을 가진 그는 선술집에 'Bell-in-Hand'라는 상호를 붙였다.

케임브리지로 이동한다. 하버드대학과 MIT 공대가 위치한 이곳은 미국과 세계를 선도하는 인재를 길러내는 교육의 전당이다. 대학 도서관에 들어가 보니 책 읽고, 인터넷 검색하고, 잠도 자며 하루를 보내는 노숙자Homeless들이 많이 보인다.

🚗 뉴욕 맨해튼을 자동차로 들어가는 것은 미친 짓이다

세계 경제 중심도시 뉴욕으로 간다. 워싱턴이 정치·외교·행정의 수도라면, 뉴욕은 상업·금융·공업·무역을 주도하는 경제 수도다. 모하비를 끌고 맨해튼으로 가는 길은 험난했다. 하이웨이는 20차선이 넘었고 길을 잘못 들어서면 통행료까지 지불하며 어딘지도 모르는 수십 킬로를 돌아와야 다시 제자리였다.

▲ 길에서 만난 사람들

늦은 밤, 허드슨 강 너머로 뉴욕의 심장 맨해튼이 빤히 보이는 저지 시티Jersey City 부둣가에 도착했다. 돈 한 푼 안 내고 제한 시간도 없이 맨해튼 야경을 볼 수 있는 곳은 여기만 한 곳이 없다.

▲ 맨하튼 야경

부둣가에 조형물이 있었다. 'The
Empty Sky Memorial', 뉴저지에
서 올려다보이던 월드트레이드센터
가 9.11테러로 붕괴했다. 텅 빈 하
늘을 보며 그날을 기억하고 추모하
기 위해 테러 10주년 되는 날에 세
웠다.

▲ The Empty Sky Memorial

아침 일찍 맨해튼으로 들어가 주차장에 차량을 입고하며 요금을 물으니 하루
10시간 기준으로 70불이다. 브루클린으로 넘어가 사설주차장에 하루 18불에 주
차하고, 지하철을 탄 후 맨해튼으로 들어왔다. 오가느라 시간은 허비했지만, 지하
철을 타고 보통 사람의 일상으로 들어가는 것도 좋은 경험이다.

▲ 뉴욕 지하철

▲ 돌진하는 황소

배터리 파크에서는 리버티 섬에 우뚝 서 있는 자유의 여신상이 가깝다. 자유의 여신상은 프랑스가 미국 독립 100주년을 기념해 선물한 것으로 뉴욕을 상징한다. 볼링그린Bowling Green에는 〈돌진하는 황소〉라고 불리는 조각상을 보기 위해 여행자가 몰렸다.

트리니티 교회Trinity Church 앞 대로를 건너면 월스트리트가 시작된다. 1792년, 뉴욕증권거래소가 들어서며 세계 금융의 중심이 됐다. 그리고 2017년 3월 8일, '세계 여성의 날'에 월스트리트의 기업 이사회가 남성 위주로 구성된 것을 항의하고 비판하기 위해 〈두려움이 없는 소녀상〉이 증권거래소 앞에 설치됐다.

▲ 두려움이 없는 소녀상

🚗 무고한 살상 테러로 얻을 수 있는 것은 아무것도 없다

미국이 치욕이라고 규정하는 세기적 두 사건은 일본의 진주만 공습과 인류 역사상 최대 규모의 9·11테러다. 미국과 전 세계를 경악하게 한 9·11테러로 세계무역센터인 쌍둥이 빌딩이 붕괴했고, 많은 사상자와 재산 손실을 불러왔다.

▲ Ground Zero

테러 폭발의 지점에는 그라운드 제로가 들어섰고, 이곳에 희생자들의 이름을 새겨 그들을 기린다. 사람 안구를 모티브로 한 오큘러스는 9·11테러에 대한 세계인의 분노와 슬픔을 눈으로 형상화했다.

그리고 2014년 11월에 개장한 'One World Trade Center'는 미국 독립선언의 연도를 따라 1,776피트의 높이로 지어져 미국에서 가장 높은 건물이 됐다. 그리고 뉴욕을

▲ 오큘러스

대표하는 아이콘, 20세기 건축공학의 대표작인 엠파이어스테이트 빌딩은 최고층의 지위를 잃었다. 성 패트릭 성당St. Patrick's Cathedral은 1858년 아무것도 없던 뉴욕의 허허벌판에 짓기 시작해 1879년에 완공한 미국 최대의 고딕 성당이다.

뉴욕과 맨해튼을 이야기할 때 타임스 스퀘어를 빼놓을 수가 있을까? 낮이나 밤이나 인파로 붐비고 밤이 깊을수록 더 북적이고 더 화려해진다. 세계 최고의 야경을 자랑하는 맨해튼, 들쑥날쑥하고 비 규격화된 사인몰이 밝히는 휘황찬란한 타임스퀘어의 밤거리는 수많은 인파로 발 디딜 틈이 없다.

센트럴파크는 바쁘게 사는 뉴요커의 휴식과 힐링의 장소로 자연을 즐기는 도심 속의 공원이다. 다코타 하우스는 존 레넌이 괴한에게 피살된 곳으로, 맞은편의 센트럴파크로 들어가면 그를 기리는 스트로베리 필즈Strawberry Fields라는 동판이 바닥에 있다.

▲ 불 밝힌 맨하튼　　　　　　　　　　　▲ 스트로베리 필즈

　자유의 여신상을 보기 위해 유람선에 올랐다. 빌딩 숲과 브루클린 브리지를 지
나 자유의 여신상이 마주 보이는 곳에 도착했다. 자유의 여신상은 겉으로 보면
동상이지만, 내부에는 계단과 엘리베이터가 설치된 건축물이다. 석양으로 붉게
물드는 대서양을 앞에 두고 맨해튼의 화려한 밤이 시작된다. 뉴욕을 떠난다.

　미국 지명에는 말과 관련된 도시가 많다. 가는 길에 들른 호스헤드Horseheads가
그런 곳이다. 닭대가리라는 말은 많이 들었어도 말대가리라는 이름은 우리에게
생소하다.

자유의 여신상

🚗 미국 문학의 거장 마크 트웨인이 처가살이를 한 도시

엘미라Elmira에 도착했다. 이름도
생소한 도시로 들어온 것은 소설가
마크 트웨인을 만나기 위해서다. 증
기선을 타고 여행하던 32세의 마크
트웨인은 선상에서 17세의 찰스 랭
던Charles Langdon이라는 청년을 만난
다. 두 사람은 나이 차이를 불문하

▲ Mark Twain Study

고 친구가 되었다. 그리고 찰스는 마크 트웨인에게 22세의 누이 올리비아의 사진
을 보여주었다. 두 남녀의 교제가 시작되고 결혼에 이르렀다. 엘미라는 마크 트웨
인의 처가다.

미시시피 강을 오가는 증기선의
조종실을 본떠 만든 'Mark Twain
Study'에서『톰 소여의 모험』,『허
클베리 핀의 모험』,『왕자와 거지』,
『미시시피 강의 생활』,『철부지의
해외여행』,『아서 왕궁의 코네티컷
양키』등의 소설과 단편이 탄생했

▲ 마크 트웨인 묘소

다. 미국의 셰익스피어, 미국 최고의 천재 작가, 미국 문학의 아버지라는 찬사를
받는 마크 트웨인은 대표작『톰 소여의 모험』을 통해 어른의 속을 썩이고, 학교
가기 싫어하고, 상상을 초월하는 호기심을 가진 톰이라는 주인공을 통해 세상은
모험으로 가득 차 있는 곳이라고 이야기한다. 그는 소설의 명성에 비해 소박하게
조성된 묘지에서 처가 식구들과 함께 묻혔다.

인근의 왓킨스 글렌Watkins Glen 주립공원은 국립공원에 버금가는 멋진 곳이다.
2마일 협곡으로 이루어진 공원에는 19개소의 폭포가 있다.

▲ 왓킨스 글렌

마지막 빙하시대에 왓킨스 글렌을 흐르던 물은 지금보다 수백 피트 높은 곳으
로 흘렀다. 겨울철의 동결과 해동, 그리고 급류를 이룬 물, 돌, 진흙, 모래가 바위
를 깎아내려 지금의 협곡을 만들었다.

도시 와킨스 글렌이 보여주는 전혀 다른 모습은 자동차 레이싱이다. 1948년
10월, 와킨스 글렌 인터내셔널Watkins Glen International이라는 자동차 레이싱이 처음
으로 개최됐다. 도심지의 일반도로 6.6마일에서 개최되던 자동차 경주는 1952년
구경하던 관중이 차에 치여 사망한 이후 도심 남서쪽으로 이전했다.

공원 입구의 맞은편 건물에 이런 플래카드가 걸렸다.
'Shine The Light On Domestic Violence가정폭력에 빛을 비춰주세요'
사람 사는 곳에는 어디든 비슷한 일이 있는 모양이다.

🚗 미국의 탄생을 세계에 알린 종소리, 미국 독립의 산실 필라델피아와 수도 워싱턴

1776년 7월 4일, 필라델피아의 인디펜던스 홀Independence Hall에서 영국식민지 독립을 선포함으로서 미국이라는 나라가 탄생했다. 독립선언 당일 주민들을 광장에 불러 모으기 위해 타종된 자유의 종Liberty Bell, 국가의 중요 행사와 사건이 있을 때마다 타종되어 미국 역사와 순간을 함께했으나 지금은 균열이 심각하게 발생하여 전시실에서 방문객을 맞는다.

▲ 자유의 종

▲ 독립 기념관

필라델피아 관광의 핵심은 뭐니뭐니해도 독립기념관Independence Hall이다. 이곳에서 미국 독립이 선언되고, 미합중국 헌법이 제정되었다. 18세기 조지안 양식으로 지어진 건물은 여러 차례의 개조와 보수가 있었지만 건축 당시의 원형은 그대로 유지하고 있다.

홀의 제일 앞자리는 초대 대통령 조지 워싱턴의 자리, 불멸의 리더십을 가진 초대 대통령 조지 워싱턴, "손뼉칠 때 떠난다." 대통령으로서의 평가가 좋았음에도

두 번 집권 후에 그 직에서 내려
옴으로써 미국 대통령제와 민주
주의의 전통과 틀을 마련했다.

그러나 조지 워싱턴에게도 과
오가 있었는데, 당시 흑인 노예

▲ 독립선언이 이뤄진 회의실

제도의 존폐에 대하여 각각의 주가 알아서 하라는 자유방임적 태도를 취한 것이
다. 또 자신의 농장과 저택에는 무려 300명의 흑인 노예가 있었다. 그럼에도 미국
인들이 가장 좋아하는 역대 대통령으로 그를 꼽는 데 주저하지 않는 것은 그의
공적인 기여다.

필라델피아를 떠나기에 앞서 벤저민 프랭클린
Benjamin Franklin의 묘소를 찾았다. 17세의 나이로
가출하여 사업을 통해 성공한 그는 정치, 외교,
과학, 작가로의 다양한 삶을 통해 미국의 독립
과 발전에 커다란 기여를 하였다. 건국의 아버
지Founding Father, 미국 지폐 100달러의 표지모델,
그의 명언을 새겨본다. "돈을 빌려준 사람은 돈
을 빌린 사람보다 잘 기억한다." "비밀은 셋 중
에서 둘이 죽었을 때에만 지킬 수 있다."

▲ 조지 워싱턴 동상

필라델피아에서 우리가 배우고 떠나는 교훈
이 있었다. "더 이상 대통령을 하지 않겠다."는
조지 워싱턴과 미국 사회의 미래상을 제시했던
벤저민 프랭클린 같은 지도자들의 덕목과 리더
십이 그것이다.

▲ 벤저민 프랭클린 묘소

1790년 조지 워싱턴은 포토맥 강가의 워싱턴 D.C.를 수도로 지정했다. 임시수도이었던 필라델피아에서 워싱턴으로 수도를 이전한 것은 1800년 11월 17일, 당시 인구는 고작 8,000명이었다.

▲ 워싱턴기념탑

철저하게 계획도시로 설계된 워싱턴에는 워싱턴기념탑의 높이 169m보다 높은 건물은 짓지 못하도록 조례가 지정되어, 지금도 고층 빌딩이 없다.

워싱턴 D.C의 동쪽에는 국회의 사당The Capitol, 3.5㎞ 떨어진 서쪽의 포토맥 강가에 링컨 기념관이 있다.

▲ 국회의사당

▲ 링컨기념관

▲ 한국전쟁 기념공원

직사각형의 넓고 기다란 잔디밭The Mall이 국회의사당과 링컨기념관을 연결하며, 주위로 스미소니언 박물관, 워싱턴 기념탑, 한국전쟁, 베트남 전쟁 참전 기념공원이 위치한다.

▲ 삼엄한 경비, White House

그리고 찾아간 백악관, 주변의 넓은 광장과 잔디밭으로 일순 아늑하고 평화로워 보이지만, 무장 군경의 감시의 눈길, 여행자 반에 안전요원 반이 섞인 세상에서 가장 살벌한 곳이다.

▲ 삼엄한 경비, White House

워싱턴 여행의 마지막 일정은 '평화의 소녀상'이다. 워싱턴 인근에 설치되었다고 알려진 정확한 위치는 버지니아 주 아넌데일Annandale에 있는 코리아 타임즈의 건물 앞마당이다.

🚗 Take Me Home, Country Road, 존 데버와 함께 떠난 웨스트 버지니아

"어머니의 품과 같은 정겨운 산, 그 시골길을 달려 나의 집으로 데려다주오." 존 덴버는 블루 릿지 마운틴과 세난도우 강이 흐르는 웨스트 버지니아를 천국과 같은 곳이라고 노래했다.

스카이라인 드라이브 Skyline Drive 는 새넌도우 국립공원을 관통하는 연장 169㎞의 도로다. 블루 릿지 파크웨이는 미국인들이 가장 좋아하는 드라이브 웨이로 길이만도 755㎞ 이며 스모키 국립공원Great Smoky Mountain National park으로 연결된다.

▲ 웨스트 버지니아 가는 길

▲ 새난도우 강

일상의 무료와 피로를 떠나 웨스트 버지니아에 오면 천국이 기다린다. 신비롭고 경이로운 곳, 놀라운 자연이 가득한 곳이다. 모든 것을 내려놓고 이곳에 오면 하늘에 조금 더 가까이 다가선 자신을 발견하게 된다.

▲ 테네시 주

테네시Tennessee주로 간다. Laurel Falls을 들르고 Mammoth Cave National Park을 찾았다. 동굴을 탐사한 지질학자들에 의하면 약 960㎞의 동굴이 있다고 하니 놀랄만하다. 세계에서 가장 긴 동굴을 가지고 있는 공원이다. 두 개의 프로그램을 가이드 투어로 둘러보고 루비 폭포Ruby Falls로 간다. 남부도시 채터누가

Chattanooga, 아름다운 산과 역사적인 관광명소가 있는 도시, 산에 폭포가 있는 것이야 당연하지만, 루비 폭포는 지금까지 경험하지 못한 동굴 속 폭포다. 80m 깊이의 엘리베이터를 타고 지하로 내려가며 동굴탐험이 시작된다.

▲ 동굴 생성물

동굴 내부에는 온통 석주와 석순, 종유석이 가득 들어찼다. 지금도 성장 중에 있는 동굴 생성물이다. 수 억 년을 은둔하며 지내온 동굴의 속살은 실로 놀랍고 감동적이다.

▲ 가득 들어찬 석주, 석순, 종유석

"어떻게 이런 곳이…." 정신 차릴 수 없는 아름다운 동굴의 지형이 숨 쉴 사이 없이 펼쳐진다. 그리고 빛 한 줌 들지 않는 깜깜한 동굴의 끝에서 지축을 흔드는 천둥소리를 들었다. 1928년에 시작된 험난한 공사, Leo Lambert는 수억 년의 세월을 무명으로 보낸 폭포 이름을 그의 부인 Ruby로 명명했다.

▲ 동굴의 끝에 나오는 루비 폭포

폭포 높이 44m, 빗물과 자연수가 혼합되어 떨어진 물은 작은 풀을 이루고, 지하로 스며들어 테네시 강으로 흘러든다.

🚗 시몬, 너는 좋으냐? 낙엽 밟는 소리가. 발로 밟으면 낙엽은 영혼처럼 운다

조지아 주도 애틀랜타는 미국 남동부의 큰 도시다. 아침에 보니 호텔 주차장에 주차한 레인지 로버 위로 나무가 쓰러져 차가 박살이 났다. 강구연월이란 고사성어가 있다. 태평한 세상의 평화로운 풍경을 보기 위해 떠난 여행길에 이런 일을 당하면 어떻게 해야 할까?

▲ '바람과 함께 사라지다' 가 집필된 집

『바람과 함께 사라지다』를 저술한 마가렛 미첼이 살던 집을 찾았다.

그녀는 이 집에서 3년에 거쳐 소설을 집필했다. 1936년 발간된 책은 불과 6개월 만에 백만 부가 팔렸다. 호사다마? 소설가로서 승승장구하며 잘 나가던 그녀는 1949년 8월 11일, 남편과 함께 길을 건너다 택시에 치여 48세의 젊은 나이로 죽었다. 소설이 성공하면 다음에 영화가 나오는 것은 예나 지금이나 변함이 없다.

1957년 클라크 게이블과 비비언 리가 주연한 영화는 원작의 탄탄한 구성과 스토리 전개에 힘입어 대흥행했고, 스칼렛 오하라 역의 비비언 리는 무명에서 세계적 톱스타로 떠올랐다.

▲ 마가렛 미첼 묘소

마가렛 미첼은 오클랜드 묘지Okland Cemetery에 남편과 함께 묻혀있다. 묘지는 백인, 흑인, 유대인, 전몰장병 묘역 등으로 구획되어 있다.

'시몬, 너는 좋으냐? 낙엽 밟는 소리가. 발로 밟으면 낙엽은 영혼처럼 운다. 우리도 언젠가는 낙엽이니'
구르몽의 시가 절로 떠오르는 묘지다.

🚗 사회정의가 물과 같이 순리에 따라 흐를 때까지 우리 흑인들은 만족하지 않을 것이다

조지아에서는 1960년을 전후로 흑인 해방운동이 들불같이 일어났다. 당시 시영버스는 백인과 흑인의 좌석이 분리되어 있었다. 백인들의 좌석이 차면 흑인들은 앉은 자리를 백인에게 양보해야 했다. 불공정하고 불합리한 인종차별에 저항한 흑인들에 의해 촉발된 인권운동은 열화와 같이 미 전역으로 번졌다. 목사이자 흑인 인권운동가 마틴 루서 킹은 흑인들의 인권, 평등, 자유를 찾기 위해 헌신한 진정한 영웅이었다.

또 한 사람, 제39대 미 대통령 지미 카터 역시 조지아 출신이다. 자신의 도덕적 신념을 현실 정치에 구현하고자 노력한 카터의 어린 시절은 흑인 친구들과 인

▲ 마틴 루서 킹

▲ 프리덤 홀

▲ 흑인 인권 및 해방운동이 처음 시작된 거리

간적 유대를 가지고 성장한 배경을 가지고 있었다. 흑인에 대한 차별과 편견이 없던 그는 흑인의 목표를 받아 대통령에 당선됐다.

프리덤 홀Freedom Hall에 있는 연못의 물은 여섯 개의 계단을 넘어 아래로 흘러내린다. 계단에는 "사회정의가 물과 같이 순리에 따라 흐를 때까지 우리 흑인은 만족하지 않는다. 우리들의 권리가 거대한 물의 흐름과 같이 보장되어야 한다."라고 쓰였다.

오번 애비뉴Auburn Avenue는 "피부색에 관계 없이 모든 인간은 평등하다."라며 뛰쳐나온 흑인들이 흑인 인권 및 해방운동을 외치며 시위했던 거리다.

세계를 돌아보며 도시가 들려주는 많은 이야기에 귀를 기울인다. 소설가 마가렛 미첼과 흑인 인권운동가 마틴 루서 킹을 빼고는 애틀랜타 여행 이야기는 그냥 어디쯤의 도시 이야기와 다르지 않을 것이다.

🚗 미국 자본주의의 상징 코카콜라가 진출하지 못한 두 나라는 쿠바와 북한이다

코카콜라 본사가 애틀랜타에 있다. 코카콜라는 자유의 여신상, 흰머리 독수리, 할리데이비슨, 브로드웨이, 백악관과 더불어 미국을 대표하는 상징이다.

"코카콜라 안 마셔본 사람?"

한 명도 없다. 1886년, '코카'라는 나뭇잎과 '콜라'라는 열매를 이용해 만든 코카콜라는 초기에는 하루 6잔이 팔리고 한 해 수입이 50달러에 불과했다. 현재 전

세계 200개국에서 하루 20억 병이
팔린다는 코카콜라는 가장 미국적
인 기업이다. 막대한 외화와 로열
티를 벌어들이는 것을 전제로 하면
미국 상징의 베스트는 단연 코카콜
라다.

또 1898년에는 펩시콜라도 등장
했는데 두 음료를 개발한 사람의

▲ 코카콜라 본사

공통점은 약사라는 직업이었다. 코카콜라와 펩시콜라는 모두 두통과 소화불량
을 완화하기 위해 개발했으며, 초기에는 약국에서 판매됐다. 어느 콜라가 더 맛
있을까? 블라인드 테스트를 해보니 펩시콜라가 더 맛있다는 결과가 나왔다.

올림픽 개최를 기념하기 위해 조성한 센테니얼 올림픽공원에 들렀다. 제26회 하
계올림픽이 근대 올림픽 100주년에 맞춰 애틀랜타에서 개최됐다.

▲ 100주년 올림픽 조형물과 쿠베르탱

▲ CNN본사

광장의 한쪽에는 화제와 사건, 사고 현장을 생생한 라이브로 전해주는 24시간
뉴스 전문매체 CNN의 본사가 있다. 1980년에 첫 방송을 송출한 이후 세계의 이

슈가 있는 현장에서의 실시간 생중계 뉴스로 전 세계인의 눈과 귀가 된 CNN은 고속으로 성장하며 24시간 뉴스 방송사로서의 위치를 확고히 했다. CNN 방송의 모토는 '사실 우선주의Facts First'다. 누구에게도 치중하지 않는 객관적이고 사실적인 전달을 지향하며, 모든 판단은 시청자 몫이다.

🚗 머나먼 그곳 스와니 강물 그리워라, 이 세상에 정처 없는 나그네의 길

자동차로 미국을 여행하면 날이면 날마다 만나는 하이웨이. 그 길을 달려 스와니Swannee 강에 도착했다.

▲ 스와니 강

포스터가 1851년에 작곡한 민요 〈스와니 강〉은 우리에게 매우 친숙하다. 284곡을 작곡한 포스터는 '미국의 슈베르트'로 불린다. 1864년 1월 13일, 37세의 나이로 요절했을 때 그의 호주머니에는 단지 38센트가 들어있었다.

그의 사후 13년이 지나서야 음악 레코딩 기술이 개발되고, 라디오조차 50년 후에 송출됐다. 그러니 포스터는 주야장천 작곡만 했지 돈 들어올 곳이 없었다.

▲ 포스터 박물관

▲ 박물관 소장품

▲ 마이애미 야경

재미있는 사실이 있다. 포스터는 북부 피츠버그 출신이다. 스와니 강 근처에는 살지도 않았고, 다녀간 적도 없으며, 얼씬거리지도 않았다. 곡의 운율에 맞는 강의 이름을 찾다가 지도에서 스와니 강을 발견하고 가사로 삼았을 뿐이다.

남동부 마이애미로 간다. 온화한 아열대성 기후로 사계절 내내 따뜻한 날씨를 보이는 세계 제일의 휴양지다. 흥미로운 것은 길거리에서 영어보다 스페인어가 더 많이 들린다는 사실이다. 숙박한 호텔의 시설관리인은 영어를 전혀 몰랐다. 통계에 따르면 마이애미 거주자의 55%가 모국어로 스페인어를 구사하고, 영어 사용자는 33%에 불과하다. 그리고 포르투갈어 3%와 프랑스어 2%, 독일어 1%, 기타 등등, 언어 전시장이 따로 없을 정도로 다인종과 다문화 지역이다.

▲ 사우스 비치

유명한 사우스 비치 앞의 아르데 코Art Deco 지역은 수백 개의 클럽과 바, 카페, 레스토랑, 부티크, 호텔이 넘친다. 1925년대 유행한 아르데코 양식의 건축물 960채가 사우스 비치 의 주변으로 몰려있다.

▲ 사우스 비치의 아르데코 건축물

마이애미 앞바다에는 약 2,000개의 섬이 있다. 이름 붙이기도 힘든지 섬을 통틀어 플로리다 키Florida Keys라고 부른다. 가장 남쪽에 있는 섬이 키 웨스트Key West다.

🚗 미국에서 손꼽히게 아름다운 해안도로 Overseas Highway

키웨스트로 가려면 마이애미에서부터 섬과 바다를 연결하는 하이웨이를 달려야 한다. 미국에서 손꼽히는 205㎞ 해상 하이웨이Oversea Highway다.

▲ Overseas Highway

마이애미가 휴양도시라는 타이틀을 가진 이유는 하이웨이를 따라 키웨스트에 이르는 40여 개의 섬이 리조트와 비치, 해양 오락 시설, 관광 편의시설을 완벽하게 갖추고 있기 때문이다. 카리브 국가와 인접한 키웨스트는 미 본토와 차별되는 독특한 분위기와 색다른 문화를 가지고 있다. 자동차로 더 이상 내려갈 수 없는 미국의 최남단 키웨스트에 도착했다.

어니스트 헤밍웨이를 시카고 인근의 생가에서 만난 후 두 번째로 찾았다. 이 집은 두 번째 부인 폴린 파이퍼Pauline Pfeiffer가 그녀 삼촌의 재정 지원을 받아 경매를 통해 구입한 하우스다. 식당 벽에는 헤밍웨이를 중심으로 그와 결혼했던 네 명의 여성 사진이 걸려 있다. 아마도 두 번째 부인의 사후에 걸어놓았을 것이다.

▲ 헤밍웨이 하우스

▲ 하우스 박물관 내부

헤밍웨이의 집필실은 저택 옆의 건초보관소 위에 있다. 이곳에서 『무기여 잘 있거라』와 『누구를 위하여 종을 울리나』가 탄생했다. 전쟁을 가미한 스펙터클하고 드라마틱한 스토리를 통해 종이란 결국 자신을 위해 울리는 것이라고 헤밍웨이는 말한다.

두 번의 결혼을 더 했던 헤밍웨이는 쿠바로 이주해 『노인과 바다』를 집필했다. 그리고 미국으로 리턴한 후 1961년 7월 2일 권총 자살로 생을 마감했다.

대서양의 일출을 보고 걸프 해 너머로 지는 일몰을 보며 키웨스트 여행을 마친다.

키웨스트의 일몰

🚗 바다와 민물이 교차하는 미 최대의 습지 공원

에버글레이즈Everglades 국립공원은
미국에서 유일하게 아열대 보존구역
에 있다. 국립공원 중에서 세 번째로
큰 면적이며 미국 최대의 담수호인
수심 30㎝의 오키초피 호가 있다.

▲ 에버글레이즈 국립공원

바닷물과 민물이 충돌하는 공원
에는 크로커다일과 앨리게이터가 동
시에 발견된다. 거대한 습지에는 천
여 종의 식물이 자라며 많은 종류의 조류가 서식한다.

그리고 맹그로브와 대평원, 소나무와 활엽수 집단군락지가 목격된다. 에버글
레이즈는 1987년 국제습지조약인 람사르 협약에 따라 세계 주요습지로 지정됐다.

▲ 공원에서 자주 마주치는 동물

공원은 습지를 포함해 자그마치 서울시의 10배에 가까운 5,929㎢의 면적이다.

　플라밍고 방문자센터는 공원의 최남단이다. 그곳의 마리나에는 처음 보는 바다 동물이 산다. 고래인 듯 물개인 듯한 동물은 매너티^{Manatee}다. 세계적으로 1,000마리에 불과한 멸종 위기 동물로, 국제보호동물로 지정되었다.

매너티

　해양 생태자원의 보고라 일컬어 부족함이 없는 에버글레이즈는 극히 제한된 곳에만 출입이 허용된다. 자연 생태가 사람이라는 외부환경에 저항할 힘을 가지도록 도와주는 것이 국립공원의 역할이다.

남부에서 중부로

•미국 중부•

뉴올리언스의 재즈바에 들러 밤이 가는 것을 아쉬워한다. 댈러스, 칼즈베드, 화이트 샌즈, 산타페, 앨버커키, 콜로라도, 덴버, 마니투, 신들의 정원, 로키마운틴, 레드락…. 미국이 이렇게 볼 것이 많다는 것에 놀라고 질렸다.

뉴올리언스는 멕시코만으로 흘러가는 미시시피 강의 하구에 있는 도시다. 미 대륙을 숨 가쁘게 흘러온 미시시피 강은 넓은 평야를 흠뻑 적시고 내려온 넉넉함으로 한층 풍성하고 여유롭다. 미시시피 강을 '어머니의 강Mother River'이라고 부르는 이유다.

▲ American에게는 미시시피 강은 '어머니의 강'

모하비를 시내 외곽에 있는 호텔주차장에 세운 후 공용버스를 타고 시내로 들어간다. 버스 손님은 모두 흑인으로 아프리카계 미국인이다. "흑인은 목숨이 붙어 있는 한 언제 어디서든지 주인을 섬겨야 한다." 1640년, 미국 법원의 판결문 요지다.

▲ 버스 승객은 100프로 흑인이다.

우리는 미국을 기회의 땅이고 자유의 나라라고 말한다. 하지만 미국 역사에는 엄연히 모순이 존재했다. 민주주의와 노예제도가 병행하여 발달한 것이다. 영국의 억압에 저항하고 독립을 쟁취한 조지 워싱턴과 독립선언서를 기초한 토머스 제퍼슨 역시 다수의 흑인 노예를 소유한 거대 농장의 소유주였다.

2005년, 허리케인 카트리나Catrina가 뉴올리언스를 강타했다. 미 국립 기후 데이터센터에서 발표한 자료에 따르면 당시 뉴올리언스의 80%가 침수되었다. 당국의 대피 명령에 따라 수십만 명의 백인은 자가용을 타고 도시를 빠져나가 안전지대로 대피했다. 그러나 빈민층이 다수였던 흑인은 침수된 도시에 고립되어 생사의 기로에 처했다. 더욱이 권총으로 무장한 폭도
들의 약탈과 폭동으로 뉴올리언스는 무정부
상태에 빠졌다. 오죽하면 죽기 전에 꼭 알아
야 할 세계역사에 선정되었을까? 허리케인 카
트리나는 흑백의 인종차별과 생활 수준의 격
차 문제를 수면 위로 끌어 올렸다. 미국에서
가장 많은 흑인을 볼 수 있는 도시가 뉴올리
언스다.

▲ 흑백이 공존하는 도시 뉴올리언스

🚗 어둠이 깔리자 네온이 도심을 밝히고, 열린 창문을 통해 재즈 선율이 흐르기 시작했다

'뉴올리언스' 하면 재즈다. 버번Bourbon 스트리트는 프렌치쿼터French Quarter 내의
역사 거리로, 재즈 바와 스트립클럽으로 유명하다. 2017년에만 1,774만 명의 여행
자가 버번을 찾았다. 한국을 찾는 외국인 관광객이 연간 2,000만 명을 넘지 않는
현실에 비하면 어마어마한 숫자다.

▲ 재즈의 발상지. 길 위로 재즈가 흘러 넘치는 도시 뉴올리언스

낮 동안 숨죽이며 침묵하던 버번은 어둠이 내리자 화려한 네온이 거리를 밝히며, 길거리에는 인파가 넘치고, 열린 창문으로는 재즈 선율이 흘러나왔다. 슬플 때나 즐거울 때를 막론하고 재즈에는 흑인의 삶과 애환이 짙게 배어있다.

뉴올리언스를 대표하는 인물은 재즈 뮤지션 루이 암스트롱이다. 뉴올리언스의 국제공항 이름이 암스트롱이니 말 다 했다. 1900년, 뉴올리언스에서 태어난 그는 재즈의 길을 스스로 개척한 트럼펫 연주자이자 가수였다.

▲ 루이 암스트롱

▲ 프랑스, .에스파냐, 멕시코, 그리고 미국. 다양한 문화와 건축양식

1718년 프랑스 식민지였던 뉴올리언스는 1764년에는 에스파냐령이 되었다. 그리고 1803년, 다시 프랑스가 차지했으며, 마지막으로 미국 영토가 되었다. 미국의 도시 중에서 프랑스, 에스파냐, 멕시코 등의 중세 건축양식을 체계적으로 보존하고 관리하는 도시는 뉴올리언스가 독보적이다.

또 뉴올리언스만큼 역사, 문화, 예술이 살아있고 흑백이 공존하는 도시는 없다고 말해도 된다.

🚗 사막의 땅 텍사스는 석유와 천연가스를 가득 저장하고 있는 미국의 생명줄이다

텍사스로 간다. 인디언의 땅이 에스파냐를 거쳐 미국령이 된 것은 1845년의 일이다. 한국 땅의 7배가 넘는 텍사스 주의 도시 댈러스로 간다.

1963년 11월 22일, 대통령 존. F. 케네디가 도심에서 암살당하는 충격적인 사

▲ 케네디 대통령이 암살당한 장소

건이 일어났다. 미국은 충격에 빠지고 세계는 경악했다. 케네디가 피격된 아스팔트 위에는 ×마크가 선명하다. 이틀 후 암살범 오즈월드는 구치소에 이송되기 위해 경찰서를 나오던 중 케네디의 열렬 추앙자인 잭 루비에 의해 피살되었다.

텍사스의 주요 산업은 광업이다. 미국 총생산량의 35%에 달하는 석유가 채굴되며, 천연가스 생산량은 1위다. 사막의 곳곳에 보이는 원유 시추장비 동키Donkey의 힘찬 움직임은 석유 한 방울 나지 않는 땅을 가진 한국인에게는 한없이 부러운 일이다.

▲ 과달루프 산맥

끝도 없는 치와와 사막을 달려 남부 텍사스에서 과들루프 산맥을 만났다.

🚗 보여 줄 것 없는 사막 끝에서 만난 보석 같은 석회암 동굴

과들루프 산맥에 칼즈배드 동굴 Carlsbad Caverns 국립공원이 있다. 엘리베이터를 타고 230m 아래의 지하 광장으로 내려갔다. 칼즈배드에는 80개가 넘는 석회암 동굴이 있으며, 규모와 크기는 물론이고 생성물의 다양성, 풍부함, 아름다움은 세계 제일이다. 석회암을 녹인

▲ 칼즈배드 동굴

물은 종유석이 되어 아래로 자라고, 끝으로는 나비와 벌을 유혹하는 듯 꽃술 모양의 석화 생성물이 화려하게 피어났다. 동굴 바닥으로 떨어진 물방울은 위로 성장해 석순이 되었다. 종유석과 석순이 붙어 석주가 되고 천장으로는 바람에 날린 얇은 방해석이 아슬아슬하게 매달렸다. 라임스톤은 수십만 년을 쉬지 않고 신비로운 창조물을 동굴 안으로 가득 만들었다.

동굴에는 멕시칸 박쥐가 대량으로 서식한다. 오후 4시 30분경 먹이 사냥을 위해 동굴을 일제히 빠져나오는 박쥐 떼의 비행 퍼레이드는 칼즈배드 동굴여행의 파이널 이벤트다.

▲ 박쥐 떼의 비행 퍼레이드

치와와 사막을 달려 화이트 샌즈 국립기념물White Sands National Monument로 간다.

황량한 사막 위로 놓인 아스팔트 도로에 미국에서는 좀처럼 만나기 힘든 검문소가 있다. 사막 일대는 미사일 발사기지가 있는 군사시설 보호구역으로 모든 차량과 승객은 군경 검문을 받아야 한다. 1942년, 화이트 샌즈 미사일 시험장White Sands Missile Range이 치와와 사막에 설립됐다. 그리고 1945년 7월, 미국 최초의 원자폭탄 실험이 있었으며, 성공적인 실험을 바탕으로 1945년 8월 6일 히로시마, 그리고 나가사키에 원자폭탄이 투하됐다. 그 결과, 일본은 항복을 선언하고 한국은 해방됐다. 지금은 미 육군과 해군, 공군, NASA의 미사일 시험 발사

▲ White Sands

기지로 사용된다. 미사일 발사 실험이 있거나 기상 상태가 나쁘면 공원이 잠정폐쇄된다는 것을 유념해야 한다.

　잘 드러나지 않은 툴라로사Tularosa 분지 위로 눈부시게 하얀 사구가 신기루 같이 펼쳐진다. 하늘을 제외한 대지는 모두 하얀색이다. 신이 빚은 새하얀 모래 천국이라는 평을 듣는 화이트 샌즈는 치와와 사막의 일부인 712㎢에 걸쳐있으며 세계에서 가장 규모가 크다.

　자동차를 타고 중앙을 관통하는 도로를 따라 모래사구를 돌아본다. 2억 7500만 년 전, 일대는 수심 얕은 열대 바다였으며, 백만 년 이상에 걸쳐 수위가 낮아지고 높아지기를 반복했다.

'Add Water, Remove Water'

수위가 내려가면 소금을 함유한 미네랄은 석고층을 형성했다. 다시 수면이 상승하고 내려가며 다른 석고층이 쌓이는 것이 반복됐다. 이렇게 생겨난 두터운 석고층이 지금의 사구가 되었다.

🚗 미국인지 멕시코인지 모를 곳, 미국 남부

뉴멕시코 주의 도시 앨버커키에 있는 산 펠리페 데 네리 교회Iglesia de San Felipe de Neri는 가장 오래된 로마가톨릭 성당이다. 1706년 건립 이후 하루도 쉬지 않고 미사와 종교행사가 열린다. 주도 산타페는 주민의 반이 스페인계로 영어가 필요 없다. 역사와 문화가 미천한 미국에서 중세유적과 식민 문화를 두루 가지고 있는 도시다. 무더운 사막기후이며 멕시코풍의 전통 건축양식을 따른다. 점토와 짚을 섞어 만든 벽돌로 골조를 세우고 지붕을 얹는 어도비Adobe 공법이 그것이다. 산타페의 모든 건축물은 어도비 양식을 따라야 한다. 황토색 건물이 푸른 하늘과 조화를 이루어 동화 속의 도시가 됐다. 획일적인 건축양식은 자유와 영혼이 없는 도시라고 주장하는 건축가들은 산타페를 방문해야 한다. 도시가 건축이라면 어도비는 산타페를 대표하는 아이콘이다.

어도비는 산타페를 대표하는 아이콘

원주민 마을Taos Pueblo은 1000년 역사를 가진 푸에블로 인디언의 정착촌이다. 현재 1,900명의 푸에블로 인디언이 살고 있으며, 1450년에 건축된 다층 구조의 건물에는 150명의 원주민이 전기와 수도가 없이 조상의 생활 방식을 고수하며 살아간다.

▲ 푸에블로 인디언 정착촌

🚗 Rocky Mountain High가 품은 콜로라도는 미국에서 가장 행복한 사람들이 사는 곳

콜로라도주의 제2 도시 콜로라도 스프링스, 로키산맥 기슭의 마니투 스프링스Manitou Springs는 1871년 천연의 미네랄 온천수가 발견되며 건설된 온천 도시다. 안내센터에서 얻은 지도를 들고 한 곳 한 곳 찾아가며 약수 마시는 재미가 나름 쏠쏠하다.

또 다른 볼거리는 '신들의 정원'이다. 붉은 바위산으로 이뤄진 '신들의 정원'은 1879년 철도회사 회장이었던 찰스 퍼킨스Charles Perkins의 유언에 따라 "모든 방문객에게 공짜로 해주시오."라는 하나의 조건을 내걸고 시에 기부되었다.

캐나다와 미국 서부를 남북으로 뻗어내려 멕시코까지 이르는 대산맥, 로키산맥으로 간다. 국도 36번을 따라가다, 에스테스Estes 공원을 알리는 이정표에서 차를 세웠다. 에스테스 호수의 먼발치로 로키산맥이 그 웅장한 모습을 드러냈다. 환상적인 드라이빙 코스인 트레일 롯지 로드Trail Rodge Road는 해발 3,500m의 로키산맥을 달리며 엘크, 사슴, 코요테 등 야생의 동물을 만나고, 울창한 산림지대를 지난다.

▲ Rocky Mountain

콜로라도 주도 덴버는 미국에서 가장 살기 좋은 도시다. 레드 락 경기장Red Rocks Amphitheatre을 찾았다. 붉은 사암 기둥이 들어찬 바위산으로 둘러싸인 자연 속의 원형극장이다. 말의 귀가 연상되는 'Creation Rock'과 'Ship Rock' 사이에 9,450명을 수용하는 계단식의 객석이 있다.

80년 역사를 가진 레드 락 경기장은 모든 뮤지션에게 꿈의 무대다. 비틀즈, Bruno Mars, U2 등 내로라하는 당대의 슈퍼스타들이 이 전설적인 무대에서 공연을 펼쳤다.

Red Rock Amphitheatre

슈퍼 트루퍼Super Trooper에서 발사된 강력한 일렉 빔이 바위에 부딪혀 산산이 조각나고, 밤하늘을 이리저리 휘저으며 교차했다. 그리고 뮤지션의 음악과 관중들의 환호가 한데 어울려 바위산을 뜨겁게 달궜다.

그랜드
서클 종주

| 내 차로 가는 미국 · 중남미 여행 |

대망의 그랜드 써클

· 미국 중서부 ·

아치스 국립공원, 데드호스 포인트, 캐니언 랜드, 캐피톨 리프, 브라이스 캐니언, 자이언 캐니언, 안텔로프 캐니언, 글렌 캐니언, 호스슈 벤드, 그랜드 캐니언, 모뉴먼트 밸리, 나바호 국가기념물, 메사 베르데, 4코너, 셰이 캐니언, 페트러파이드 포레스트 국립공원, 블루메사, 세도나, 루트 66, 킹맨, 라스베이거스, 후버댐, 데스밸리

콜로라도와 유타주를 동서로 횡단하는 70번 하이웨이, 로키 마운틴의 협곡을 빠져나오자 완만한 기복의 사막지대가 시작된다. 시원하게 뚫린 왕복 4차선의 하이웨이를 따라 유타 주로 들어서자 같은 도로임에도 제한속도가 80마일로 올라갔다.

🚗 미국 여행의 경이로움은 스케일이 큰 대자연과의 만남이다

그랜드 서클의 시작은 아치스Arches 국립공원이다. 모압Moab 사막에 있는 아치스는 2,000여 개의 천연 아치가 장관이다. 델리게이트Deligate 아치는 커다란 돌산 위에 오롯이 홀로 서 있는 대형 아치다. 누구도 이 공원을 대표한다는 것에 이의를 달지 않는다.

연약한 사암 지형에서 생기는 아치는 암반의 균열과 수분 침투, 그리고 동결과 해빙이 반복된 결과다. 커다란 직사각형의 바위산Courthouse Towers은 위엄스럽고 단호한 모습으로 법원 청사라는 이름을

▲ 델리게이트 아치

가졌다. 또 맞은편 돌산은 쓰리 가십스Three Gossips라고 이름 지었다. 쓰러질 듯 말 듯 위태롭게 서 있는 밸런스드 락Balanced Rock은 비바람에 세월까지 더해져 성한 곳 없이 침식됐어도 절묘하게 균형을 잃지 않고 자리를 지킨다.

North Arch

악마의 정원 트레일Devils Garden Trail은 아치스에서 가장 긴 워킹 트레일이다. 트레일 초입에 있는 랜드스케이프 아치Landscape Arch는 아치스에서 가장 길다란 아치다. 1991년 9월 1일 아치 아래에서 쉬던 탐방객들은 "쩍" 하며 바위가 갈라지는 소리를 들었다. 급히 피하자마자 88m 경간(徑間)의 아치에서 바윗덩어리가 떨어졌다. 1995년에도 같은 일이 반복되자 국립공원 측은 오래지 않아 무너질 것으로 예상하고 탐방객 안전을 우려해 트레일을 폐쇄했다. 하지만 30년이 되어가는 지금까지 아치는 건재하다. 돌출된 암벽 좌우로는 사암이 만들어낸 아치와 주변의 경치가 한데 어울려 아름답기 그지없다. 파티션Partition 아치의 커다랗게 뚫린 구멍으로는 모압Moab 사막의 커다란 스케일이 담긴다.

▲ 파티션 아치와 모압사막

다음으로 들른 곳은 데 드호스포인트 주립공원Dead Horse Point State Park이다. 수억 년의 세월이 평지풍파를 다스리며 만들어 낸 협곡과 광야가 눈앞으로 거칠 것 없이 펼쳐진다.

▲ 세월이 평지풍파를 일으키며 만들어낸 협곡과 광야

🚗 오백 년 도읍지를 필마로 돌아드니 산천은 의구하되 인걸은 간데없다

오백 년 도읍지를 필마로 돌아드니
산천은 의구하되 인걸은 간데없다
어즈버, 태평연월이 꿈이런가 하노라

― 야은(冶隱) 길재(吉再)

아니다. 수백만 년의 세월이 만들어낸 광야는 결코 의구하지 않았고, 오히려 스펙터클하며 다이내믹했다. 땅은 침식과 침강, 풍화와 퇴적이라는 지속적인 지질 활동을 거쳐 데드호스포인트 Dead horse Point라는 거대한 협곡을 탄생시켰다. 이곳을 흐르는 콜로라도 강은 로키산맥에서 발원하여 대륙의 남서부를 관통한 후 캘리포니아 만으로 흘러드는 강으로, 그 길

▲ 데드호스포인트 주립공원

이는 자그만치 2,330㎞다. 도시를 지나 평야를 적시며 남서부로 흘러든 콜로라도 강은 폭 좁고 깊은 협곡을 사행으로 흘러 서부로 간다.

캐니언랜드 국립공원Canyonlands National Park은 콜로라도 강과 그린 강이 흐르는 사막지대에 있다. 면적 1,366㎢의 광야에는 다채로운 색상의 캐니언, 사암 아치, 첨탑이 도처에 널렸다. 국립공원은 콜로라도와 그린 강에 의해 3개 구역으로 나뉜다. 일반적인 여행은 아일랜드 인 더 스카이Island in The Sky에서 이루어진다. 눈을 들어 어디를 보든 물의 힘과 세월의 무게가 만들어낸 지형이 선명하다. 물을 물로 보면 안 된다? 그렇다. 미미한 존재감의 물이 드라마틱한 협곡, 바위 첨탑, 기기묘묘한 생성물을 도처에 남겼다.

유명한 메사 아치Mesa Arch는 천 년을 하루처럼 동녘의 일출을 담아냈다. 사방 천지의 광야를 붉게 물들이며 치솟는 장엄한 일출을 보기 위해 이른 새벽에 메사 아치를 오른다.

▲ 일출 명소, 메사 아치

🚙 강이 산을 가르기까지 얼마나 오랜 세월이 걸렸을까?

셰이퍼 캐니언 로드Shafer Canyon Road는 72㎞ 협곡을 따라가는 길이다. 지상고가 높은 사륜구동의 출입이 권장되는 오프로드는 방문자센터에서 입도 허가를 받아야 한다. 협곡으로 아슬아슬하게 내놓은 지그재그의 협소한 길을 따라 수천 피트를 내려가야 한다. 급경사에 놓인 커브는 한 번에 돌 수 없는 스위치백 도로로, 한순간도 긴장과 주의를 놓칠 수 없다.

▲ 셰이퍼 캐니언 로드

캐피톨 리프 국립공원Capitol Reef National Park에는 침식작용을 거친 첨탑과 아치가 있다. 그리

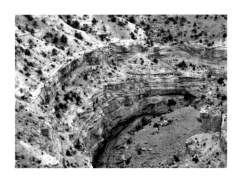

▲ 거위 목같이 구불구불해 얻은 지명, 구스넥스

고 기원후 300년에서 1300년 사이에 원주민들이 돌도끼로 조각한 문자와 페인팅을 볼 수 있다. 당시 화려한 물감을 사용했다는 사실이 놀랍다. 플루티드 락Fluted Rock은 세로로 판상절리를 보이는 붉은색 사암 바위다. 구스넥스 오버룩Goosenecks Overlook 아래에는 콜로라도 강의 지류인 설퍼 크리크Sulphur Creek가 거위 목처럼 사행으로 흐른다.

산 위의 평야를 내달리던 강이 저 아래로 흐르기까지 얼마나 오랜 세월이 걸렸을까? 244m 높이의 협곡은 2억 8천 년 전에서 2억 4,500만 년까지 생성되었다.

하부는 사암, 중간은 석회암, 맨 위층은 얕은 바다와 홍수로 흘러든 진흙과 모래가 쌓인 퇴적층이 선명하다.

🚗 캐니언을 꽉 채운 붉은빛의 후두, 반복되는 후두의 단순한 아름다움에 숨이 막힌다

미국 서부의 3대 캐니언은 그랜드, 브라이스, 자이언 캐니언이다. 신이 만든 최고의 걸작이라는 찬사를 받는 브라이스 캐니언 국립공원Bryce Canyon National Park, 방문자센터에 들어서면 여행의 품질과 품격이 높아진다. 시청각 자료와 비디오 영상을 통해 캐니언의 형성과정과 유래, 지질학적 특성과 지형변화, 서식하는 동식물, 살았던 사람들의 이야기, 그리고 환경과 자연보존 대책 등을 심층적으로 알게 해 준다. 이곳을 나서면 막연한 눈으로의 관찰을 넘어 대자연에 대한 이해와 소통이 수월해진다.

섬세하고 여성적이란 평을 듣는 브라이스 캐니언의 지질과 지형은 실로 풍부하고 다양했다. 가늠하기 힘든 오랜 세월 동안 광범위하게 이뤄진 지형변화의 결과

브라이스 캐니언

다. 브라이스 캐니언은 정확히 말하면 캐니언이라고 할 수 없는 곳이다. 700만 년 전부터 450만 년 사이에 원지반이 해수면 위 1.6㎞ 높이로 융기해 육지가 됐다. 그리고 수백만 년에 걸쳐 기후변화에 적응하고 반응하며 침식작용을 일으킨 것이 브라이스 캐니언의 시작이다.

브라이스 캐니언을 누가 만들었나? 물과 얼음이다. 라임스톤의 크랙으로 침투한 물은 밤사이 영하의 날씨로 얼음이 되었다. 부피가 팽창한 얼음은 균열을 키우며 바위를 갈랐다. 몬순에 집중된 호우는 깨어지고 부서진 작은 조각을 씻어 하류로 이동시키고 남아있는 바위는 핀Fin이 되었다. 비와 눈을 맞으며 백악질이 용해되어 느슨해진 핀은 가운데가 붕괴되며 윈도우Window가 됐다.

지층 변화로만 본다면 브라이스 캐니언이 아치스보다 지형변화가 더 진행된 형태다. 윈도우의 운명은 언젠가 닥칠 붕괴를 피할 수 없는 것이다. 마침내 윈도우 상부가 무너지며 뾰족한 바위기둥이 남게 되는데, 이때부터 후두Hoodoo라고 부른다.

브라이스 캐니언을 대표하는 아이콘은 후두다. 브라이스 캐니언의 진정한 가치는 라임스톤 암벽이 열과 오를 지어 가장 많은 후두를 만들어 낸 것이다. 계곡을 가득 채운 붉은 빛의 후두는 어디서도 보지 못한 감격스러운 경험이다.

많은 여행자는 그랜드 캐니언보다 브라이스 캐니언에 높은 평점을 준다. 캐니언을 꽉 채운 붉은빛의 후두, 반복되는 후두의 단순한 아름다움에 숨이 막힌다. 그리고 수억 년 동안 브라이스가 써 온 땅의 역사를 앞에 두고 말문까지 막혔다. 브라이스 캐니언의 면적은 144㎢로 그랜드 캐니언에 비하면 조족지혈에 불과하지만, 작은 고추가 맵다는 말을 허투루 흘려서는 안 된다.

🚗 세상의 모든 아름다움을 다 가지고 있는 나라, 미국

▲ 자이언 국립공원 가는 길

　　자이언Zion 국립공원은 그랜드 서클의 중심이다. 공원 셔틀은 캐니언의 여러 장소와 트레일 입구를 왕복 운행한다. 마지막 정류장에서 하차하여 버진 리버Virgin river의 상류 트레일을 걸었다. 강의 좌우로 100여 미터의 높다란 절벽 바위가 버티고 있어 하늘이 보이지 않는다. 길이 끊긴 막다른 강가에 도착하면 또 다른 여행이 기다린다. 협곡의 물속으로 들어가 급한 물살을 거슬러야 한다. 더 내로우스 바이어 리버사이드 워크The Narrows Via Riverside Walk 프로그램은 인포메이션에서 수온과 수위에 대한 자세한 안내를 받은 후 참여해야 한다.

자이언 캐니언

가슴까지 차오르는 강물을 따라가는 트레일은 잊을 수 없는 추억과 소중한 감동을 준다. 좁은 협곡의 강은 수 초 만에 수위가 상승하므로 기후와 날씨에 대한 정보와 경험 많은 가이드가 필요하다.

🚗 자연은 활용 가능한 자원이 아니라 개발 행위 없는 영구 보전 대상이다

유타주 남부와 애리조나 북부에 걸친 글렌 캐니언 국립휴양지Glen Canyon National Recreation Area는 면적 5,076㎢의 대부분이 척박한 사막이다. 이곳에 죽기 전에 꼭 가야 할 세계 휴양지 포웰Powell 호수가 있다. 느긋하게 쉬면

▲ 레인보우 브리지

서 에너지를 충전할 수 있는 포웰Powell 호수는 그 길이가 300㎞, 호반 둘레는 무려 3,220㎞다. 다양한 여가생활을 즐길 수 있는 호수 주위로 5곳의 선착장이 있으며, 4곳의 캠프 그라운드, 두 곳의 작은 비행장, 수상 레크리에이션을 위한 시설을 갖추고 있다. 호수에 정박하는 주거용 보트에서 휴식을 취하거나, 하우스 보트를 타고 호수의 먼 곳까지 샅샅이 훑어보는 자유를 만끽할 수 있다. 보트 또한 허접스러운 것으로부터 뜨거운 물이 나오고 홈 바까지 있는 호화요트에 이르기까지 실로 다양한 선택이 가능하다.

수상 스포츠, 백 컨트리Back Country, 아름다운 경치, 경이로운 지질 특성을 가진 글렌 캐니언은 접근성의 어려움에도 불구하고 매년 400만 명 이상의 여행자가 찾는다.

대표 명소는 뭐니해도 레인보우 브리지^{Rainbow Bridge}다. 세계에서 가장 큰 높이 88m, 너비 84m의 자연 아치다. 인디언에 의해 신성시되었으며, 백인들에게는 겨우 100년 남짓 전에서야 발견되었을 정도로 깊은 오지에 있다.

▲ 글렌 캐니언 댐

1966년 완공된 글렌 캐니언 댐으로 생긴 인공저수지가 포웰 호수다. 미국에서 두 번째로 큰 호수에 저장된 물은 국가의 소중한 자산이자 국력이다. 댐 앞에는 멋진 하부 트러스 교량을 설치해 하이웨이의 역할에 더해 칙칙한 콘크리트 댐의 드라이한 외관을 순화시켰다.

🚗 콜로라도 강 물결 위에 비친 처량한 달빛 따라 나그네 되어 홀로 걸어간다

"콜로라도의 달 밝은 밤은 마음 그리워 저 하늘"

호스슈 벤드^{Horseshoe Bend}는 말편자 모양으로 휘어져 흐르는 콜로라도 강이다. 주차장에 차를 세우고 낮은 언덕을 오르니 멀리 푹 꺼진 고원이 보인다. 210m 낭떠러지 아래로 검푸른 콜로라도 강이 270도로 급격히 물길을 틀어 돌아나간다.

"Moonlight on the Colorado, 반짝이는 금물결 은물결 처량한 달빛이여."

▲ 호스슈 벤드

많이 듣고, 불렀던 귀에 익은 노래다.

추억의 한 페이지를 채우기 위해 떠난 자동차 여행은 애리조나 주의 도시 페이지Page에 도착했다. 페이지를 찾은 이유는 안텔로프Antelope 캐니언이 있어서다. 사다리를 타고 지하로 가니, 상부의 암반 틈을 통해 강한 햇살이 동굴 안으로 쏟아져 들어왔다.

이런 형태의 캐니언은 사암 고원의 작은 균열로부터 시작되었다. 상부 슬롯으로 흘러 들어온 물은 수로를 만들며 사암을 침식시키고 깎았다. 이 과정을 통해 부드러운 웨이브와 곡선미를 보이는 샌드스톤의 표피가 위에서 바닥으로 곱고 둥글게 이어졌다. 햇빛을 강하게 받는 상부 캐니언은 주황색과 노란색, 아래는 푸른색과 보라색이다. 햇빛의 반사량과 굴절량이 위치에 따라 다르기에 일어나는 일이다. 캐니언이 가장 아름다울 때는 햇볕이 머리 위에 오는 한낮이다. 비가 오거나 구름이 끼면 환불받거나 맑은 날로 연기해야 한다. 예매를 완료하면 기도하는 마음으로 쨍하고 해 뜰 날을 기다리자.

▲ 안텔로프 캐니언

🚗 빼앗긴 들에도 봄은 오는가. 봄은 어김없이 찾아오지만 땅 되돌려 받기는 다 틀린 일이다

미국의 보물창고 그랜드 캐니언 국립공원은 446㎞의 콜로라도 강 유역과 고원 지대를 둘러싸고 있다. 세계 제일의 침식지형이며 지구가 만들어 낸 최고의 걸작이다.

그랜드 캐니언을 최초로 탐사한 유럽인은 에스파냐 군인이다. 1540년, 원주민 호피^{Hopi} 인디언의 안내를 받아 콜로라도 강을 탐사한 군인들은 20여 일 후 그랜드 캐니언의 사우스림$^{South\ Rim}$에 도착했다. 후일, 멕시코는 미국과의 영토전쟁에서 패배했다. 그리고 1848년 2월 2일, 멕시코 과달루페 이달고에서 열린 종전 협상을 통해 미국은 1,825만 불의 헐값을 지불하고 캘리포니아, 네바다, 유타, 애리조나 전체와 뉴멕시코, 콜로라도, 와이오밍 주 일부를 멕시코로부터 할양받았다. 다른 말로 표현하면 강탈이다. "안 돼요, 안 돼! 그리는 못합니다."라는 정치가들과 상원의 양심적인 반대에도 불구하고 미국 11대 대통령 제임스 포크$^{James.\ K.\ Polk}$의 강력한 추진으로 조약이 조인됐다. 폭력에 의한 영토 확장은 도덕성에 큰 흠집이 되었지만, 한국 땅의 30배에 이르는 3백만㎢를 미국 땅으로 취함으로써 지금의 영토를 거의 확정했다. 애리조나 주에 있는 그랜드 캐니언도 졸지에 미국 땅이 되었다. 이상화 시인의 '빼앗긴 들에도 봄은 오는가'라는 시처럼, 봄은 어김없이 오지만 땅 되돌려 받기는 틀린 일이다.

그랜드 캐니언의 거대한 협곡은 뛰어난 경관을 자랑한다. 깎아지른 절벽으로 다가서면 층층이 켜 올린 단층대, 절벽 주변으로 기암괴석, 굽이굽이 흐르는 콜로라도 강이 눈과 가슴으로 가득 담긴다. 나무에 나이테가 있다면 땅에는 단층이 있다. 세계에서 가장 많은 침식이 이뤄진 그랜드 캐니언의 가장 깊은 협곡은 높이 1,857m, 폭 18.8㎞다. 그랜드 캐니언을 앞에 두면 누구나 대자연에 압도되어 침묵

하고 겸손해진다. 콜로라도 강
이 만들어낸 거대하고 불가사
의한 협곡 앞에서 누구나 말
문을 닫았다. 빙하시대를 거치
며 20억 년의 생성기를 가진
협곡은 지구 역사를 알리는 지
질학 교과서로 불린다.

▲ 그랜드 캐니언

1873년, 화가 모란Thomas Moran은 그랜드 캐니언 일대를 탐사한 후에 이렇게 말
했다. "지구상의 어느 곳보다도 엄청나게 거대하고 감동적인 풍경이다."

🚗 인간 사고와 능력을 뛰어넘는 대자연의 놀라운 역사와 숭고

흑백 사진만 있던 시절에 화가 모란의 그림은 그랜드 캐니언을 귀중한 국가 문
화유산으로 만드는 데 큰 공헌을 했다. 또 의회를 설득해 국립공원으로 지정받는
일에 앞장섰다. 1919년, 그랜드 캐니언이 원시적이고 아름다운 태초의 자연을 보
존할 수 있었던 데에는 선제적인 국립공원 지정이 한몫했다.

▲ 아름다운 태초의 자연, 그랜드 캐니언

1903년, 미국 대통령 시어도어 루스벨트는 이렇게 이야기했다. "두렵고 놀라운 일입니다. 우리가 더 좋게 손질할 수 없습니다. 우리가 할 수 있는 것은 있는 그대로 후손을 위해 보존하는 것입니다." 100년도 전에 자연을 활용 가능한 자원이 아니라 영구보존의 대상으로 삼은 미래지향적이고 선도적 사고를 지닌 대통령이 있었다는 것은 미국의 커다란 자랑이자 자부심이다.

🚗 까마득한 날에 하늘이 처음 열리고 어디 닭 우는소리 들렸으랴

유타와 애리조나 주 접경에 있는 모뉴먼트 밸리Monument Valley는 광활한 광야 위에 들어선 자연 창조물을 볼 수 있는 곳이다. 5,000만 년 전에는 단단한 사암으로 이루어진 편평한 고원에 불과했다. 고원은 물과 바람에 의해 심하게 침식됐고, 거기에 세월이 보태졌다. 약한 암석은 모두 깎여 나갔고 단단한 바위의 핵만 홀로 남았다. 최대 457m의 바위기둥만을 남긴, 예측과 상상을 불허하는 자연 침식이 광야에서 폭넓게 이뤄진 것이다. 끝도 없이 펼쳐지는 지질학적 경이로움을 만끽할 수 있는 모뉴먼트 밸리를 영화배우 존 웨인은 '신의 보물God's Treasure'이라고 표현했다. 신이 내린 선물, 사막의 위대한 조각상, 서부 영화 로케이션 장소 등 세상 사람들의 찬사는 수도 없다.

모뉴먼트를 유명한 곳으로 만든 영화는 1939년 발표된 〈역마차Stagecoach〉로 존 포드가 감독하고 존 웨인이 주연을 했다. 역마차에 탑승한 매춘부, 알코올 중독

▲ 모뉴먼트 밸리

자 의사, 사기 도박꾼, 사기 은행가, 탈옥수 사이에서 벌어지는 인간 군상들의 긴박하고 박진감 넘치는 이야기에 더해 러브스토리가 가미되고, 이들을 쫓는 인디언 아파치들의 바깥 무대 역시 모뉴먼트 밸리다.

"까마득한 날에 하늘이 처음 열리고 어디 닭 우는소리 들렸으랴."

이육사의 광야를 읊으며 떠나는 다음 여행지는 메사 베르데^{Mesa Verde}다.

🚗 세상 어디에서도 이런 가족 공동체는 없었다

메사 베르데 국립공원^{Mesa Verde National Park}은 원주민 푸에블로^{Pueblo} 인디언이 거주했던 절벽 마을의 주거유적을 보존하는 국립공원이다. 고고학자들은 "세상 어디에도 이런 가족 공동체는 없었다."라고 이야기한다.

서기 700년, 원주민들의 단층 가옥이 발견되었다. 그리고 1200년에 거주했던 아파트먼트에 해당하는 다층 구조의 주택을 발굴했다. 클리프 캐니언 오버룩^{Cliff Cannon Overlook}에 차를 세웠다. 절벽을 파내 만든 인공 동굴에는 주택, 공동 커뮤니티, 태양 신전 등 주거와 종교시설을 갖춘 주거지가 있다. 발코니 하우스^{Balcony House}에서는 모험적인 여행이 기다린다. 벽돌로 만든 38개의 방과 두 개의 신전이 있는 동굴을 들어가려면 나무와 밧줄로 만든 사다리를 이용해야 한다.

고고학자들은 수 세기 동안 거주했던 푸에블로 인디언이 1200년 후반에 왜 이곳을 떠났는지 의문을 품는다. 가뭄, 자원 고갈, 사회 구성원의 갈등이 그 역할을 했을 것으로 추정할 뿐이다.

▲ 메사 베르데 국립공원

캐니언 더 셰이 국립기념지 Canyon de Chelly National Monument로 가는 산길이 반질반질한 빙판으로 변했다. 미국은 차들이 많이 통행하지 않는 시골길은 제설작업을 아예 하지 않는다. 셰이 국립기념지Chelly Monument에는 웅장한 사암 협곡과 원주민의 암굴 거주 지역이 있다. 안텔로프 하우스 전망대Antelope House Overlook에 도착했다. 사행하는 개천을 따라 최대

▲ 스파이더 락, 셰이국립기념지

240m 높이의 절벽이 양쪽으로 길게 도열했다. 이곳에 있는 대학살 동굴Massacre Cave 은 1805년 115명의 나바호 인디언이 에스파냐 군인에게 학살당한 비극의 장소다.

에스파냐가 지배했던 이 땅은 1821년 멕시코로 이양됐으며 미국과 멕시코 전쟁을 통해 미국 영토가 됐다. 미국 지배를 받게 된 나바호 인디언이 가장 격렬하게 저항한 곳이 셸리 캐니언Chelly Canyon이다. 인디언 국가로 독립하지 못하고 소수 민족으로 전락한 아메리카 인디언의 가슴 아픈 역사가 있는 곳이다. 모뉴먼트를 대표하는 멋진 바위는 스파이더 락Spider Rock이다.

🚗 화석이 된 나무여, 너는 수억 년 전 무엇을 보았느냐!

페트러파이드 포레스트 국립공원Petrified Forest National Park, 규화목을 보며 선사시대에 어떤 일이 이곳에서 일어났는지를 떠올리기란 쉽지 않다. 2억 2,500만 년 전, 이 지역은 울창한 숲으로 둘러싸인 열대우림이었다. 트라이아스기Triassic 공룡과 거대한 파충류가 살았고, 물고기가 사는 강이 흘렀다. 그리고 쓰러진 나무가

강물을 막으며 실트층의 아래로 묻히고, 날아온 화산재가 그 위를 덮었다. 화산재에서 용해된 실리카는 땅속에 묻힌 나무의 세포로 침투하여 속을 채우고 경화해 단단한 화석이 됐다. 모든 나라가 규화목 화석을 가지고 있지만, 이렇게 넓은 지역에 분포된 규화목을 보기는 쉽지 않다.

▲ 규화목

🚗 세도나에서 열정적이고 자연스러운 감성의 붉은색과 마주하다

세도나의 무한한 매력은 도시를 둘러싼 겹겹의 붉은 사암 산이다. 조용하고 한적한 도시 세도나에서 열정적이고 자연스러운 감성의 붉은 산을 마주한다. 세도나는 세도나 쉬니브리Sedona Schnebly의 이름이다. 인구 55명에 불과했던 당시, 세도나의 남편은 지역 커뮤니티의 성장과 발전을 위해 우체국을 세우고 우체국장이 됐다. 1902년, 남편은 워싱턴에 있는 우정국장에게 우체국의 이름을 'Oak Creek Crossing' 또는 'Schnebly Station'으로 하겠다고 보고했으나, 너무 길다는 이유로 퇴짜 맞았다. 어떻게 하지? 궁여지책으로 부인 이름 세도나를 우체국 이름으로 제출하고 승인받았다.

1950년대 중반에 최초로 발행된 전화번호부에 등재된 주민은 고작 150명이었다. 호롱불로 밤을 밝히고 살던 외진 산골 마을 세도나에 전기자기장을 가진 에너지가 충만

▲ 세노나의 붉은 산

하다는 소문이 퍼지며 많은 명상가, 은퇴자, 예술가들이 모여들었다.

우리는 헐벗은 산에 나무를 심었지만, 세도나는 붉은 속살을 드러낸 산이다. 보디빌더가 옷을 벗어야 단련된 근육이 보이듯, 세도나는 속살이 드러난 헐벗은 산이다. 오렌지와 붉은빛으로 대지와 산을 서서히 물들이는 일출과 일몰은 세도나의 여행을 더욱 황홀하게 한다.

🚗 모하비를 타고 모하비 카운티에 들어가 Route 66을 달린다

모하비 카운티에 있는 역사 도시 킹맨은 'Historic Route 66'이 지나는 거점도시다. 1926년 11월 11일 일리노이주 시카고로부터 캘리포니아 산타모니카를 연결하는 미국 최초의 동서 횡단 하이웨이 Route 66이 개통됐다. 그리고 3,945㎞ 연장을 가진 하이웨이는 1985년 6월 27일 폐쇄되어 역사 속으로 사라졌다.

▲ Historic Route 66

▲ Route 66, Kingman

킹맨은 1930년대를 전후로 서부를 향해 달리던 자동차 여행자가 캘리포니아를 앞에 두고 새로운 세상에 대한 기대와 설렘으로 마지막 숨을 고르던 도시였다. 곳곳에서 볼 수 있는 도로 표식, 그 시절의 향수를 일으키는 올드 모빌, 추억의 카페와 관록의 레스토랑은 시대를 훌쩍 넘겨 찾은 여행자를 반갑게 맞는다.

▲ Kingman

킹맨을 중심으로 254㎞의 Route 66이 연결된다. 1926년 하이웨이의 개통 이후 Route 66을 달린다는 것은 미국인의 인생에 있어 가장 중요한 순간이었다. 일자리를 찾으러 서부로 가는 사람들, 일확천금을 좇아 고향을 떠난 사람들, 사랑에 울고 웃으며 연인 찾아가는 길, 고향으로 돌아가는 그리움과 설렘, 세력을 확대하려는 마피아에 이르기까지 당대 미국인의 삶과 애환이 고스란히 Route 66에 스며 있다.

존 스타인벡이 1939년 집필한 소설 『분노의 포도』의 배경이 Route 66이다. 감옥을 출소하고 고향으로 돌아온 톰 조드, 그가 본 것은 지독한 가뭄과 비참한 가난이다. 그는 가족을 고물 트럭에 태우고 일자리가 넘치는 낙원 도시 캘리포니아로 달려간다. 그 길이 Route 66이다.

▲ Old Mobile

그리고 미국 전역을 그물망처럼 연결하는 하이웨이 체계가 구축되며 도로 시설 기준에 맞지 않은 Route 66은 역사 속으로 사라졌다. 그 대신에 Route 66의 역사와 국민적 향수를 감안해 Historic Route 66으로 명칭을 바꿔 2003년부터 국가와 주정부의 관리를 받는다.

🚗 냇 킹 콜이 1946년 발표한 팝송 〈Route 66〉을 들으며 라스베이거스로 간다

네바다주와 접한 캘리포니아는 인구 밀집 지역이다. 미국 인구 상위 10대 도시 중 로스앤젤레스, 샌디에고, 산호세 등 3개 도시가 캘리포니아주다.

이곳에서 반가운 강을 만났다. 그랜드 서클 내내 우리 곁을 떠나지 않았던 콜로라도 강은 그 먼 거리를 흘러 이곳에 내려와 있었다. 후버댐은 1936년 콜로라도 강이 흐르는 블랙협곡을 막아 건설한 221m 높이의 수력발전용 댐이다. 저수용량 320억ton으로 연 40억kWh의 전기를 생산하며, 후버댐으로 생긴 미드^{Mead} 호는 미국 최대의 호수다. 그리고 라스베이거스는 후버댐 건설 중에 괄목하게 발전하여 네바다 주의 최대도시가 됐다.

후버댐

라스베이거스는 관광과 도박으로 유명한 환락과 오락의 도시로 매우 안전하다는 게 일반적 평가다. 그러나 우리의 기억이 오래가지 않을 뿐이지 위험한 일은 미국 곳곳에서 일어난다. 2017년 10월 1일 밤 10시, 미국 역사상 최악의 총기 난사 사건이 라스베이거스에서 일

▲ 관광과 도박, 환락과 오락의 도시

어나 59명의 사망자가 발생했다. 만델레이 베이 호텔 32층에 숙박한 범인은 창문을 깨고 맞은편 야외광장에서 열린 컨트리 뮤직 페스티벌에 모인 관중을 향해 10여 분간 자동소총을 난사했다. 범인은 멀쩡한 백인 중산층이었고 당국은 범행 동기를 끝내 밝히지 못했다. 밤의 도시 라스베이거스, 쥐 죽은 듯 고요하던 도시는 밤이 되자 불을 밝히고 화려하게 태어났다. 악한 놈들이 안 오기만을 간절히 바라며 오늘도 불야성을 이루는 게 아닌지 모를 일이다.

라스베이거스와 한국은 무슨 관련이 있을까? 잊었던 비운의 복서가 있다. 1982년 11월 8일, 김득구 선수가 WBA 타이틀전에서 KO패한 후 의식을 잃고 뇌사로 사망했다. 복싱을 통해 가난을 벗고자 한 김득구의 꿈은 시저스 팰리스 호

라스베이거스

텔의 특설 링에서 헛된 꿈으로 끝났다. 그리고 석 달 후 자책하던 득구 어머니도 세상을 등졌다.

"득구가 죽은 것은 내가 물려준 가난 때문이여…"

한편 한국에서는 말도 많고 탈도 많은 우버^{Uber}를 호출하자 포드 F250 슈퍼듀티가 나타났다. "우버 맞습니까?" 미국 우버는 역시 미국스러웠다.

미국 우버, 포드 F250 슈퍼듀티

🚗 데스밸리는 척박하고 거친 곳이지만 죽음만 있는 것은 아니다.

Hottest, Driest, and Lowest National Park, 데스 밸리 국립공원^{Death Valley National Park}은 캘리포니아 모하비 사막과 네바다주 남서부에 걸친 국립공원이다. 데스밸리는 바다보다 낮은 사막 고원지대로 7월의 평균기온은 무려 46℃다. 그리고 1913년에는 섭씨 57도의 최고 기온을 기록했다. 데스밸리가 척박한 사막기후를 보이는 것은 태평양에서 내륙으로 부는 바람이 대여섯의 높은 산을 만나 비를 뿌리고 데스밸리로 하강하며 푄^{Foehn} 현상을 일으키기 때문이다.

데스밸리는 연평균 강수량이 60㎜에 불과할 만큼 거의 비가 내리지 않는다. 재미있는 곳이 있다. 데블스 골프 코스Devil's Golf Course는 소금, 자갈, 모래들이 한데 엉켜 넓은 평야를 이룬다. 오직 악마만이 골프를 칠 수 있는 거친 들판이다.

▲ Death Valley

데스밸리에서 가장 낮은 곳은 해수면 아래 86m의 배드 워터Bad Water다. 태평양과 연결되는 바다였던 데스밸리는 지반의 융기로 염호Salt Lake가 됐다. 그리고 건조하고 무더운 날씨로 바닷물이 증발하고 사막화가 진행됐다.

▲ Devils Golf Course

데스밸리를 가장 높은 곳에서 볼 수 있는 전망대를 오르면 패너먼트 밸리가 한눈에 들어온다. 일몰에는 황금빛으로 물드는 아름다운 데스밸리를 볼 수 있다.

하얀 사구Mesquite Flat Dunes에서는 영화 '스타워즈'가 촬영됐다. 이질적이고 척박한 사막은 우주 영화를 위한 최적의 로케이션 장소다. 사구에서 발견되는 대표적인 동물은 방울뱀으로, 곳곳에 조심하라는 경고 문구를 세웠다. 방울뱀은 '죽기 전에 꼭 먹어야 할 세계 음식 재료 1001'의 목록에 들어 있는 식자재로 미국 남부와 서부, 멕시코 지방에 초기 정착한 백인들이 널리 식용했다.

Salt Creek

사막에도 숲이 있고 물이 흐른다. 솔트 크리크^{Salt Creek}는 황무지 사막이 아니다. 낮은 관목이 들어찬 고원으로, 상시 물이 흐르는 시내가 있다. 입으로 물맛을 보니 소금물이다. 자연에 적응한 식물은 소금물을 섭취하며 성장하고, 민물고기^{Pupfish}도 소금물에서 살아간다.

데스밸리는 척박하고 거칠지만 죽음만 있는 것은 아니다. 데스밸리에서 살아온 동·식물에게는 이곳이 어디보다도 소중한 고향이다.

태평양 연안을 따라 남으로

• 미국 남부 •

카슨시티에는 타호 호수가 있다. 세크라멘토에는 골드러시의 흔적이 남았다. 존 스타인벡의 소설 『분노의 포도』의 배경이 된 몬터레이, 그리고 17miles Drive를 달려 LA, 조슈아 트리 국립공원, 샌디에이고와 팜스 스프링스에 들렀다.

데스밸리 사막 끝에서 험준한 산을 만났다. 모하비가 거친 배기음을 내며 등마루를 오르고 돌아가길 수백 차례, 이제야 겨우 산을 넘었다. 395번 하이웨이를 따라 나란히 달리는 산맥이 있었다. 시에라 네바다 산맥^{Sierra Nevada Mountains}, 캘리포니아 동부에서 네바다로 연결되는 서부지역의 대산맥으로, 그 길이는 643㎞다. 가장 높은 산은 해발 4,418m 휘트니^{Whittney}로 본토에서 제일 높다. 산맥의 서쪽 사면으로는 요세미티 국립공원이 있다.

▲ Sierra Nevada Mountains

▲ 호수 타호

카슨시티에 밤늦게 도착했다. 아침에 일어나니 차 루프에 30㎝의 눈이 쌓였다. 카슨시티는 네바다 주의 수도로 해발 1,400m의 고원 도시다. 주요 산업은 축산, 관광, 카지노다. 도시가 품은 호수 타호는 두말할 필요 없이 세계에서 가장 아름다운 호수 중 하나다. 눈 덮인 설산을 배경으로 푸른 물빛이 유독 아름답다. 여행을 거쳐오며 그중에도 특히 살고 싶다는 생각이 드는 도시가 있다. 카슨시티가 그런 곳이다.

새크라멘토^{Sacramento}는 캘리포니아 주의 주도다. 올드 새크라멘토는 1848년 콜

로마Coloma 강에 대규모 금광이 발견
되며 건설됐다. 당시 지어진 시청사에
는 경찰, 법원, 배심원 사무실, 심지
어 감옥까지 같이 있었다. 강변에는
1850년대 지어진 역사적 건물 53채가
지금까지 영업 중이다. 그리고 샌프란
시스코와 새크라멘토를 오고 갔던 증
기선 델타 킹Delta King은 영구 정박하

▲ 증기선 델타 킹

고 호텔과 레스토랑으로 쓰인다. 새크라멘토는 나름 1850년대 건축물과 유적을
보존하고 있는 미국 내 몇 안 되는 역사 도시다.

🚗 폐하, 이 땅은 에스파냐와 여왕님의 땅임을 선포합니다…, 헛다리 짚은 콜럼버스

샌프란시스코에 다시 들렀다. 러시아 언덕에 있는 전망대를 오르면 파노라마
로 펼쳐지는 도심과 해안이 보인다. 이곳에 콜럼버스Christopher Columbus 동상이 있
다. 그는 에스파냐 여왕 이사벨 1세
의 적극적인 후원으로 산타 마리아
호를 타고 대항해를 떠나 1492년
10월 12일 아메리카 대륙을 발견했
다. 그러나 미국에서는 콜럼버스 자
취를 찾기 힘들다. 콜럼버스가 신대
륙을 발견한 후 "폐하, 이 땅은 에
스파냐와 여왕님의 땅임을 선포합니
다." 이렇게 말한 이유가 아닐까? 콜

▲ 마사야 화산

럼버스의 신대륙 발견은 16세기 전후 유럽 주도의 식민지 시대가 도래하는 신호탄이었다.

금문교에서는 앨커트래즈Alcatraz 섬이 보인다. 연방 주정부 형무소가 있었으며, '악마의 섬'으로도 불렸다. 주로 흉악범이 수감됐는데, 조류 흐름이 빠르고 수온이 낮아 탈옥이 불가능했다. 수감된 사람 중 제일 유명한 인물은 26세에 마피아 두목이 되어 악명을 떨친 갱스터 알 카포네다.

▲ 상대성 이론 공식

그레이스 대성당은 캘리포니아 교구의 주교좌 성당으로, 스테인드글라스에는 위인들의 업적과 성과가 표현되어 있다. 어렵게 찾아낸 것은 아인슈타인의 상대성이론 공식 $E=mc^2$이다.

🚗 솔직히 말하면 나는 노벨 문학상을 수상할 자격이 없다

몬터레이는 1602년 에스파냐 총독 몬터레이의 이름이다. 몬터레이의 살리나스는 『분노의 포도』와 『에덴의 동쪽』을 집필한 소설가 존 스타인벡의 고향이다. 그의 소설은 고향의 아름다움과 실존했던 사람들에게 자신의 상상력과 영감을 불어 넣어 써 내려간 것이다. 사람을 기피하고 개인적 삶을 살았던 존 스타인벡의 소설은 어쩌면 고집스럽고 강한 성격을 가진 자신의 이야기인지도 모른다. 그가 『불만의 거울』이라는 소설로 1962년 노벨 문학상을 탔을 때 문학계는 경악했다. "당신이 노벨 문학상을 탈 자격이 있냐?"라는 혹독한 비난과 혹평을 들은 존 스타인벡은 이렇게 말했다.

"솔직히 말하면 나는 자격이 없다."

자기 잘났다고 자화자찬하는 사람이 득실득실한 세상의 한쪽에서 들린 그의 이야기는 사실 여부를 떠나 상쾌하고 신선하다. 그는 사회주의 리얼리즘 작가였다. 냉혹한 현실과 사회구조의 불균형, 농부와 노동자를 착취 받는 대상으로 그려낸 소설을 통해 사회 현실과 모순을 신랄하게 비판했다.

▲ 존 스타인벡 조형물

자동차 여행자가 들러야 하는 도로가 있다. '17마일 드라이브'는 퍼시픽 글로브Pacific Glove와 페블 비치Pebble Beach 사이를 달리는 개인 사유지 도로다. 1881년에 개설된 로맨틱한 해변도로를 달리며 누구나 이런 생각을 한다. '이곳에 살고 싶다.' 페블 비치에는 태평양을 향해 호쾌하게 티샷을 날리는 골프장도 있다.

▲ Pebble Beach Golf Club

영화배우 클린트 이스트우드가 시장을 지낸 아름다운 도시 카멜Carmel을 경유해 로스앤젤레스로 간다. 우리에게 친숙한 로스앤젤레스는 1781년 멕시코에서 온 44명의 이주민이 엘 푸에블로에 정착하면서 도시 역사가 시작됐다.

🚗 영화의 메카, 할리우드를 보고 뛰는 심장

할리우드 거리는 영화산업이 번창했던 과거의 화려한 명성은 많이 퇴색했어도 LA를 찾는 여행자가 꼭 찾는 관광 명소다. 인도에 박힌 별 모양의 대리석 'The Walk of Fame'에는 할리우드를 빛낸 영화배우, 제작자, 스태프의 이름이 새겨져 있다. 차이나 극장 앞의 광장에도 유명한

▲ 안성기와 이병헌

영화스타의 사인, 발자국, 손자국이 프린팅된 석판이 있다. 그중에는 한국 배우 이병헌과 안성기의 핸드와 풋프린팅도 있다.

▲ 게티 센터

게티 센터Getty Center로 간다. 1892년 태어난 진 폴 게티Jean Paul Getty는 아버지의 도움으로 석유 재벌에 오른 금수저 출신이다. 1957년 잡지 『포춘Fortune』은 게티를 미국에서 가장 돈 많은 사람이라고 보도했으며, 1966년 기네스는 그가 세계에서 가장 부자라고 기록했다.

게티 센터는 미술품을 수집하기 위해 전 세계를 돌아다닌 게티의 소장품과 기금을 재원으로 세워졌다. '백색의 건축가'로 불리는 리처드 마이어Richard Meier에 의해 설계된 게티 센터Getty Center는 게티의 사후인 1997년에 개장했다. 리처드 마이어Richard Meier는 흰 대리석을 이용해 거대하면서도 생동감 넘치는 서로

▲ 꽃의 미로

다른 모양의 건물을 유기적으로 연결하여 아름다운 컴플렉스로 완성했다. 그리고 센트럴 가든은 예술가 로버트 어윈Robert Irwin의 작품으로 400그루의 진달래가 심어진 '꽃의 미로'가 유명하다.

퍼시픽 코스트 하이웨이Pacific Coast Highway를 달려 게티 빌라Getty Villa로 간다. 성공한 부호들의 비즈니스에는 골동품과 미술품 수집을 빼놓을 수 없다. 게티 빌라에는 서기 55년경 베수비오 화산의 폭발로 잿더미에 묻힌 나폴리 만의 거대한 전원주택 데이 파피리Dei Papiri가 재현되었다. 그리고 게티가 생전에 수

▲ 게티 빌라

집한 그리스와 로마 유적으로 박물관 내부를 채워 별장 같은 미술관을 만들었다. 1974년에 개장한 게티 빌라는 고전미술, 조각, 건축물을 통하여 게티의 꿈을 실현코자 했다. 하지만 우리는 이런 생각을 했다. '전시된 작품의 질이 낮다.', '이탈리아와 그리스 건축양식의 재현이 고증 없이 이뤄졌다.', '그렇게 돈이 많다면서 이 정도로밖에 투자하지 못했나.'

이탈리아와 그리스에서 수집한 조각상은 목이 없거나, 코가 없거나, 팔다리가 없거나, 도대체 온전한 것이 없었다. 이 정도의 조각상은 1990년 초까지 유럽과 아프리카의 로마 유적지에 방치되어 널려 있었다.

▲ 우정의 종각

▲ 숲으로 둘러싸인 웨이퍼러스 채플

"안뇽하세요."

유창한 한국어로 말을 걸어온 청년이 있었다. 이란계 미국인으로 한국에 한 번도 가본 적 없다는 청년은 독학과 한국 문화원에서의 교육으로 한국어를 배웠다고 한다.

산타 모니카로 간다. 1909년에 만들어진 부두 잔교는 서부 태평양 연안에서 가장 오랜 역사를 지니고 있다. 시카고를 출발해 대륙을 동서로 횡단하며 장장 3,945㎞를 달려온 Route 66번 하이웨이의 종점이 바로 이곳이다. 내처 달려 인근에 있는 레돈도 비치Redondo Beach를 찾았다. 무더위를 시원하게 날려주는 〈Sutfin' USA〉를 부른 보컬 '비치보이스'가 탄생한 도시다.

웨이퍼러스 채플Wayfarers Chapel은 결혼식, 세례, 추모 등 잊을 수 없는 날을 영원한 추억으로 간직하게 해주는 예배당이다. 교회 건축가인 로이드 라이트Lloyd Wright에 의해 1951년에 세워졌다.

'늘 푸르게 살라 한다. 수평선을 바라보며 내 굽은 마음을 곧게'

이해인 수녀님의 시 〈바다 일기〉가 떠오른다. 탁 트인 태평양의 파도 소리, 바람에 흔들리는 숲의 소리가 들린다.

🚗 '바람 따라 제비 돌아오는 날에 당신의 사랑 품으련다.' 노래의 오리지널은 멕시코 민요

한국에 『흥부전』이 있다면, 미국에는 미션 산 후안 카피스트라노^{Mission San Juan Capistrano}가 있다. 다른 점이 있다면, 한국은 가상의 소설이고 미국은 엄연한 사실이다. 성당과 제비 사이에 무슨 일이 있었을까?

매년 3월 19일, '성 요셉의 날'에 이곳을 찾아오는 제비 무리가 있다. '왜 제비가 매년 정해진 날에 이곳을 찾을까?' 종교와 신앙으로 접근하지 않으면 이해하기 어렵다. 1910년부터 1933년까지 미션의 주임신부였던 존 오 설리번^{St John O'Sullivan}이 쓴 책에는 다음과 같은 이야기가 있다.

상점 주인이 처마 밑의 제비집을 없애고 있었다. "제비들이 어디 가서 살란 말이냐?"라는 신부의 물음에 상인은 자신이 상관할 바 아니라고 했다. 안타깝게 여긴 신부는 Mission 안에 제비들의 쉼터를 마련했다. 그날 이후, 매년 3월 19일이면 하루 차이도 없이 제비들이 날갯짓을 펄럭이며 성당을 찾는다. 사람의 생각으로는 미루어 짐작할 수도 없는 일이 일어나는 것이다.

▲ 미션 산 후안 카피스트라노

🚗 아일랜드 출신 그룹 U2가 1987년에 발표한 앨범 〈The Joshua Tree〉

▲ The Joshua Tree

조슈아 트리Joshua Tree 국립공원, 몰몬 교도는 굵은 가지를 넓게 벌린 나무를 이스라엘 백성을 품에 안은 여호수아로 보았다. "왜 몰몬 교도가 이 지역에 많을까?" 몰몬교는 정통 그리스도 교단으로부터 이단시되어 지속적으로 탄압, 박해, 살해 위협을 받았다. 그 결과 1847년, 유타주 솔트레이크 시티로 집단 이주했다.

죠슈아 트리 국립공원이 여행자가 많이 방문하는 공원의 반열에 들게 된 것은 아일랜드 출신의 그룹 U2가 1987년 발표한 〈The Joshua Tree〉라는 앨범을 통해서다.

남으로 간다. 팜 스프링스는 남부 사막 도시로 할리우드의 스타들과 부호들이 즐겨 찾는 럭셔리 휴양지다. 역사적으로는 인디언 카위야Cahuilla가 거주했던 지역으로, 1850년대 서태평양 철도가 개통될 때까지 뉴멕시코와 로스앤젤레스를 오가는 역마차 정거장이 있었다.

샌 재신토 주립공원San Jacinto State Park은 케이블카를 타고 올라가야 한다. 겨울에는 스키, 개 썰매 경주대회가 열리며, 해발 3,310m의 샌 재신토San Jacinto 산을 설피를 신고 오르는 특별한 산행이 기다린다.

🚗 미국인들이 은퇴 후에 가장 살고 싶어 하는 도시 1위?

미국의 마지막 도시 샌디에이고는 겨울에는 따뜻하고, 여름은 날씨가 선선해 관광객이 많이 찾는 남부 최대의 휴양도시다. '미국인이 은퇴 후 가장 살고 싶어 하는 도시 1위?' 샌디에이고다.

▲ 샌디에이고

1915년, 파나마 운하개통을 기념하는 캘리포니아 박람회가 샌디에이고의 발보아 공원에서 개최됐다. 당시 건립된 건물들은 식물원, 자연사 박물관, 동물원, 항공 우주 박물관, 미술관 등 14개의 전시관으로 전용되어 방문객에게 개방된다. 피카소, 고갱, 마티스, 샤갈 등 저명 화가들의 작품이 전시된 샌디에이고 미술관을 필두로 명화 컬렉션을 전시하는 팀켄 미술관, 뛰어난 작품 사진을 전시하는 박물관에 이르기까지 다양한 장르의 문화 예술작품을 두루 만날 수 있다.

▲ 샌디에이고 만

🚗 길 걷던 생면부지의 여성에게 기습적으로 키스를 했으니 지금 같으면 감옥 갈 일

샌디에이고는 멕시코 국경과 맞닿은 지리적 특성과 멕시코, 에스파냐의 통치를 받은 역사적 배경으로 인해 오리지널 아메리칸의 정서와는 사뭇 다른 이국적 분위기가 물씬 풍긴다.

▲ 로스앤젤레스 아래는 미국인지, 멕시코인지 구분이 되지 않는다.

또 군사도시로 육군과 해군기지가 있으며, 미 태평양 함대의 모항이다. 실제로 샌디에이고 만에서는 미국이 자랑하는 최신예 이지스함, 핵잠수함, 항공모함을 볼 수 있다. 그리고 일본의 항복과 제2차 세계대전의 종전을 상징하는 사진으로 유명한 '수병과 간호사의 키스' 동상이 있다.

실제 이들의 키스가 이루어진 곳은 샌디에이고가 아니라 1945년 8월 14일, 뉴욕 타임스퀘어다. 남성 수병 멘돈사는 당시 술 마신 상태로 종전 소식에 흥분해 길을 걷던 생면부지의 여성에게 기습적으로 키스를 했으니, 지금 같으면 감옥 갈 일이다. 재미있는 이야기는 수병이 멘돈사라는 사실은 2000년대 중반에 와서야 밝혀졌다. 멘돈사는 치사하게도 사진 속의 주인공이 자신이 아니라고 부인했지만, 고고인류학 기법을 동원한 과학적인 결론에 굴복하고 말았다. 당시 치과 위생조무사로 일했던 이디스 셰인은 2016년에 세상을 떠났고, 멘돈사는 2019년에 사망했다. 이들이 하늘나라에서 만나면 서로 아는 체할까?

▲ 수병과 간호사의 키스

• 멕시코 국경 정보

미국-멕시코 국경은 길이만 해도 3,141㎞, 약 20개소의 국경을 통해 세계에서 가장 많은 3억 5천만 명이 차량으로 통과한다. 국경은 여러 종류가 있다. 자동차 여행자가 알아야 할 것은 대다수의 국경이 멕시코와 미국 사람을 위한 국경이라는 사실이다. 다른 나라에서 온 자동차 여행자는 인터내셔널 보더International Border로 가야한다. 티후아나Tijuana의 '생 이시드로 포트 San Ysidro Port', 후아레스의 '산타 테레사Santa Teresa', 동부의 '마타모로스Matamoros' 등이 여기에 해당한다.

• 차량 보증금을 떼이지 않으려면

멕시코에 입국하려면 차량 보증금Deposits을 방헤르시또Banjercito에 납부해야 한다. 차량의 종류와 연식에 따라 보증금 액수가 다르며, 2007년 이후 생산된 SUV 차량은 400불이다. 이 금액은 반출을 조건으로 하는 보증금으로 출국 시 되돌려 받는다.

문제는 많은 여행자들이 보증금을 돌려받지 못하고 출국한다는 점이다. 미국행 여행자는 산타 테레사Santa Teresa나 마타모로스Matamoros 국경, 또는 USA-MX Border Crossing Otay, 벨리즈는 Santa-Elena, 과테말라는 Mesilla 국경에서 보증금을 반환받을 수 있다. 주의할 것은 앞 차를 따라가면 바로 국경을 넘기 때문에 국경 진입 전에 차에서 내려 방헤르시또의 위치를 반드시 확인해야 한다.

• 멕시코 카르텔

80년 대 중반, 멕시코 최초의 마약 카르텔은 미겔 앙헬 펠릭스 가야르도Miguel Angel Félix Gallardo라는 인물로부터 시작되었다. 사법부 연방 경찰요원이었던 가야드로는 과달라하라 카르텔을 조직하여 중남미로부터 미국 국경을 통하는 모든 마약 밀매사업을 지배했다. 세계 최악의 마약왕으로 불리는 구스만도 그의 부하였다.

멕시코의 마약 카르텔이 급성장한 배경에는 아이러니하게도 미국의 9.11 테러 사건이 있다. 2001년 이후, 항공과 해상루트를 통한 마약 밀매가 미국의 경계 강화로 마비되자, 중남미의 마약 카르텔은 멕시코를 통한 육로루트를 개척했다. 멕시코 카르텔은 남미 카르텔로부터 육상 루트의 제공에 따르는 막대한 밀수 비용을 받아 돈방석에 앉았고, 생산량을 맞추기 위해 본격적으로 마약 생산에 뛰어들었다.

미국 정부가 가야드로를 집요하게 추적하기 시작하자, 전면에 나서는 것은 위험하다고 판단한 가야드로는 자신의 조직을 친척 및 부하들에게 분할했다. 북부 도시와 지역을 거점으로 하는 티후아나 카르텔, 후아레스 카르텔, 소노라 카르텔, 시날로아 카르텔, 마타모로스 카르텔 등이 직·간접적으로 가야드로에 의해 분할된 조직이다.

결국 가야드로는 미국 정부의 추적 끝에 1989년 4월 8일에 검거되었다. 그리고 미국으로 이송되어 37년의 형을 받고 교도소에 수감되어 있다. 2026년까지 그가 살아있다면 석방될 것이다.

멕시코 카르텔은 마약 생산에 치중하지 않고 밀수에 집중하여 미국과 인접한 국경 지역을 근거리로 삼았다. 대표적인 카르텔의 거점도시 후아레스는 미국 엘페소와 국경을 마주한다. 매일 8~9명이 죽는다는 후아레스는 한때 경찰서장을 맡겠다는 사람이 없었다. 신임 경찰서장이 부임하면 기를 죽이기 위해 카르텔이 공격을 했다. 상황이 이렇다 보니 결국 미국 접경인 북부지역의 치안이 악화일로로 치달으며 무정부 상태로 돌입했으며, 2006년 멕시코 정부는 마약과의 전쟁을 선포했다.

하지만 막대한 자금력과 조직을 갖춘 카르텔은 무기와 인력을 보강하고 정부 조직에 강력하게 맞섰다. 군부대 정문에 "군대보다 월급을 더 줄 테니 카르텔에 가입하라."라며 전화번호를 기재한 플래카드까지 걸어 놓았을 정도였다.

북부지역의 언론은 카르텔의 만행을 기사화하지 않고 보도를 포기했다. 그들의 만행과 범죄 실상을 글이나 영상으로 올리면 카르텔에 의해 즉시 시체가 됐다. 2011년, 멕시코 카르텔은 소셜미디어를 통해 자신들을 희화화하고 비판한 20대 연인을 잔인하게 고문하고, 살해한 후

에 시신을 다리 위에 매달았다. 그리고 "우리를 비판하면 너희도 이 꼴을 당할 것이다."라는 플래카드를 걸었다. 2017년에는 카르텔 두목을 조롱한 유명 유튜버가 잔인하게 살해됐다. 멕시코 정부에서 공개한 보고서에 따르면 2006년 이후 약 13년간에 걸쳐 마약 카르텔과의 전쟁으로 20만 명 이상이 살해됐다.

2019년, 멕시코 대통령은 "마약 카르텔과의 전쟁을 끝내겠다."라고 선언했다. 실질적인 정부의 항복이었다. 그리고 대형 카르텔과는 공존하며, 군소 카르텔은 때려잡는 것으로 방향을 선회했다.

야쿠자와의 공존을 택한 일본처럼, 멕시코 마약 카르텔은 없앨 수도, 없어지지도 않는 무소불위의 권력과 무기, 막대한 부를 가지고 있으며 그 세력 또한 만만치 않다. 그리고 카르텔은 가깝고 정부는 멀리 있다는 것을 주민들에게 확실하게 인식시켜 안정적인 지역 기반을 구축했다.

카르텔이 접수한 무정부 상태의 북부지역은 전시상황임으로 여행자는 되도록 들어가선 안된다. 북부지역을 통과하려면 바하 칼리포르니아로 우회하거나, 하이웨이를 따라 대낮에 통과하기를 그나마 추천한다.
만일 공권력의 도움이 필요할 때는 가급적이면 군인, 연방경찰을 찾아야 한다. 멕시코는 부정부패가 상상을 초월할 정도로 심하며, 특히 지방정부의 재정 상황은 매우 열악하여 월급만으로 생계유지가 힘든 경찰들은 카르텔의 끄나풀과 후원자가 되어 뇌물을 챙기며 공생한다.
마약 카르텔과의 유착관계가 덜하고 청렴도가 높은 기관은 해병대, 육군, 연방경찰의 순이다.

멕시코

| 내 차로 가는 미국·중남미 여행 |

중남미를 대표하는 국가,
마야문명과 아즈텍, 식민지 유적까지

• 멕시코 •

미국 국경을 지나 멕시코로 간다. 마피아 갱단을 피해 바하 칼리포르니아로 우회했다. 중세도시 과
달라하라, 은광의 배후도시 과나후아토, 독립의 산실 돌로레스 이달고, 역사와 예술의 도시 산미겔
데 아옌데, 온천 협곡 똘랑똥꼬, 마야 유적지 테오티우아칸, 성모 발현지 과달루페 성당, 수도 멕
시코시티, 몬테 알반, 미트라, 오악사카, 팔렝케, 유카탄 폭포, 캄페체, 메리다, 치첸 이트사, 플라야
델 카르멘, 칸쿤까지 넓은 땅을 숨 가쁘게 돌아다녔다.

태평양에 근접한 티후아나 국경Tijuana Border은 세계에서 통과 차량과 승객이 가장 많은 국경이다. 세관에 들러 차량 보증금 400불을 예치하고 이미그레이션에서 입국스탬프를 받았다. 국경심사관은 친절하게 어디로 가는지를 묻더니 "로스 모치스Los Mochis로부터 마사틀란Mazatlán은 절대 야간 운전을 해서는 안 되며, 하이웨이로만 달려야 한다."라고 신신당부한다.

🚗 마피아가 출몰하는 지역이니 다른 곳으로 우회하세요

시날로아 일대에서 활동하는 마피아가 밤이면 하이웨이로 출몰해 차량을 습격하고 금품을 강탈한다고 한다. 그리고 치와와, 시날로아, 듀랑고를 잇는 트라이앵글은 멕시코 마약 밀매의 본산이다. 양귀비와 마리화나를 재배할 수 있는 비옥한 땅이 있어 마약 카르텔과 밀매자에게는 에덴의 동산으로 불린다.

당초 노선을 수정했다. 바하 칼리포르니아Baja California를 종단한 후 카페리를 타고 바다를 건너 본토로 가기로 했다. 티후아나로부터 라파스까지는 1,470㎞의 먼 거리다. 게레로 네그로Guerrero Negro라는 마을에서 하루를 쉬어 간다. 숙소 이름도 중간에 있다고 하프웨이 인Halfway Inn이다. 칼리포르니아에서는 주유에 신경을 써야 한다. 구글 정보를 통해 주유소를 찾았지만 폐업했다. 다시 찾은 곳은 프라스틱 통으로 파는데, 대화가 통하지 않으니 휘발유와 경유를 구분할 자신이 없었다. 연료가 급박하면 당황하지 말고 컨테이너 트럭이 모여있는 휴게소를 찾아야 한다. "여기 경유 팔 사람 없소?" 아니나 다를까 한 사람이 경유를 팔겠다고 한다. 좋은 사람을 만나 바가지 쓰지 않고 무사히 연료를 주입했다.

칼리포르니아 수르는 노르테와 연결되는 해안선의 길이가 3,000㎞에 이른다. 앞바다로는 65개의 섬이 둥실 떠 있으니 육지와 바다의 아름다운 경치는 두말

▲ 칼리포르니아 수르 앞 바다

할 필요가 없다. 푸른 자연과 맑은 공기, 산과 바다의 수려한 경관, 저렴한 거주 비용, 풍부한 먹거리, 인건비 싸고 순박한 사람들, 안전한 치안, 그리고 자연환경이 잘 보존돼 있다. 미국 은퇴자들이 선호하여 멕시코의 '팜 스프링스'라고 불린다. 바다에서는 스포츠 피싱을 할 수 있으며 캘리포니아 회색 고래가 산란을 위해 이동하는 것을 볼 수 있는 고래 탐조로 유명하다. 사구로 이루어진 발란드라 Balandra 해변은 얕아서 멀리 나가도 수심이 무릎까지 밖에 오지 않았다.

▲ 라파즈 시내

라파즈 시내에 있는 바하 페리 Baja Ferries에 들러 티켓을 구매했다. www.bajaferries.com. 항구는 시내에서 떨어진 삐칠링게Pichilingue에 있다. 숙박과 식사가 해결되며, 쉬고 자는 동안에 장거리를 이동시켜 주는 카페리는 여행에서 만나는 고마운 도우미다. 멀리 바다 너머로 해가 진다. 이 밤이 지나면 멕시코 본토에 닿는다.

아침 8시에 도착한다는 배는 2시간 30분이나 지체한 후 마티틀란Mazatlán 항구에 접안했다. 또 차를 배로부터 꺼내기까지 2시간이 더 걸렸다. 갈 길이 바빠졌다. 15번 하이웨이에 올라 과달라하라로 간다.

🚗 하이웨이를 달리자 멀리 톨게이트가 보이는데 분위기가 이상하다

농지 보상을 요구하는 주민들이 하이웨이에 있는 두 곳의 톨게이트를 강제로 점령했다. 그리고 직접 통행요금을 받고 있었다.

"누구십니까?"

백주에 주민에게 탈취된 톨게이트를 보니 멕시코의 공권력이 이 정도인지 도통 신뢰가 가지 않는다. 멕시코에서는 매일 평균 10명의 여성이 살해된다. 그러나 살해범들의 97%는 잡히지도 않고, 처벌받지도 않는다. 특정 지역의 공권력이 무력화되었고, 난폭한 범죄가 마피아 카르텔에 의해 이루어지기 때문이다. 하이웨이를 달리며 경찰 패트롤이 오랫동안 보이지 않으면 위험한 지역이다.

▲ 과달라하라

멕시코 문화의 중심 과달라하라에 도착했다. 카바냐스 박물관^{Museo Cabañas}은 중미대륙에서 가장 오래된 병원 오스피치오 카바냐스^{Hospicio Cabañas}에 있는 박물관이다. 내부 홀의 천장과 벽에는 호세 클레멘테 오로스코^{José Clemente Orozco}의 작품 〈The Men of Fire〉가 프레스코화로 그려져 있다. 붉은색과 검정색을 주로 채용한 벽화를 보니 어두운 색상으로 비참한 주제를 표현한 반 고흐의 작품이 연상된다.

▲ The Men of Fire

멕시코인들은 호세 클레멘테 오로스코 José Clemente Orozco를 멕시코의 미켈란젤로라고 칭송한다. 미안한 말이지만 미켈란젤로가 이 말을 듣는다면 관 속에서 뛰어나올 일이다.

과달라하라 중심 광장

▲ 파필라 언덕

다음 도시는 과나후아토다. 1554년, 에스파냐는 왜 이런 오지의 산골짜기에 도시를 건설했을까? 세계에서 가장 풍부한 매장량을 가진 은광이 발견되며 광부 캠프촌으로 시작된 도시다. 후아레스 극장Teatro Juarez을 지나 푸니쿨라를 타고 시가지를 한눈에 볼 수 있는 파필라Pipila 언덕에 올랐다. 좁은 산골짜기 사이로 고만고만한 건물이 구불구불 좁은 길을 따라 빽빽하게 들어찼다.

평균 고도 2,000m, 계곡 아래부터 산꼭대기까지 올망졸망한 주택들이 무질서하게 들어선 달동네다. 그런데도 울긋불긋한 색을 칠한 주택들과 푸른 하늘이 잘 어울리는 과나후아토는 멕시코에서 가장 아름다운 마을로 손꼽힌다.

▲ 산등성이의 올망졸망한 주택

그리고 좁고 불규칙한 육상의 도로 여건을 보완하기 위해 도시 지하에 있는 수로를 터널 도로로 전용했다. 지하터널은 서로 교차하고 분기하며 도심의 이곳저곳과 연결된다. 은광 채굴로 인해 경제적으로 번영했던 과나후아토에는 17세기부터 18세기에 걸쳐 유럽에서 유행한 바로크 양식과 신고전주의 양식의 화려한 건축물이 많이 건축되었다.

🚗 키스골목The Alley of The Kiss으로 불리는 재미있고 유쾌한 장소

한 사람이 겨우 지나는 좁은 골목에 돌출된 테라스를 가진 두 건물이 서로 마주 본다. 테라스에서 키스하는 기념사진을 찍기 위해 연인과 부부들이 이 골목을 찾는다. 골목에서 찍으면 공짜고, 테라스로 올라가면 일정 금액을 지불해야 한다.

원 명칭이 'Parroquia de Basilica Colegiata de Muestra Señora de Guanajuato'라는 긴 이름을 가진 과나후아토 대성당은 과나후아토를 대표하

▲ 키스 골목

▲ 과나후아토 대학과 대성당

는 랜드마크다. 연한 노란색의 외관과 내부 장식을 은으로 치장해 절제된 화려함을 보여준다. 특이한 것은 스테인드글라스가 없었다는 점이다.

과나후아토 대학은 1732년에 설립된 오랜 역사의 명문대학이다. 본관으로 오르는 113개의 계단은 대학 명물이라 사진 찍는 사람들로 넘친다.

과나후아토가 멕시코에서 가장 아름다운 도시가 된 것은 식민시대의 건축물을 보존하고 도심 개발을 억제한 것이다. 그리고 불편한 도시 생활을 묵묵히 견딘 시민들의 희생과 인내심이 있었다.

🚗 세상이 너희는 기억하지 못해도 나를 알게 될 것이다

인구 15만의 작은 도시 돌로레스 이달고는 국가 독립의 요람이다. 1810년 돌로레스에서 시작된 에스파냐 식민정부에 대한 조직적 저항은 1821년 멕시코 독립으로 이어지는 도화선이 되었다. 1810년 9월 16일 새벽, 돌로레스 교구 교회Dolores Parish Church의 신부 미구엘 이달고Miguel Hidalgo는 종을 타종한

▲ 돌로레스 교구 교회

후 '돌로레스의 외침Cry of Dolores'이라고 불리는 강론을 통해 빼앗긴 국가와 토지를 찾기 위한 무력 행동에 나설 것을 민중들에게 호소했다. 연설에 감동한 인디오와

메스티소는 무장 시위대를 조직해 과나후아토를 거쳐 멕시코시티로 진군했는데, 그 수가 23,900명에 이르렀다. 그러나 1811년 3월, 에스파냐 군대의 강한 저항으로 막대한 희생을 치른 후 패배했으며, 이달고는 반역죄로 사형됐다.

이달고가 형장의 이슬로 사라지며 "세상이 너희는 기억하지 못해도 나를 알게 될 것이다."라고 한 말은 사실이 되었다. 각지에서 반란이 일어났으며, 마침내 1821년, 멕시코 독립으로 이어졌다. 정부는 '돌로레스의 외침'의 날을 독립기념일로 지정하고 이달고 신부를 국민 영웅으로 추앙했다.

산미겔 데 아옌데는 식민시대의 건축과 문화를 고스란히 간직한 도시다. 주변에 있던 광산이 폐광하자 지역경제가 쇠퇴하고 유령도시가 되었다. 1926년, 정부는 구도심을 보호구역으로 지정하여 18세기 바로크와 신고딕양식으로 지어진 건축물을 원형으로

▲ 산미겔 데 아옌데

보존하고 도심개발과 건축을 엄격하게 제한했다. 그 결과 아옌데는 관광과 예술도시가 됐으며, 쾌적한 기후와 낮은 물가로 인해 북미 은퇴자가 멕시코에서 가장 선호하는 거주지역이 되었다.

🚗 똘랑똥꼬Tolantongo로 가는 길은 어지럽게 돌아가는 구곡양장

원래 지명은 또날똥꼬Tonaltongo였다. 유명한 여행 잡지에 철자가 틀린 채로 소개되며 지명이 바뀌었다. 500m 높이의 노천 온천욕장에 몸을 담그며, 하늘을 올려보고, 협곡을 내려보노라면 세상의 지상낙원이 바로 이곳이었다.

▲ 똘랑똥꼬 노천탕

미네랄을 함유한 소금으로 옥색을 띤 똘랑똥꼬 강을 거슬러 계곡으로 오르자 산 사면의 바위틈 사이로 온천수가 콸콸 쏟아져 내린다. 강물이 발원하는 계곡의 끝에는 두 곳의 동굴이 위아래로 있다. 메인 동굴은 사시사철 온천욕과 물놀이가 가능하고 동굴 천장과 벽면에는 석순과 종유석이 가득하다. 위로 오르면 작은 동굴이 나온다. 세차게 흐르는 물을 헤치고 벽과 천장에서 쏟아지는 물세례를 맞으며 안으로 들어간다. 사람 키를 넘는 깊은 웅덩이를 지나 더 이상 갈 수 없는 곳에 이르러 인증샷을 찍고 돌아서는 것으로 똘랑똥꼬 여행을 마쳤다.

🚗 중부 아메리카의 최대 고대 유적, 테오티우아칸 피라미드

멕시코시티로 내려가며 들른 테오티우아칸Teotihuacan은 마야 유적지다. 기원전 200년, 정치, 경제, 종교, 무역의 중심이었다. 신들이 모임을 가졌다는 테오티우아칸은 중부 아메리카 최대의 고대 유적이다. 길이 5㎞, 폭 40m의 곧고 넓은 중앙대로를 따라 고대 건축물이 양편으로 질서정연하게 배치됐다. 마야 문명의 멸망 이후, 이곳으로 진출한 아즈텍문명은 피라미드를 무덤으로 오인해 중앙대로를 '죽은 자들의 거리'라고 불렀다. 마야인은 중앙대로 동편으로 피라미드를 건설했다.

아즈텍은 피라미드의 배치가 태양의 움직임과 일치한다는 사실을 알고 '태양의 신전'으로 이름 지었다. 피라미드의 기단은 가로 222m, 세로 225m로 거의 정사각형이며 높이는 63m에 이른다.

▲ 테오티우아칸

▲ 중앙대로의 끝에 달의 피라미드가 있다

　이곳에 오르면 동서남북으로 펼쳐진 피라미드와 사이사이로 들어선 건축물이 보인다. 중앙대로의 끝에는 '달의 피라미드'가 있다. 이집트의 피라미드가 왕들의 무덤이라면 테오티우아칸은 신을 모셨던 신전이다. 서기 300년 즈음에는 약 25만 명에 달하는 인구가 이 도시에 거주했다. 그리고 8세기경 그 많은 사람들이 홀연히 종적을 감추고 사라졌다. 누가 유적을 건설하고, 건축물의 용도는 무엇이었는지? 어떻게 살았는지? 어디로 사라졌는지? 모든 것을 수수께끼로 남기고 마야 문명은 멸망했다.

🚗 라틴 아메리카에서 가장 성스러운 성지순례의 중심, 과달루페

▲ 과달루페 성모 성당

과달루페 성모 성당Basilica of Our Lady of Guadalupe, 세계 3대 성모 발현지의 한 곳으로 로마가톨릭이 공식으로 인정한 성지순례다. 성모 성당은 한 장소에 두 곳이 있다. 오래된 바실리카가 기울며 붕괴 위험에 처하자 바로 옆으로 원형 바실리카를 지어 봉헌했다.

1531년, 가난한 인디언 디에고가 가톨릭으로 개종했다. 마리아의 계시를 받은 그는 테페약 언덕에 성당을 세우고자 했으나, 주교는 이를 믿지 않았다. 디에고가 증표를 요구한 주교 앞에서 장미꽃이 든 외투를 펼쳐 보이자 성모마리아 성화가 나타났다. 성화를 보기 위해 전 세계에서 온 순례자와 여행자가 원형 바실리카를 찾는다.

해발고도 2,200m에 위치한 열대 고원 도시 멕시코시티는 누에바 에스파뇰 Nueva Espanol, 에스파냐가 새로운 에스파냐 국가 건설의 전초기지로 삼기 위해 건설한 전략 도시로, 서울보다 넓은 2.5배의 면적, 약 1천만 명의 인구가 거주한다.

도심에 있는 차풀테펙 성Chapultepec Castle은 1785년 에스파냐 총독 베르나르도의 명에 의해 바로크 풍으로 축조했다. 이후 사관학교, 귀족 거주지, 대통령 관저, 천문대로 사용됐으며, 1939년 국립 역사박물관이 되었다. 인류학 박물관은 인류의 조상이라는 호모사피엔스와 네안데르탈인으로부터 아즈텍에 이르는 인류 변천사를 전시하는데, 그 주제가 너무 무겁다.

메트로폴리타나 대성당

소칼로^{Zócalo}에 있는 메트로 폴리타나 대성당은 1573년 착공하고 1813년에 완공했다. 오랜 기간 건축공사를 하다 보니 외부는 고딕, 내부는 바로크, 르네상스, 네오클래식 등의 시대를 아우르는 다양한 건축양식이 혼재됐다. 성당 안에서 만나는 '왕의 제단'은 매우 화려하며 19년에 걸쳐 완성했다. 흥미로운 것은 '용서의 제단'이다. 종교재판을 받은 사람이 형장의 이슬로 사라지기 전에 마지막으로 용서를 구하던 곳이다. 용서를 빌었다고 살려주지 않았다.

🚗 멕시코의 국민화가, 디에고 리베라, 그리고 Viva Mexico

국립궁전은 대통령 집무실과 행정부처가 있는 종합 청사다. 독립기념일에 외부 발코니로 나온 대통령이 광장에 모인 국민을 향해 국기를 흔들며 "Viva Mexico"를 외치는 특별한 행사로 유명하다. 궁전을 방문한 것은 화가 디에고 리베라^{Diego Rivera}의 프레스코 벽화를 보기 위해서다. 1921년부터 1935년 사이의 작품으로 멕시코 원주민의 부흥과 식민지 침략, 멕시코 독립운동 등 주요 사건을 벽화 주제로 삼았다. 벽화예술은 멕시코의 전통과 자부심을 되찾는 민족운동의 일환이었다. 정부가 장려한 예술의 한 장르로, 서양 회화와 멕시코 전통을 결합했으며, 벽화 르네상스의 중심에 있던 화가가 디에고 리베라다. 1910년대, 프랑스, 이탈리아, 러시아, 미국을 오가며 활발한 작품활동을 한 디에고는 외세에 지배당한 멕시코 민족의 고통과 슬픔을 벽화의 주요 내용으로 삼았다.

예술궁전 팔라시오 데 벨라스 아르테스Palacio de Bellas Artes로 이동했다. 멕시코를 대표하는 예술 문화의 중심으로, 독립 100주년을 기념하기 위해 1934년에 개관했다. 꼭 보아야 할 것은 디에고 리베라의 〈인간, 우주의 지배자〉라는 벽화다.

▲ 인간, 우주의 지배자

디에고 리베라는 1933년 록펠러로부터 뉴욕 록펠러센터의 라디오시티 홀에 벽화를 그려달라는 요청을 받았다. 그는 공산혁명을 찬양하고 노동자를 미화하는 내용의 벽화를 그렸다. 노동자 행진을 이끄는 레닌이 있었고, 불세출의 혁명가 트로츠키와 카를 마르크스, 국제 노동자 계급 운동의 지도자 프리드리히 엥겔스의 모습을 벽화에 담았다.

그리고 종교, 과학, 자본주의의 몰락을 표현했으며, 민중을 억압하는 경찰과 카드 놀이하는 부유층 여성의 타락한 모습을 그렸다.

그러자 미국이 발칵 뒤집혔다. 반자본주의라는 언론의 비판과 미국 내의 보수파, 기업인의 강한 비난에 직면했다. 리베라는 작품 속의 레닌을 지워달라는 록펠러의 요구를 거부했다. 그 후 벽화는 제작이 취소되고 철거됐으며, 디에고 리베라는 멕시코로 돌아와 같은 주제와 내용의 벽화를 그렸다.

🚗 인간의 심장과 피를 태양신에게 바칩니다

템플로 마요르Templo Mayor는 15세기 중앙고원에서 패권을 잡았던 멕시카Mexica족의 신전이다. 멕시코를 점령한 에스파냐 정복자 코르테스는 아즈텍 신전을 약탈하고 파괴했다. 그리고 그 위에 가톨릭 대성당과 유럽풍의 호화 거주지를 조성하여 토착 신앙을 말살했다.

1913년, 성당 공사 중 지하 계단이 발견되면서 템플로 마요르가 세상에 모습을 드러냈다. 아즈텍문명은 14세기부터 에스파냐가 침략할 때까지 중앙고원을 중심으로 발달한 인디오 문명이다. 아즈텍문명은 종교가 곧 정치이고 사회규범인 제정일치 사회였다. 피라미드를 건설하여 신을 모시고 제사를 지내는 종교의식을 치렀다. 인간의 피와 심장을 태양에 바치는 인신 공양을 통해 우주 질서를 회복하고, 신에게 에너지를 제공함으로써 아즈텍 시대가 영원히 지속될 것으로 굳게 믿었다. 산 제물을 끊임없이 바치기 위해 강력한 군사 조직을 만들고 전쟁을 일으켰다. 그리고 포로의 가슴을 절개하고 심장을 꺼내 신에게 제물로 바쳤다. 그러나 아즈텍문명은 1521년, 총과 말을 타고 등장한 에스파냐 군대에 의해 허망하게 멸망했다.

▲ 솔레다드 성당

멕시코시티를 떠나 오악사카에 있는 몬테 알반Monte Albán으로 간다. 가장 번성했던 600년 당시 인구는 25,000명으로 추정되며, 도시계획으로 건설한 아메리카 최초의 도시다. 기원전 500년부터 850년까지 1,300여 년 동안 사람이 거주했으나 이후 도시가 쇠퇴하며 멸망에 이르렀다.

팬아메리칸 하이웨이가 통과하는 교통 요충지 오악사카로 간다. 솔레다드 성당Ra Señora de La Soledad은 바로크 양식으로 지어진 게이트의 섬세하고 정교한 석조 조형물이 인상적이다. 통상 교회 내부에 설치하는 장식, 성상, 벽면 장식을 성당 외부의 게이트에 설치한 것은 독특하고 차별화되는 시도다.

오악사카 대성당은 1535년 중심광장에 세워졌으며, 현재의 모습은 지진으로 부서진 것을 1733년에 재건한 것이다. 내부에서 볼 수 있는 마리아상은 아다모 타돌리니Adamo tadolini의 작품으로, 유럽에서 가지고 왔다.

🚗 세상에서 가장 아름답다고 해도 부족하지 않은 산토 도밍고 성당

1572년에 초석을 놓고 무려 200년 걸려 완성한 산토 도밍고 성당은 파사드의 좌우로 높이 35m의 종탑을 배치했다. 벽과 천장의 화려한 장식은 바로크 양식의 최대 걸작이다.

▲ 산토 도밍고 성당

▲ 성당 내부, 바로크 예술의 최대 걸작

　팔렝케 유적으로 가는 국도를 달리며 별 희한한 경험을 했다. 부녀자와 아이들
이 도로를 막고 지나가는 차량을 세웠다. 그리고는 차량으로 10여 명이 달라붙어
돈을 요구하고 물품 구입을 강요했다. 한 군데라면 장난이고 애교일 수 있지만,
달리는 동안 십여 곳에서 이런 일이 벌어지니 국도변 마을 사람의 일상생활이나
직업으로 보인다.

🚗 너희들 차를 왜 세우는 거냐? 말도 통하지 않으니 막무가내다

중앙아메리카의 대부이자 지존인 멕시코의 국도에서 대낮에 벌어지는 일이다. 낮에도 이러니 밤에는 어떨까? 밤에는 아녀자들과 교대한 건장한 남자들이 낮보다 더 강력한 방법과 위협으로 차를 세우고 금품을 취할 가능성이 너무나 농후하다. 즉 낮에는 워밍업이고 진짜 본게임은 밤에 이뤄진다고 보면 될 것이다. 주차장에 차를 주차하자 물 떨어지는 우렁찬 소리가 들린다.

미솔Misol 폭포의 압권은 폭포 뒤에 있는 동굴에 들어가는 것이다. 35m 높이에

▲ 미솔 폭포

서 양 갈래로 쏟아내는 폭포의 유량과 포스는 칭찬할 만하다. 동굴은 대략 30m의 길이로, 막장에 이르면 또 다른 폭포가 있다. 멀지 않은 곳에 다랭이 폰드pond를 가진 아술Azul 폭포가 있다.

🚗 찬란한 마야 문명을 이끌었던 그들은 지구상에서 사라지고 말았다

팔랑케 유적

팔렝케Palenque 유적은 챠파스와 토바스코의 방대한 지역을 통치한 마야 왕조의 수도다. 기원전 250년부터 900년까지의 마야 문명 유적이 원형으로 잘 보존되고 있어 고고학적 가치를 높게 평가받는다. 광장을 감싼 세 개의 신전은 7세기 후반에 지었다.

기원전 150년부터 사람이 거주했던 팔렝케는 서기 250년경 거대한 건축물이 축조되며 마야 왕조의 중심도시로 발전했다. 현존하는 건물들은 600년에서 900년 사이에 건축되었으며 마야의 고유문자가 사용된 것도 이 시기와 동일하다.

🚗 유럽이 가지고 있지 않은 것과 가진 것을 다 가진 나라 멕시코

유카탄 반도에 있는 캄페체^{Campeche}는 요새 도시다. 요새가 많으면 전략적으로 중요한 도시이다. 에스파냐의 과거 유산을 멕시코인은 어떻게 바라볼까? 멕시코는 역사 심판과 과거 청산이란 이유로 에스파냐의 식민지 잔재를 없애지 않았다. 과거라는 것은 무형과 유형이 존재하거늘, 눈에 든 것을 없애 본들 하늘이 가려지지 않음을 알기 때문이다. 현재와 미래를 위해 과거에서 벗어나자고 말하지만, 과거를 버리면 안 되는 것이 전통문화와 관광산업이다. 도심에서 주의 깊게 봐야 하는 곳은 구도심이다.

식민지 시대에 건축된 바로크 건축양식의 주택에는 지금도 사람이 산다. 멕시코 정부의 관광정책은 주민과 거주지역을 존중하고, 문화적 다양성과 자연환경을 존중하는 것에 초점을 맞추고 있다.

▲ 식민지 시대, 바로크 양식의 주택

🚗 1905년, 멕시코로 이주한 한인이 최초 도착한 도시, 메리다

화이트 시티White City로 불리는 메리다는 멕시코에서 인디오 거주 비율이 가장 높다. 인구의 60%가 마야족이다. 메리다는 아메리카 대륙의 문화 수도로 지정될 만큼 유무형의 문화유산이 많다. 도심의 건축물은 18세기에서 19세기에 걸쳐 건축됐다. 또 1905년 태평양을 건너 멕시코로 이주한 한인들이 처음 도착한 도시이며, 한국 이민사 박물관이 있다.

메리다

치첸 이트사Chichén Itza로 간다. 무더운 날씨에도 방문자가 많았다. 공원 안의 여유 공간은 전통공예품과 특산물을 파는 잡상인들로 꽉 찼다. 치첸 이트사는 과테말라 지역에서 거주하던 마야 부족인 잇시족이 450년경 이주하여 건설한 고대 도시다. 대표 유적은 엘 카스티요El Castillo 피라미드다. 한 변의 길이 60m, 높이 23m의 피라미드는 마야 문명의 수학과 천문학의 결정체다. 계단은 365단이고 주변의 패널은 52개다. 1년은 365일이고, 52주와 일치한다.

재규어 신전의 상부는 뱀 머리가 돌출되고, 벽은 독수리와 재규어가 부조로 새겨졌다. 해골 제단에는 낮은 높이의 돌을 쌓아 해골을 조각했다. 경기 후에 희생된 사람들, 포로로 잡힌 적군, 신에게 바친 인신 공양자의 해골을 제단 위에 올려 전시했다. 200여 개의 원형 기둥이 있는 전사 신전은 사람의 심장을 꺼내 태양의 신에게 바쳤던 인신공희가 있었던 신성한 곳이다.

▲ 치첸 이트사, 엘 카스티요 피라미드

▲ 인신공회가 이뤄진 치첸 이트사

🚗 이겨도 신의 제물, 져도 목 잘려 죽고…

광장에 있는 길이 150m, 폭 40m 경기장에서는 7명이 한 팀을 이뤄 경기를 치렀다. 양쪽 벽의 둥근 고리 안으로 공을 집어넣는 것으로 승부를 가렸다. 승자는 신의 제물로 바쳐지고, 패자는 목이 잘려 제단에 장식됐

▲ 경기장. 이겨도 죽고, 져도 죽었다.

▲ 세노테

다. 죽는 것은 어차피 마찬가지지만 그들은 이렇게 죽는 것을 영광으로 생각했다.

유카탄 반도는 석회암 지대다. 느슨한 분자 결합을 가진 석회암은 오랜 세월에 걸쳐 빗물과 지하수가 유입되어 침식이 진행됐다. 백악질을 용해한 물이 지하로 빠져나가며 공동을 만들고, 그 안으로 깊은 우물 세노테가 생겼다. 유카탄 반도에는 무려 7,000여 개의 세노테가 있다. 마야인들은 사람의 심장과 피를 세노테에 던지며 풍년을 기원했다.

▲ 코수멜 섬으로 가는 페리

플라야 델 카르멘Playa del Carmen은 멕시코 동부를 찾는 여행자에게 인기 있는 관광지로 코수멜Cozumel 섬으로 가는 페리가 쉴 사이 없이 섬과 도시를 오간다. 이 해역은 세계적으로 유명한 스쿠버 다이빙의 천국이다.

카리브의 보석으로 불리는 아름다운 나라

· 벨리즈 ·

인구 3배에 달하는 연 100만 명의 관광객이 찾는 나라, 세계 7대 불가사의 그레이트 블루 홀을 보려면 경비행기를 타야 한다. 카리브 해안을 따라 산호초와 석호가 가득하다. 세계에서 가장 작은 수도 벨모판과 벨리즈시티에 들르고, 알 툰하 마야 유적을 찾았다. 마호가니와 벌목공이 국기에 그려져 있다.

벨리즈는 북으로 멕시코, 남으로 온두라스, 서쪽으로 과테말라, 그리고 동쪽은 카리브 해와 접한다. 멕시코에서 벨리즈 북부로 가는 국경은 로페스Subteniente López와 산타 엘레나Santa Elena 등 두 곳으로 매우 근접해 있다. 자동차 보증금을 리턴하려면 방헤르시또Banjericito가 있는 로페스Subteniente López 국경으로 가야 한다. 멕시코로 재입국할 계획이면 굳이 반납받지 않아도 된다.

노던 하이웨이를 달려 벨리즈 국경 산타 엘레나Sta Elena로 들어왔다. 세관에서 자동차보험에 가입하라고 알려준 보험회사를 찾아가니 다들 퇴근하고 없다. "그럼 그냥 가자"

▲ 키 코크 섬에서 만난 노인

벨리즈는 중앙아메리카에서 유일하게 영국의 식민지배를 받았다. 지금도 형식적이지만 국가원수는 엘리자베스Ⅱ세이고, 여왕의 대리권을 행사하는 총독이 있다. 물론 실제 통치수반은 총리다.

제1의 도시 벨리즈시티Belize City로 가다 보니 아프리카 빈민국으로 들어온 착각이 든다. 벨리즈는 1인당 GDP 5,000불 내외의 가난한 나라다. 도로, 건물, 사람, 보이는 모든 사물에는 땟국이 줄줄 흘렀다. 산, 늪지, 열대 정글이 많아 경작지는 국토의 3%에 불과하고, 주요 산업이라 해봤자 관광과 벌목이다. 오죽하면 벨리즈의 국기에는 마호가니 나무와 벌목공이 들어가 있다.

매년 전체 국민의 3배에 달하는 100만 명의 관광객이 벨리즈를 찾는다. 왜 많은 여행자가 이 나라를 찾을까?

▲ 벨리즈 앞바다, 카리브 해

벨리즈는 다른 나라가 없는 특별한 자연유산이 있었다. 땅이 아니라 바다다. 300㎞ 해안을 따라 발달한 산호 보초Caral Barrier Reef는 세계에서 두 번째로 연장이 길다. 80㎞ 떨어진 먼바다까지 산호초가 깔렸으며, 얕은 수역으로는 석호가 생겼다. 또 먼 바다에는 아름다운 섬과 세계 7대 불가사의로 꼽히는 그레이트 블루 홀The Great Blue Hole이 있다.

트로픽 에어Tropic Air 항공사를 찾았다. 그레이트 블루 홀은 경비행기를 타고 하늘에서 봐야 한다. 항공사는 당장이라도 갈 수 있는 전세편Private Charter을 권유했지만, 비용이 고가이고, 서두를 필요가 없는 일정이라 사흘 뒤 일요일에 출발하는 단체항공편을 이용하기로 했다.

▲ 벨모판 가는 길

수도 벨모판Belmopan으로 간다. 옛 수도 벨리즈시티가 1961년 허리케인의 상륙으로 커다란 피해를 겪자 내륙으로 새로운 수도를 건설했다. 벨모판은 세계에서 가장 작은 수도다. 도시는 한적했고, 2층 이상의 건물은 아예 보이지 않았다. 시

▲ 수도 벨모판의 시청사

▲ 게으른 도마뱀이 되는 섬

청사는 단층의 가건물이다.

벨리즈시티로 돌아오는 길에 경찰의 검문이 있었다. 경찰이 자동차보험을 보여 달라고 한다. "국경에 있는 보험회사가 문을 닫았다. 그래서 가입을 못했다."라고 버텼다. 큰일 낼 것처럼 기세가 등등하던 경찰은 의외로 쉽게 포기 모드로 돌아섰다.

카리브 해에는 키 코크Caye Caulker와 산 페드로San Pedro 섬이 있다. 항구에서 출발하는 워터택시는 키 코크를 경유해 산 페드로를 왕복 운항한다. 키 코크 섬에 내려 10분을 걸으니 섬의 끝이다. 그 끝에 'Lazy Lizard'라는 간판이 있다.

🚗 게으른 도마뱀. 세상은 빨리 돌더라도 이곳에서는 게으른 도마뱀이 되라고 한다

벨리즈시티에는 타이완 로드가 있다. 대만과 국교를 수교한 몇 안 되는 나라의 하나가 벨리즈다.

여행자는 벨리즈가 바다를 빼면 볼 것이 없다고 말한다. 하지만 볼 것 없는 것도 볼 것이라고 여기는 것이 여행자의 자세다.

벨리즈시티

　제1의 도시 벨리즈시티의 외형은 너무 초라하다. 도심은 낡았고, 도로는 좁았고, 실상 볼 것도 그리 마땅치 않았다.

　그레이트 블루 홀The Great Blue Hole을 보러 가는 날이다. 매일 구름 한 점 없이 화창하던 하늘에 구름이 끼고 바람이 분다. 적지 않은 돈으로 진행되는 액티비티에서 볼 만한 성과를 거두어야 하는데 걱정이다.

▲ Tropic Air

　경비행기의 탑승정원 10명을 꽉 채웠으니 꽤나 많이도 모았다. 6명이 중국인, 백인 2명, 우리 대한민국 2명이다. 경비행기가 활주로를 박차고 오르자마자 에메랄드빛의 푸르고 투명한 해수면 아래로 꽉 들어찬 산호와 석호가 보인

▲ Caral Barrier Reef

다. 바닷속이 훤히 보이도록 수심이 얕았다. 그 밑으로 알록달록 산호와 석호가 만든 다채로운 색상의 꽃 향연이 펼쳐진다.

'바다의 보석'이라는 산호의 빛깔이 너무 아름답고 환상적이라, 마치 바다 꽃밭 위를 벌과 나비가 되어 날아가는 듯하다.

🚗 세상에 이렇게 아름다운 바다는 없었다

삼십 분여 비행하자 커다란 싱크 홀을 가진 그레이트 블루 홀이 나타났다. 직경 318m의 동그란 원, 127m의 심연, 경비행기는 고도를 달리하며 좌로 세 번, 우로 세 번을 선회했다. 그레이트 블루 홀은 산호초 리프가 둥글게 두르고 있어 코발트 빛이 더욱 뚜렷하고 선명했다. 이윽고 우리의 뜻과는 무관하게 조종사는 블루 홀을 뒤로 한 채 기수를 돌렸다.

▲ The Great Blue Hole

▲ 알툰 하 고대문명

알툰 하^Altun Ha라고 하는 마야 고대문명 유적지는 규모가 아주 작았다. 기원전 900년부터 기원후 1000년까지 존재한 마야 유적지는 이 지역에서 최고로 큰 규모의 도시였다.

쿠바 & 일본

| 내 차로 가는 미국 · 중남미 여행 |

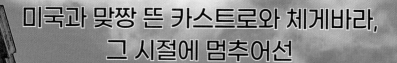

미국과 맞짱 뜬 카스트로와 체게바라,
그 시절에 멈추어선

• 쿠바 •

미국과 EU블럭의 시장 경제국가와 맞짱 뜬 쿠바, 그리고 경제제재를 당한 쿠바. 슬퍼하거나 노하지 않고 묵묵히 사회주의를 고수한 나라. 체 게바라가 있고, 헤밍웨이가 있다. 두 사람의 공통점은 쿠바 사람이 아니라는 것, 재즈가 강물처럼 흐르는 거리 위로 70년 된 미국산 차량이 넘친다. 헤밍웨이의 소설 『노인과 바다』의 배경, 아름다운 카리브 해에서는 청새치 잡으러 떠난 노인과 상어의 사투가 벌어진다.

🚗 우리도 행복할 수 있을까? 거꾸로 가는 쿠바는 행복한 나라

멕시코 칸쿤 공항, Injet Air의 발권 창구 앞에서 쿠바의 비자 개념인 여행자카드를 유료로 발급한다. 기내서비스로 나온 음료수를 마시자마자 착륙 준비를 해야 하니 엎어지면 코 닿을 거리다.

▲ 멕시코 칸쿤

아바나 공항의 입국 절차는 여행자들의 이런저런 얘기에도 불구하고 별 특이사항이 없었다. 정보에 따르면 여행자보험이 있어야 한다는 등의 말이 있었지만 이를 요구하지 않았다. 칸쿤 공항에서 만난 한국 청년들과 택시를 합승하여 아바나 시내에 있는 한인

▲ 아바나 밤거리

민박으로 갔다. 한인 민박을 찾는 주된 이유가 있다. 여행 정보 교류가 수월하고 한식을 먹을 수 있는 것이다. 그러나 한식이 없었다. 부식을 조달하기 힘들어 그렇다고 하지만, 서부 아프리카의 오지 국가에서도 없었던 일이다.

먼저 할 일은 와이파이 카드를 사는 일이다. 민박을 포함한 대부분 숙박업소는 와이파이를 제공하지 않는다. 인터넷을 빨리 포기할수록 현명한 사람이 되는 나라가 쿠바다. 여행 첫날에는 와이파이 카드를 사고 인터넷에 접속하며 바쁜 하루

를 보내고, 둘째 날에는 와이파이가 차단되고 다운되는 것에 실망하고, 다음 날에는 이것 없이도 살 수 있다는 것을 깨닫는다. 쿠바에서 4차산업, 인공지능, 자율주행, 사물인터넷, 공유경제를 논하는 것은 사치스러운 일이다. 불편한 것을 즐기라는 말이 있다.

▲ 낮이나 밤이나 음악과 춤이 있고, 술이 있는 나라, 쿠바   ▲ 아바나 해변과 업무지구

쿠바도 사람 사는 세상이다. 우리가 필요치도 않은 정보를 머릿속으로 꽉꽉 채우며 살고 있다는 생각이 오래지 않아 찾아왔다. 하루에 할 일을 이틀에 하고, 오늘 할 일을 내일로 미루고 살 수 있는 나라가 쿠바가 아닐까? 쿠바를 여행하며 불편함을 느끼고, 어딘가 부족하고 허전하다고 느끼면 아직 쿠바의 매력에 빠지지 않은 것이다. 서두르지 않고 재촉하지 않기, 흐르는 물과 같이 살아가기, 우리에게 내일은 없다는 것에 동의한다면 쿠바를 제대로 즐기는 것이다.

🚗 사회주의를 지향하는 쿠바는 종종 북한과 비교된다

트리니다드로 간다. 1940년대 생산된 미국산 3인승 픽업을 개조해 13인승 승합차로 만든, 택시인지 트럭인지 정체 모를 차에 올랐다. 에어컨이 없어도 창문 밖의 바람으로 대신하니 견딜 만했다.

▲ 트리니다드 가는 길

▲ 트리니다드 시가지

　길에서 보이는 들판은 끝도 없는 사탕수수와 밀밭이다. 미국, 유럽을 중심으로 여러 국가가 쿠바에 대한 경제제재를 1963년 이래로 지금까지 끈질기게 지속했다. 그러나 쿠바가 나름의 정치와 사회구조를 가지고 소신 있게 살아온 비결은 이런 농장을 통해 먹고 사는 문제를 해결했기 때문이다.

　트리니다드는 여행자가 하바나에 이어 두 번째로 찾는 도시다. 발전과 성장이 멈춘 도시에서 60년대쯤의 시간여행을 떠났다.

　차메르 게스트하우스의 안팎으로는 태극기가 걸렸다. 차메르 사장이 제일 잘 하는 한국말은 "천천히, 천천히" 다. 매사에 급히 서두르는 한국인을 상대하다 보니, 그가 아는 몇 마디의 한국어 중에서 가장 능숙한 말이 되었다. 쿠바에서만큼은 서두른다고 빨라지지 않고, 급하다고 해서 따라주는 사람 없으니 천천히 생각하고 행동하라는 말이다. 사장의 소개로 바로 옆의 친척이 운영하는 깨끗한 숙소에 짐을 풀었다.

　쿠바의 경제 실상은 말이 아닐 정도로 좋지 않다. 사회간접 자본시설은 낙후하고, 노후했으며, 외국자본의 쿠바 투자는 경제제재로 봉쇄됐다. 다운타운에는 배

▲ 거리 풍경

▲ 정육점

▲ Horse Riding to Waterfall

수시설이 없어 비가 오면 질퍽한 도로를 걸어야 한다. 물은 위에서 아래로 흐르는 법, 꼭 땅속으로 흘러가야 할 필요가 있을까? 자연의 섭리를 따라 사는 사람은 이런 환경에 민감하지 않았다. 그들은 이렇게 살지만 그리 불편하지 않다고 한다.

육고기를 파는 청년은 사과 궤짝 크기의 좌판 위로 고기를 올렸는데, 이것만 팔아도 하루 먹고 살기에 충분한 돈이다. 과일가게 처녀는 다 팔아야 한국 돈 10만 원이나 될까 싶은 과일을 진열해 놓았는데, 다 팔기까지는 며칠이 더 걸릴지 모른다. 여행자는 쿠바인의 일상을 보고 어떤 생각을 할까? 많은 사람들과 부대끼고 경쟁하며 살아남기 위해 고군분투할 때면 쿠바인들의 소박하고 유유자적한 생활이 그리워지고 부러워할 날이 올 것이다.

마을 어귀에서 출발한 말타기Horse Riding는 사탕수수와 커피농장을 거쳐 폭포로 연결된다. 아름다운 앙꼰 해변Playa Ancon이 있다. 파도가 없는 것은 앞바다에 산호초가 있기 때문이다. 불타오르는 정열의 밤, 올드타운에는 'Live Music Stairs'라고 하는 계단 카페가 있다. 입장료 1쿡, 재즈밴드의 음악을 따라 살사를 추며 밤이 깊어 가는 것을 아쉬워한다.

▲ Stairs Cafe

다음 도시는 산타클라라다. 버스정류장에 가보니 좌석이 매진이라 대기자 명단에 이름을 올리고 막연하게 기다려야 했다. 일반버스를 타려면 며칠 전부터 예약해야 하기에 대다수 여행자는 택시나 사설 버스를 이용한다. 마침 동승자 2명이 확보되어 사설 택시를 타고 가기로 했다. 택시는 미국산 폰티악으로 생산년도가 1950년이다.

▲ 1950년에 출고된 자동차, 폰티악

산타클라라로 가는 길에 이즈나가 감시탑Torre de Iznaga에 들렀다. 사탕수수밭에서 일하는 흑인 노예를 감시하기 위해 세운 탑이다. 마침 흑인 노예와 수확한 사탕수수를 실어나르던 증기기관차가 지나간다.

산타클라라는 트리니다드에 비하면 무척 큰 도시다. 호스텔에 숙소를 정하고 체 게바라 기념관으로 향했다. 아르헨티나 태생의 쿠바 정치가이자 혁명가 체 게

바라 동상 앞으로 혁명광장이 있다. 뒤편으로는 독립운동을 하다 전사한 군인이
안치된 공동묘역이 있다.

▲ 체 게바라 기념관

▲ 무장 열차 기념탑

조금 떨어진 곳에 1958년, 체 게바라의 혁명군이 정부군이 탄 열차를 습격하
여 쿠바 혁명을 완수하고 독립을 가져온 역사적 장소에 세워진 무장 열차 기념탑
Monumento al Tren Blindado이 있다.

체 게바라를 모르고 쿠바를 여행하는 것은 팥앙금 없는 찐빵을 먹고 맛있다고
말하는 것에 다름아니다. 왜 체 게바라에 열광하는가? 프랑스의 철학자 사르트

▲ 체 게바라는 쿠바 국민의 영웅이다.

르는 20세기의 가장 완전한 인간
이라고 극찬했다. 그는 살아서 보
다 죽어서 이름을 남겼다. 현실에
타협하지 않고 권력에 안주하지 않
았다. 신념에 따라 행동하고 죽어
간 그는 전설의 혁명가다. 혁명과
이념이 사라진 지금에도 오롯이
남은 것은 체 게바라다. 그의 사후

50년이 흘렀어도 세계의 젊은이들은 체 게바라에게 열광한다.

그의 명언 한마디.

"나는 해방가가 아니다. 해방가란 존재하지 않는다. 민중은 스스로를 해방시킨다."

그러나 우리는 체 게바라의 평가에 인색하다.

🚗 일부 여행자는 쿠바를 체 게바라의 테마파크라고 폄훼한다

왜 그럴까? 쿠바는 태고 이래 우리와 아무 관련이 없었다. 굳이 찾는다면 1905년, 돈도 벌고 잘 살 수 있다는 희망으로 두 달 가까이 태평양 망망대해를 건너 멕시코와 쿠바로 이주한 애니깽이란 이민 역사가 있을 뿐이다. 굳이 하나를 더 추가한다면, 쿠바가 북한과 가까웠다는 것 정도다. 우리가 미국과 구소련이 주

도한 냉전 시대의 틀 속에 아직도 갇혀 있는 것은 아닌지. 1963년 이후 줄기차게 쿠바에 대한 경제제재를 주도하는 미국과 유럽의 정책과 이념에 동조하는 것이 아니기를 바랄 뿐이다.

▲ 아바나 도심

운전자에게 이틀 후에 150㎞ 떨어진 바라데로Varadero에 갈 수 있느냐 물으니 하는 말이 걸작이다. "자동차가 오래돼서 멀리는 안 갑니다." 언덕을 올라갈 수 없다는 이야기다. 산타클라라에서 바라데로Varadero까지 타고 간

▲ 올드모빌 포드

택시는 1952년에 생산한 미국산 뷰익Buick이다.

지금까지 본 차들은 명함도 못 내미는 최고참급의 차량을 바라데로 호텔에서 발견했다. "몇 년식입니까?" 나이 드신 운전자가 겸손하게 말했다. "1927년입니다." 미국 디트로이트의 포드 자동차 박물관에 전시된 자동차와 동년배다.

▲ 아바나 시내

쿠바에 없는 것이 자동차 박물관이다. 자동차를 생산해 본 적도 없지만, 엔진과 바퀴만 있으면 다 달려야 한다. 미국과 EU를 비롯한 서방으로부터 무역 및 수출입규제를 받고 있어 자동차 수입과 부품 조달이 원활치 않은 것이 자동차를 폐차할 수 없는 주된 이유다. 그 결과 올드카는 쿠바를 대표하는 주력 관광상품이 되었다.

▲ 바라데로 해변

바라데로는 아름다운 플로리다 해협과 접한 쿠바 최고의 휴양 도시다. 파도에 밀려오고 해풍에 날아온 모래가 대서양과 카리브해 사이로 길고 좁은 폭의 사구를 만들어 육지와 연결되었다. 1일 3식의 뷔페와 무제한의 식음료를 제공하는 70여 개의 올 인클루시브 호텔과 전용 해변이 있어 여행자들이 즐겨 찾는다.

아바나로 돌아갈 시간이다. 쿠바를
상징하는 인물 중에 쿠바 국적을 가지
고 있지 않은 또 한 사람이 있다.

▲ 아바나 밤거리

🚗 바다로 고기잡이 떠난 노인의 이야기, 헤밍웨이의『노인과 바다』

소설가 어니스트 헤밍웨이다. 아바
나에는 헤밍웨이의 족적이 여러 곳 있
다. 노벨상을 수상한 대표작『노인과
바다』를 집필한 암보스 문도스Ambos
Mundos 호텔을 찾으니 헤밍웨이의 친필
사인과 아바나 일상이 사진과 함께 로
비에 전시되었다. 낮이나 밤이나 여행
자로 북적이는 여행자 거리에는 헤밍웨
이가 즐겨 찾은 술집이 아직도 영업한
다.

▲ 어니스트 헤밍웨이

노인과 바다의 무대, 코히마르

또 아바나 교외에 있는 작은 마을 코히마르의 선착장에서는 바다로 고기잡이 떠난 노인의 이야기가 헤밍웨이에 의해 전해진다.

"인간은 파멸할 수는 있어도 결코 패배하지 않아."

▲ 춤과 음악이 흐르는 도시 아바나

저 바다의 어디쯤에서 청새치를 놓고 상어떼와 싸우는 노인의 외침이 들린다. 『노인과 바다』, 어니스트 헤밍웨이가 집필한 소설의 배경이 된 곳이다. 세월이 많이 흘렀지만 헤밍웨이가 틈날 때마다 들렀던 선창가 선술집은 지금도 손님을 기다린다.

아바나는 쿠바의 수도이고 항구다. 식민시대부터 카리브와 중남미지역의 경제와 정치를 이끄는 도시로 성장하고 발전했다. 에스파냐 식민시대에는 중남미 대륙의 수탈된 자원과 보물을 실은 선단이 집결하는 항구였다. 사상적으로 시종일관 사회주의 노선을 유지했고, 소련과의 긴밀한 연대는 미국과 유럽 등의 자유주의 세력과 늘 갈등과 대립 관계를 견지해 왔다. 믿었던 소련이 1989년 붕괴하자 쿠바는 사회·경제적으로 위기에 빠졌다. 미국의 쿠바에 대한 경제제재는 오래되고 집요했다. 2014년 12월, 오바마 행정부는 쿠바와 국교 정상화를 선언하고, 다음 해에는 테러지원국의 리스트에서 쿠바를 제외했다. 2016년, 쿠바를 방문한 미국 대통령 오바마는 대중연설을 통해 "미국과 쿠바는 같은 피를 나눴지만, 오랫동안 사이가 멀어진 형제"라고 했다.

2021년 1월 11일, 임기를 불과 9일 남긴 트럼프 대통령은 쿠바를 테러지원국으로 재지정하며 쿠바와의 관계 회복을 바라는 조 바이든 차기 행정부에 어깃장을 놓았다.

쿠바를 떠난다. 다시 오고 싶은 나라에 쿠바를 추가한다.

▲ 길거리 카페와 기타리스트

한국으로 돌아간다. 코로나바이러스가 세상을 지배하기 시작했다.

· 일본 ·

4년 동안의 세계 자동차 여행. LA에서 일본으로 차를 부쳤다. 코로나바이러스라는 쓰나미가 몰려온 곳은 일본이다. 청명했던 하늘 위로 급작스럽게 태풍이 몰려왔다. 부관 페리의 이용이 폐쇄되고 까르네 발급이 한시적으로 중지됐다. 자동차 여행은 이쯤에서 대단원의 막을 내린다. 그리고 한국으로 돌아간다.

미국 캘리포니아주 로스앤젤스 근교 가데나Gardena에 있는 범양해운Pumyang Shipping Co. Ltd을 찾았다. www.pyexp.com, 주로 한국과 미국 사이의 이삿짐 귀국 이사, 국제택배, 소량화물, 자동차운송을 취급하는 포워딩 회사Forwarding Company로 거의 모든 직원이 한국 교민이다. 특히 RV, 캠핑카, 캠핑트레일러, 보트와 같은 특수 장비운송에 특화된 업체다.

우리는 모하비를 RO-RO선을 이용해 일본 요코하마Yokohama로 탁송했다. 일본을 여행한 후에 시모노세키에서 부관페리를 이용해 부산항으로 직접 차를 끌고 들어갈 예정이었다. www.pukwan.co.kr, www.kampuferry.co.jp 일본에 도착하고 며칠 지나서 부관페리를 이용할 수 없게 된 것을 알았다.

▲ 요코하마

2020년 3월 5일, 일본 정부는 코로나바이러스의 확산 방지와 승객 안전을 위해 선박을 통한 여객 운송을 불허하기로 결정하고, 여객 승선 중지 기간에는 화물만 적재해 운항하기로 했다. 부관페리에 전화를 걸어 개인 자동차의 선적 가능 여부를 문의하니 안 된다고 한다. 또 스위스자동차협회로 이메일을 보내 까르네의 발급 가능 여부를 확인했다. 코로나바이러스로 인한 국경 상황의 불확실성으로 발급을 잠정 중단한다는 답변을 받았다. 세상은 자동차 여행을 지속하기 어려운 상황으로 변해가고 있었다. 당초 계획은 호주와 뉴질랜드, 그리고 동남아시아를 돌아보는 것이었다.

▲ 컨테이너에 실리는 차량

요코하마 나카쿠Naka-ku의 야마시타 쵸Yamashita-cho에 있는 'Kokusai Express Co.'를 찾았다. 한국에도 지사를 두고 있는 포워딩 업체다. www.kokusaiexpress.com 그리고 모하비를 한국 인천으로 탁송했다. 2020년 4월 20일, 인천항으로 도착한 모하비를 통관하고 재수입 신고를 마침으로써 4년에 걸친 자동차 여행의 대단원을 마쳤다.

내 차로 가는 미국·중남미여행

초판 1쇄   2022년 2월 10일

지은이   김홍식, 성주안
발행인   김재홍
총괄/기획   전재진
마케팅   이연실
디자인   박효은

발행처   도서출판지식공감
브랜드   문학공감
등록번호   제2019-000164호
주소   서울특별시 영등포구 경인로82길 3-4 센터플러스 1117호{문래동1가}
전화   02-3141-2700
팩스   02-322-3089
홈페이지   www.bookdaum.com
이메일   bookon@daum.net

가격   18,000원
ISBN   979-11-5622-661-1   03980